帮你识读工程图系列图书

帮你识读钢结构施工图

主 编 孙 韬　　副主编 王 峰

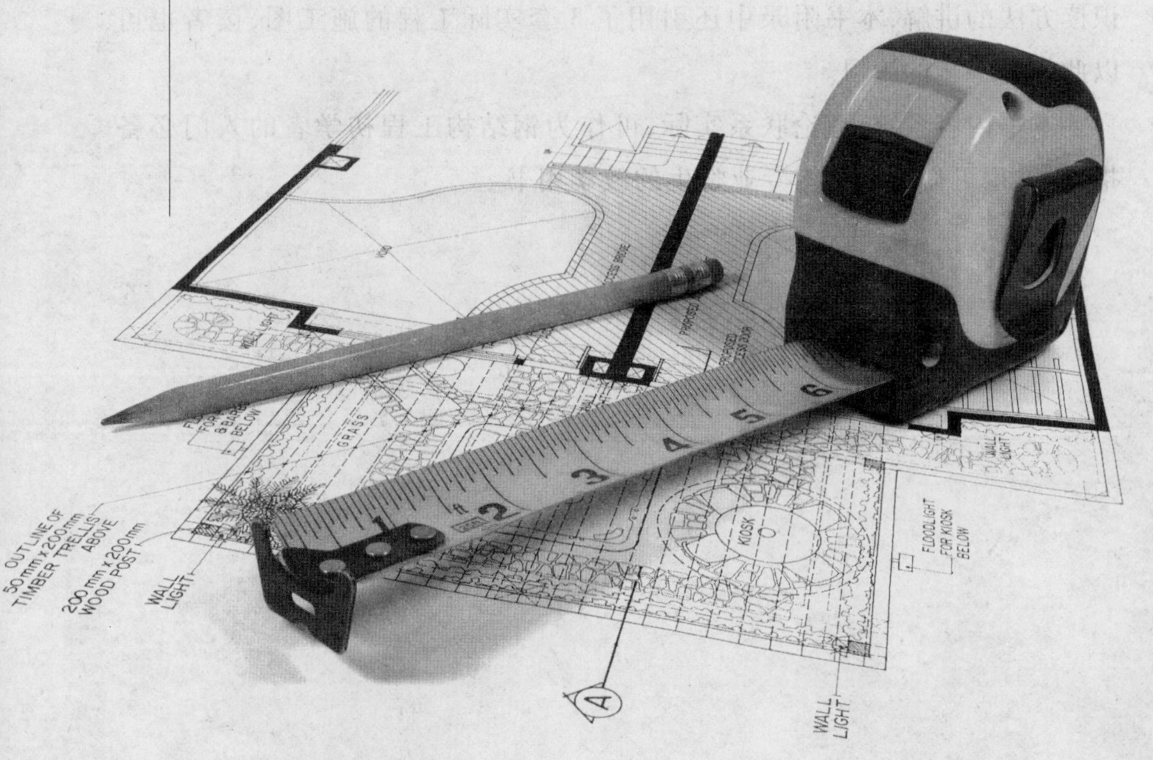

人民交通出版社
China Communications Press

内 容 简 介

本书根据编者多年的教学经验和工程实践经验,着重讲述钢结构识图的基础知识和建筑钢结构工程图的识读两大部分。其中,钢结构识图的基础知识部分又分为:钢结构概述、建筑制图基础知识、建筑钢材类型及图示方法、钢结构连接方法与图示方法、钢结构建筑施工图综述等内容;建筑钢结构工程图的识读部分主要涉及了厂房(门式刚架)施工图的识读、网架结构施工图的识读和钢框架结构施工图的识读三项内容。为了配合施工图识读方法的讲解,本书附录中还引用了3套实际工程的施工图,读者也可以此作进一步的练习。

本书内容系统、理论联系实际,可作为钢结构工程初学者的入门必备指导书,也可作为钢结构专业学生的教学用书。

前言
Preface

近年来随着我国钢铁工业的发展和钢产量的增加，建筑工程领域中长期以来混凝土和砌体结构一统天下的局面正在发生变化，钢结构以其自身的优越性引起业内关注，并已经在工程中得到合理、迅速的应用。这大大促进了钢结构制作、生产、安装等企业的发展，也促使众多相关行业的从业人员进入这一领域。然而钢结构施工图与其他专业的施工图有着较大的差异性，这使得许多初学者对这一潜力巨大的行业望而却步。

本书为人民交通出版社出版的《帮你识读工程图》系列丛书之一，主要针对钢结构工程初学者，力求帮助其轻松看懂钢结构施工图，能够顺利进入钢结构工程这一领域而组织编写的。

本书以教会读者识读钢结构工程施工图为最终目标。为实现这一目标，针对初级从业人员，首先介绍本专业识图的一些基本知识，主要包括：钢结构概述；建筑制图基础知识；建筑钢材类型及图示方法；钢结构连接方法与图示方法；钢结构建筑施工图综述等内容，然后考虑到钢结构类型的多样性和各结构类型之间施工图的差异性，采用了门式刚架、网架、钢框架三种目前最常用的结构类型，针对具体图纸展开识读。在识读前，先介绍与识读该套图纸相关的知识，做到即学即用。本书在工程图纸的选择上，始终本着简单、全面的原则，方便初学者理解。

参加本书编写的人员有:徐州建筑职业技术学院孙韬(主编,第一篇的第一章、第四章和第二篇)、王峰(女)(副主编,第一篇第二章、第三章和第五章)。

在本书编写过程中得到了人民交通出版社的大力支持和帮助,在此表示衷心的感谢。另外,在本书编写之初,从事了多年结构设计工作的曹良标工程师,为本书提供了大量的工程图纸和参考意见,在此深表谢意。

限于编者水平,错误和不足之处在所难免,敬请读者批评指正。

编者

2008 年 6 月

目录
content

第一篇

钢结构识图基础知识

第一章 钢结构概述

第一节 钢结构的特点

钢结构主要是指由钢板、热轧型钢、薄壁型钢、钢管等构件组合而成的结构,它是土木工程的主要结构形式之一。目前,钢结构在房屋建筑、地下建筑、桥梁、塔桅、海洋平台中都得到了广泛应用,这是因为钢结构与其他材料的结构相比,具有如下优点:

(1)建筑钢材强度高,塑性和韧性好

强度高:钢与混凝土、木材相比,虽然密度较大,但其强度较混凝土和木材要高得多,其密度与强度的比值一般比混凝土和木材小,因此在同样受力的情况下,钢结构与钢筋混凝土结构和木结构相比,构件较小,重量较轻。适用于建造跨度大、高度高、承载重的结构。

塑性好:结构在一般的条件下不会因超载而突然断裂,增大了变形,故容易被发现。此外,钢结构还能将局部高峰应力进行重分配,使应力变化趋于平缓。

韧性好:适宜在动力荷载下工作,因此在地震区采用钢结构较为有利。

(2)钢结构的重量轻

钢材密度大,强度高,但做成的结构却比较轻。结构的轻质性可用材料的质量密度 ρ 和强度 f 的比值 α 来衡量,α 值越小,结构相对越轻。建筑钢材的 α 值在 $1.7 \sim 3.7 \times 10^{-4}/\mathrm{m}$ 之间;木材的 α 值为 $5.4 \times 10^{-4}/\mathrm{m}$;钢筋混凝土约为 $18 \times 10^{-4}/\mathrm{m}$。以同样的跨度承受同样的荷载,钢屋架的重量最多为钢筋混凝土屋架的1/3~1/4。

(3)材质均匀,与力学计算的假定比较符合

钢材内部组织比较均匀,接近各向同性,可视为理想的弹—塑性体材料。因此,钢结构实际受力情况和工程力学计算结果比较符合,在计算中采用的经验公式不多,计算的不定性较小,计算结果比较可靠。

(4)工业化程度高,工期短

钢结构所用材料皆可由专业化的金属结构厂轧制成各种型材,加工制作简便,准确度和精密度都较高。制成的构件可运到现场拼装,采用焊接或螺栓连接。因构件较轻,故安装方便,施工机械化程度高,工期短,为降低造价、发挥投资的经济效益创造条件。

(5)密封性好

钢结构采用焊接连接后可以做到安全密封,能够满足一些气密性和水密性要求较高的高压容器、大型油库、气柜油罐和管道等的要求。

(6)抗震性能好

钢结构由于自重轻且结构体系相对较柔,受到的地震作用较小。钢材又具有较高的抗拉和抗压强度以及较好的塑性和韧性,因此在国内外的历次地震中,钢结构是损坏最轻的结构,已公认为是抗震设防地区特别是强震区最合适的结构。

(7)耐热性较好

温度在200℃以内时,钢材性质变化很小,当温度达到300℃以上时,强度逐渐下降,600℃时,强度几乎为零。因此钢结构可用于温度不高于200℃的场合,但在有特殊防火要求的建筑中,钢结构必须采取保护措施。

钢结构的下列缺点有时会影响钢结构的应用:

(1)耐腐蚀性差

钢材在潮湿环境中,特别是在有腐蚀性介质的环境中很容易锈蚀。因此新建造的钢结构应定期刷涂料加以保护,维护费用较高。

目前国内外正在发展各种高性能的涂料和不易锈蚀的耐候钢,钢结构耐锈蚀性差的问题有望得到解决。

(2)耐火性差

钢结构耐火性较差,在火灾中,未加防护的钢结构一般只能维持20min左右。因此需要防火时,应采取防火措施,如在钢结构外面包混凝土或其

他防火材料,或在构件表面喷涂防火涂料等。

(3)钢结构在低温条件下可能发生脆性断裂

钢结构在低温和某些条件下,可能发生脆性断裂、厚板的层状撕裂等,这些现象都应引起设计者的特别注意。

现在钢材已经被认为是可以持续发展的材料,因此从长远发展的观点来看,钢结构将有很好的应用发展前景。

第二节 建筑钢结构的主要结构形式

钢结构的应用范围极其广泛,主要结构形式也是多种多样。

1 工业厂房常用的结构形式

工业厂房是指由一系列的平面承重结构通过支撑构件联结而成的空间整体。这种结构形式的特点是:外荷载主要由平面承重结构承担,纵向水平荷载由支撑承受和传递。而常见的平面承重结构有横梁与柱刚接的门式刚架(图1-1-1)和横梁与柱铰接的排架等。

2 大跨度房屋的结构形式

目前,大跨钢结构形式主要有以下几种:

(1)网架结构

主要有平板网架、网壳、球状网壳等,这种结构形式目前已经在单层工业房屋中广泛应用。图1-1-2中空间网架结构是由椭圆双曲面螺栓球节点网架构成。

图1-1-1 门式刚架单层厂房

图1-1-2 空间网架结构

(2)空间桁架(图 1-1-3)或空间刚架体系

目前,经常使用的管桁架结构就属于空间桁架体系。

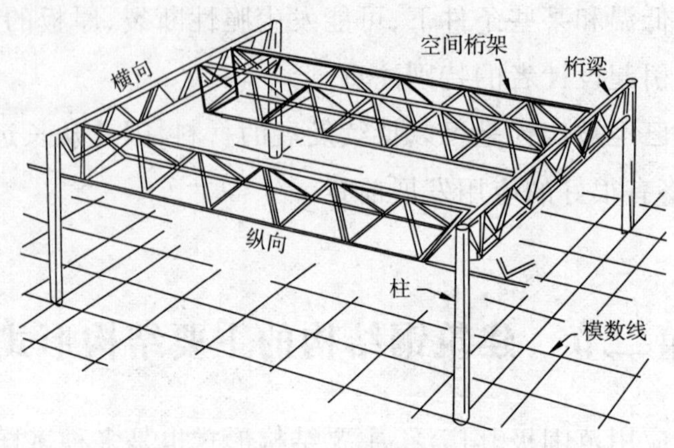

图 1-1-3 空间桁架结构体系

(3)悬索结构

悬索结构形式多种多样,图 1-1-4 所示为预应力鞍形索网体系。

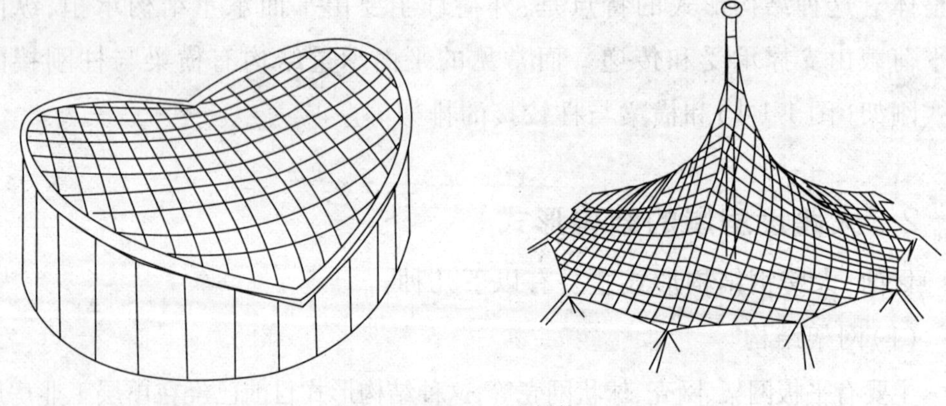

图 1-1-4 悬索结构

(4)张拉集成结构

张拉集成结构是指少数间断受压构件与一组连续的受拉单元组成的由预应力提供刚度并自支承、自平衡的空间结构体系。此种结构形式可以跨越较大空间,是目前空间结构中跨度最大的结构,具有极佳的经济指标。

(5)索膜结构

索膜结构由索和膜组成,自重轻,体形灵活多样,多用于大跨度公共建筑。图 1-1-5 为深圳大梅沙海滨广场张拉索膜。

图 1-1-5 索膜结构

3 多层、高层及超高层建筑结构形式

(1)框架结构

梁和柱刚性连接形成多层多跨框架,如图 1-1-6a),用以承受竖向和水平荷载。在一般的多层钢结构民用建筑中,采用的较多,它的构造组成与普通的钢筋混凝土刚架结构相似,只是发生了材料的变化。

(2)框架—支撑结构

由框架和支撑体系(包括抗剪桁架、剪力墙和核心筒)组成。图 1-1-6b)所示为一框架—抗剪桁架结构。由于钢材的轻质高强,使得钢结构结构体系的整体刚度较小,从而结构体系和局部构件的水平位移较大。为了控制较大的水平位移,在钢框架结构体系中往往需要增加支撑体系,尤其是在一些钢结构的高层建筑中。

(3)框筒、筒中筒、束筒等筒体结构

图 1-1-6c)所示为一束筒结构形式。在高层和超高层建筑中,由于建筑物高度的增加,导致建筑物承担的水平荷载增大,从而加大了整个结构体系的水平位移。又因为钢刚架结构体系的自身刚度较小,因此常采用筒体结构来抵抗较大的水平力。筒体的常用作法为钢筋混凝土筒体,在钢结构中还可以采用密布钢柱形成筒体,例如美国的国贸大厦。

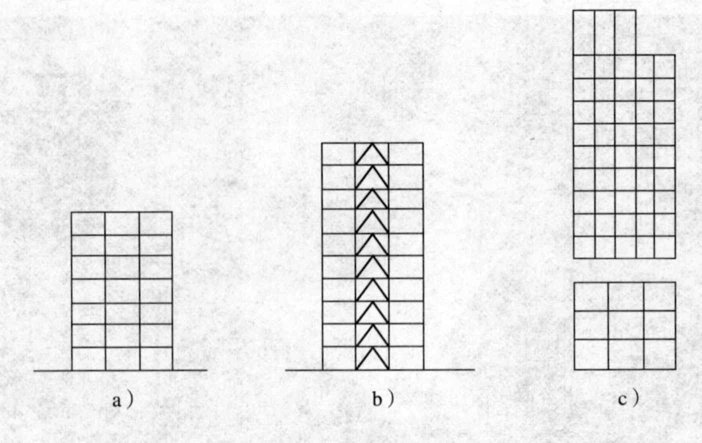

图 1-1-6　多层、高层及超高层建筑结构形式

第三节　钢结构的应用与发展

钢结构由于其自身的特点和结构形式的多样性，随着我国国民经济的迅速发展，应用范围也越来越广。

根据我国的实践经验，工业与民用建筑钢结构目前的应用范围包括如下几方面：

1　空间钢结构的应用

空间结构是我国 20 世纪以来土建结构领域的一个重大进展。空间钢结构（网架、网壳）具有自重轻、便于工厂化生产、刚度好、造型美观等优点，自 20 世纪 60 年代出现以来，在国际上得到了迅速推广。我国在 1968 年建成的首都体育馆采用的钢结构就是正交斜放的平面桁架系网架。首都体育馆的建成说明网架结构在技术上是成熟的，在经济上也是合理的，因此以后建造大跨度体育场馆，如上海体育中心的十万人体育馆与游泳馆、深圳体育馆等便大量采用了网架结构。

改革开放以来网架结构在体育场馆的建设中运用很广，1990 年在北京举行的第十一届亚洲运动会新建了 13 个体育馆，屋盖采用网架结构的占 1/2 以上，如大学生体育馆、月坛体育馆、光彩体育馆等。又如飞机检修库，建筑物的一边需要敞开，以便设置大门供飞机出入，同时屋盖下还要悬挂吊车，因此采用三边支承、一边自由的网架是一种合理的结构选型。我国广州白云机场建成跨度为78m，总面积6 300m^{2}的机库，同样也采用了高低跨网架。

20世纪70年代采用的大多是平板网架，80年代多采用高低整体式折线形网架，到90年代则开始建造更大跨度的三层网架。如1996年建成的北京首都机场客机检修库，采用双跨屋盖三层网架，采用圆钢管与焊接空心球节点。与两层网架相比，不但节约钢材，制造安装也更方便，可以同时容纳4架波音747大型客机进行维修。网架广泛地用于单层工业厂房中，面积可达上万平方米。1992年建成的天津无缝钢管厂加工车间，平面尺寸横向为三跨36m，纵向为564m，面积6万平方米，便是网架在厂房建设中应用的实例。

工业的发展对生产厂房也提出了多样化的要求。我国传统的厂房采用大型屋面板和钢屋架，加上隔热材料、找平层、防水层，屋盖结构单位面质量超过200kg/m^2，因而结构肥、梁柱胖的现象非常普遍。网架结构以其大柱网、大跨度等特点，有效地取代了过去常用的钢筋混凝土薄腹梁或拱形屋架，使屋盖自重大大减轻。

2　轻钢结构的应用

20世纪90年代，随着我国彩板和冷弯型钢产量的提高，特别是1993年以后，以门式刚架和金属拱壳为代表的轻型房屋钢结构以不可阻挡之势席卷我国大地。一些著名的钢结构公司，如美国、日本、澳大利亚等国及我国台湾等地的钢结构公司，相继在大陆建厂，并带来了一些成熟先进的钢结构制作和安装技术，极大地促进了我国轻型房屋钢结构的发展。

网架厂也纷纷增加轻型房屋钢结构加工设备，扩大生产，有的已具备很大规模。轻钢房屋造价一般比网架的造价低，尤其适用于商用超市、农贸市场、仓储及其他一些公用设施的建筑。

3　高层钢结构的应用

高层钢结构可以说是我国改革开放以来建筑钢结构发展的重要标志

之一。20 世纪 80 年代以前，我国内地高层钢结构很少，仅有的几幢主要集中在上海、北京和深圳三市。

1987 年完工的深圳发展中心大厦（165m），当时是内地第一幢超过 100m 的高层钢结构建筑。到了 20 世纪 90 年代，已经建成和正在兴建的高层钢结构工程，共有 26 幢。高层钢结构建筑出现在京、津、沪、深圳，也出现在其他许多城市，如大连、厦门、广州、长春等。

1996 年建成的深圳地王商业大厦，主楼高 325m，地上 81 层，地下 3 层，连同天线杆总高 384m，是我国内地当时第一幢超过 300m 的建筑。在上海浦东开发区，高层钢结构不断涌现，不仅数量多，高度也不断提高。1999 年建成的上海金茂大厦，高达 420m，地上 88 层，采用了框架核心筒体系，是目前国内建成的最高建筑，也是世界第三高楼。距离金茂大厦不远处将要建设的上海环球金融中心，设计高度为 460m，地上 95 层，将成为国内新的第一高楼，它同样也将采用钢结构设计。

4 钢结构住宅的发展

钢结构体系用于住宅建筑，可以充分发挥钢结构延性好、塑性变形能力强、具有优良抗震性能等优点，大大提高住宅的安全性。钢结构住宅比传统建筑更能满足建筑大开间、灵活分隔的要求，极大地提高了使用面积率。钢结构建筑还具有构件标准化、工业化程度高、自重轻、所用材料大部分可以回收或降解等优点，满足降低建筑成本、减少基础造价、缩短施工周期、提高投资效益，并符合环保建筑施工和可持续发展的需求。

目前上海、北京、大连等地，都在积极开展高层钢结构建筑的试点。多层钢结构住宅是量大面广的工程类型，它的启动将为建筑钢结构开辟新的应用领域。过去少见的多层钢结构商业房屋，也在一些城市开始建设，而且发展较快，是目前钢结构发展的另一新领域。

总之，钢结构的发展潜力巨大，前景广阔。我国 30 年来的改革开放和经济发展，为钢结构体系的应用发展创造了极为有利的发展环境。首先，从发展钢结构的主要物质基础来看，自 1996 年开始，我国钢的总产值就已超过 1 亿吨，居世界首位，与之相应的是钢结构配套的新型建材也得到了迅速发展；其次，从发展钢结构的技术基础来看，在普通钢结构、薄壁轻钢结构、高层民用建筑钢结构、门式刚架轻型房屋钢结构、网架结构、压型钢板结构、钢结构焊接和高强度螺栓连接、钢与混凝土组合楼盖、钢管混凝土结构及钢骨(型钢)混凝土结构等方面的设计、施工、验收规范规程及行业标准已发行20余本。有关钢结构的规范规程的不断完善为钢结构体系的应用奠定了必要的技术基础,为设计提供了依据;第三,从发展钢结构的人才素质来看,经过几年来的发展,专业钢结构设计人员已经形成一定的规模,而且他们的专业素质在实践中得到不断提高,而随着计算机在工程设计中的普遍应用,国内外钢结构设计软件发展迅猛,软件功能日臻完善,为协助设计人员完成结构分析设计,绘制施工图提供了极大的便利条件。

随着社会分工的不断细化,钢结构设计也必将走向专业化发展的道路。专业钢结构设计可以弥补由于不熟悉钢结构形式而无法优化结构设计方案的问题。

随着国家经济建设的发展,钢结构产品在轻钢门式结构、多层及小高层住宅、大跨度空间结构、塔桅结构等领域具有良好的发展前景。一个发展建筑钢结构行业和市场的势头正在我国出现。

1. 试简述钢结构的特点。

2. 多层、高层及超高层建筑中常用的钢结构形式有哪些?

3. 为什么说“我国30年来的改革开放和经济发展已经为钢结构体系的应用创造极为有利的发展环境”。

第二章 建筑制图基础知识

施工图实际上就是设计师按照一定的标准，采用一些特定的符号来表达自己设计理念的一种产品，通常被看做是工程中用来交流的语言。我们学读施工图，应该像学习一门语言一样，需要掌握一些基本的“语法”，即本章的两个主要内容：制图的基本规定和投影的基础知识。

第一节 制图的基本规定

本节主要介绍建筑制图的有关标准，以及标准中的一些基本规定，以便使读者能够更好地理解图纸上一些基础性、普遍性的问题。

1 相关标准

与建筑制图有关的国家标准主要包括：总纲性质的《房屋建筑制图统一标准》(GB/T 50001—2001)和专业部分的《总制图标准》(GB/T 50103—2001)、《建筑制图标准》(GB/T 50104—2001)、《建筑结构制图标准》(GB/T 50105—2001)以及相应的《条例说明》。

2 图纸图幅和标题栏

图纸图幅是指图纸尺寸规格的大小。图框是指在图纸上绘图范围的界线。图纸幅面及图框尺寸，应符合表1-2-1的规定及图1-2-1的格式。一般A0 ~ A3图纸宜横式使用，必要时也可立式使用。如果图纸幅面不够，可将图纸长边加长,但短边不得加长。图纸长边加长后的尺寸,可查阅 GB/T 50001—2001。

图幅及图框尺寸 表 1-2-1

尺寸代号 \ 图幅代号	A0	A1	A2	A3	A4
$b \times l$(mm × mm)	841 × 1189	594 × 841	420 × 594	297 × 420	210 × 297
c(mm)	10			5	
a(mm)	25				

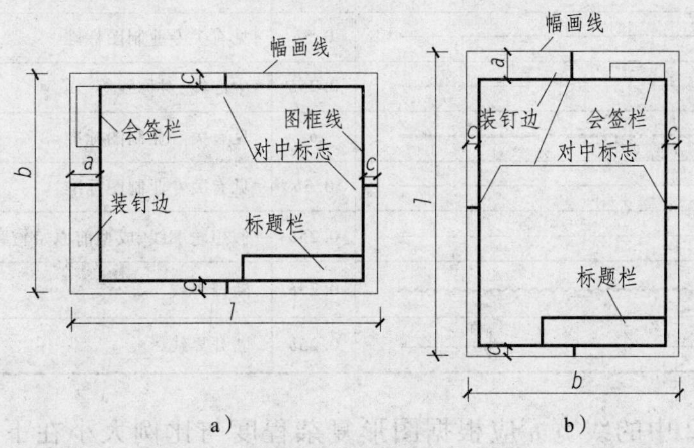

图 1-2-1 图框的格式

GB/T 50001—2001 对图纸标题栏(简称图标)和会签栏的尺寸、格式和内容都有规定。会签栏是指工程建设图纸上由会签人员填写所代表的有关专业、姓名、日期等的一个表格,不需要会签的图纸,可不设会签栏。

3 图线

任何工程图样都是由不同线型和线宽的图线绘制而成的。建筑工程制图中的各类图线的线型、线宽、用途见表 1-2-2。表中的点画线和双点画线(在 GB/T 50001—2001 中已改成单点长画线和双点长画线,本书仍按习惯简称点画线和双点画线)在一般情况下,分别表示细点画线和细双点画线。在专业图前,如无特殊说明,本书都分别采用粗实线和中虚线表示可见轮廓线和不可见轮廓线。

线　型　　表 1-2-2

名称		线　型	线宽	一般用途
实线	粗		b	主要可见轮廓线
	中		$0.5b$	可见轮廓线、尺寸起止符号等
	细		$0.25b$	可见轮廓线、图例线、尺寸线和尺寸界线等
虚线	粗		b	见有关专业制图标准
	中		$0.5b$	不可见轮廓线
	细		$0.25b$	不可见轮廓线，图例线等
点画线	粗		b	见有关专业制图标准
	中		$0.5b$	见有关专业制图标准
	细		$0.25b$	中心线、对称线等
双点画线	粗		b	见有关专业制图标准
	中		$0.5b$	见有关专业制图标准
	细		$0.25b$	假想轮廓线、成型前原始轮廓线
波浪线			$0.25b$	断开界线
折断线			$0.25b$	断开界线

表 1-2-2 中的线宽 b 应根据图形复杂程度与比例大小在下列线宽系列中选取。常见的线宽 b 值为 0.35mm、0.5mm、0.7mm、1mm，当选定粗线线宽 b 值之后，中线线宽为 $0.5b$，细线线宽为 $0.25b$。这样一组粗、中、细线的线宽称为线宽组。画图时，在同一张图纸内，采用比例一致的各个图样，应采用相同的线宽组。

在图线与线宽确定之后，具体画图时还应注意如下事项：

1. 相互平行的图线，其间隙不宜小于其中的粗线的宽度，且不小于 0.7mm，间隙过小时可适当画大。

2. 当两种以上不同线宽的图线重合时，应按粗、中、细的次序绘制；当相同线宽的图线重合时，应按实线、虚线、点画线的次序绘制。

3. 图样上的文字、数字或符号不得与图线重合；当不可避免时，可将图线断开，并书写在图线的断开处。

4 字体

图样和设计文件中的字体必须做到：字体端正，笔画清楚，排列整齐，间隔均匀。字体的号数，即字体的高度，分为20mm、14mm、10mm、7mm、5mm、3.5mm、2.5mm七种，汉字的高度应不小于3.5mm，字体的宽度约等于字体高度的2/3，字距为字高的1/4。数字及字母的笔画宽度约为字体高度的1/10。

图样中的汉字采用国家公布的简化汉字，并采用长仿宋字体。在图纸上书写汉字时，应画好字格，按照从左向右，从上向下水平书写。长仿宋字的书写要领是：横平竖直，注意起落，填满字格，结构匀称。长仿宋字的基本笔画与字体结构见表1-2-3和表1-2-4。

图纸中的拉丁字母、阿拉伯数字、罗马数字可写成斜体或直体，分别有A型和B型两种字体。一般写成斜字体，其斜度为75°，小写字母高应为大写字母高的7/10。图1-2-2为字体的书写示例。

长仿宋字的基本笔画　　表1-2-3

笔画	点	横	竖	撇	捺	挑	折	钩
形状								
运笔								

长仿宋字的结构特点　　表1-2-4

字体	梁	板	门	窗
结构				
说明	上下等分	左小右大	缩格书写	上小下大

h
ABCDEFGHIJKLMNO
PQRSTUVWXYZ
0.7h
abcdefghijklmnopq
rstuvwxyz
0123456789IVXφ
ABCabcd1234IV
75°

图1-2-2　字体示例

5 比例

建筑工程制图中,建筑物往往采用缩小的比例绘制在图纸上,而对某些细部构造则采用放大的比例或足尺(1:1)绘制在图纸上。图样的比例是指图形与实物相对应的线性尺寸之比。

比例宜注写在图名的右侧,字的基准线应取平齐,比例的字高,应比图名字高小1~2号,如图1-2-3所示。特殊情况下也可自选比例,这时除应注出绘图比例外,还必须在适当位置绘制出相应的比例尺。

平面图 1:100 ⑤ 1:10

图1-2-3 比例的注写

建筑工程图中所用的比例,应根据图样的用途与被绘对象的复杂程度选用,并应优先选用1:1,1:2,1:5,1:10,1:20,1:50,1:100,1:200,1:500,1:1000等常用比例。

6 尺寸

(1)尺寸的组成及其注法的基本规定

如图1-2-4a)所示,图样上的尺寸应包括尺寸线、尺寸界线、尺寸起止符号和尺寸数字等四要素。

尺寸线、尺寸界线用细实线绘制,如图1-2-4所示。尺寸界线一般应与被注长度垂直,一端离开图样轮廓线不小于2mm,另一端超出尺寸界线2~3mm。必要时,图样轮廓线可用作尺寸界线。尺寸线应与被注线段平行,不能用其他图线代替或与其他图线重合。

尺寸起止符号一般用中粗的斜短画线绘制,其倾斜的方向应与尺寸界线成顺时针45°角,长度为2~3mm。

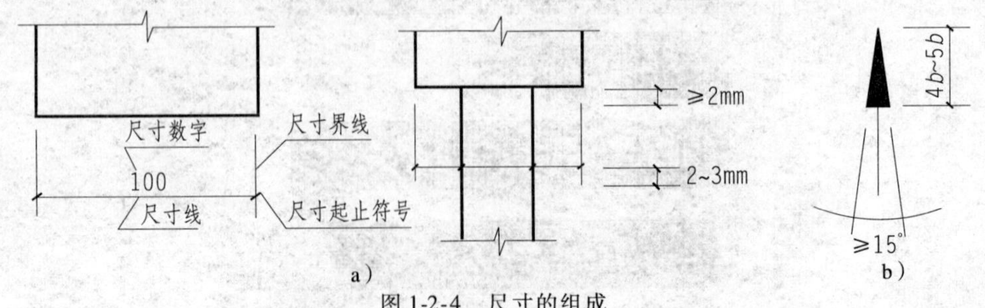

图1-2-4 尺寸的组成

a)尺寸四要素;b)尺寸线、尺寸界限与尺寸起止符号半径、直径、角度、弧长的尺寸起止符号,宜用箭头表示,箭头的画法,如图 1-2-4b)右图所示。

图样上所注写的尺寸数字是物体的实际尺寸。除高程及总平面图以米(m)为单位外,其他均以毫米(mm)为单位。

尺寸数字的读图方向,应按图 1-2-5a)的规定注写;若尺寸数字在 30°斜线区内,宜按图 1-2-5b)的形式注写。

尺寸数字应依其读数方向写在尺寸线的上方中部,如没有足够的注写位置,最外面的数字可注写在尺寸界线的外侧,中间相邻的尺寸数字可错开注写,也可引出注写,如图 1-2-5c)所示。

为保证图上的尺寸数字清晰,任何图线不得穿过尺寸数字,不可避免时,应将图线断开,如图 1-2-5 所示。

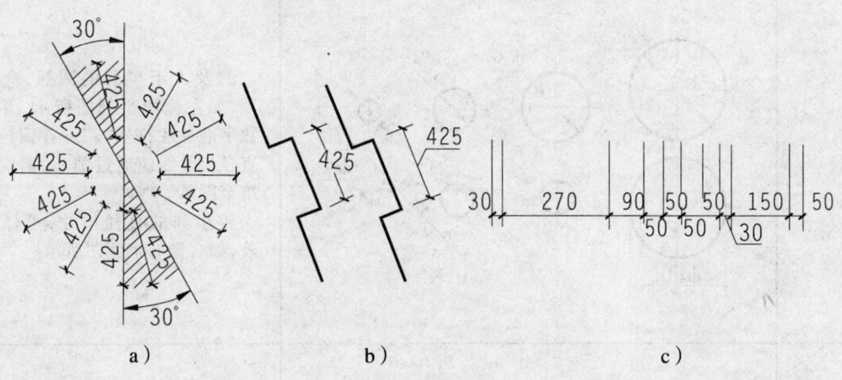

图 1-2-5　尺寸数字的读图方向

(2)尺寸的排列与布置

尺寸的排列与布置应注意以下几点:

①尺寸宜注写在图样轮廓线以外,不宜与图线、文字及符号相交。必要时,也可标注在图样轮廓线以内。

②互相平行的尺寸线,应从被注的图样轮廓线由里向外整齐排列,小尺寸在里面,大尺寸在外面。小尺寸距图样轮廓线距离不小于 10mm,平行排列的尺寸线的间距宜为7 ~10mm。

③总尺寸的尺寸界线,应靠近所指部位,中间的分尺寸的尺寸界线可稍短,但其长度应相等。

(3)尺寸标注的其他规定

尺寸标注的其他规定,可参阅表1-2-5所示的例图。

尺寸标注示例　　表1-2-5

注写的内容	注法示例	说明
半径		半圆或小于半圆的圆弧,应标注半径。如左下方的例图所示,标注半径的尺寸线,应一端从圆心开始,另一端画箭头指向圆弧,半径数字前应加注符号"*R*"。 较大圆弧的半径,可按上方两个例图的形式标注;较小圆弧的半径,可按右下方四个例图的形式标注
直径		圆及大于半圆的圆弧,应标注直径,如左侧两个例图所示,并在直径数字前加注符号"ø"。在圆内标注的直径尺寸线应通过圆心,两端画箭头指至圆弧。 较小圆的直径尺寸,可标注在圆外,如右侧6个例图所示
薄板厚度		应在厚度数字前加注符号"*t*"
正方形		在正方形的侧面标注该正方形的尺寸,可用"边长×边长"标注,也可在边长数字前加正方形符号"□"

续上表

注写的内容	注法示例	说明
坡度	2%　1:2　2.5　1　2%	标注坡度时，在坡度数字下，应加注坡度符号，坡度符号为单面箭头，一般指向下坡方向。坡度也可用直角三角形形式标注，如注法示例中右侧的例图所示。图中在坡面高的一侧水平边上所画的垂直于水平边的长短相间的等距细实线，称为示坡线，也可用它来表示坡面
角度、弧长与弦长	75°20′　5°　6°09′56″　120　113	如左方的例图所示，角度的尺寸线是圆弧，圆心是角顶，角边是尺寸界线。尺寸起止符号用箭头；如没有足够的位置画箭头，可用圆点代替。角度的数字应水平方向注写，如中间例图所示，标注弧长时，尺寸线为同心圆弧，尺寸界线垂直于该圆弧的弦，起止符号用箭头，弧长数字上方加圆弧符号。如右方的例图所示，圆弧的弦长的尺寸线应平行于弦，尺寸界线垂直于弦
连续排列的等长尺寸	180　100×5=500　60	可用“等长尺寸×个数=总长”的形式标注
相同要素	6ϕ30　ϕ120　ϕ200	当构配件内的构造要素（如孔、槽等）相同时，可仅标注其中一个要素的尺寸及个数

7 常用建筑材料图例

当建筑物或建筑配件被剖切时,通常在图样中的断面轮廓线内画出建筑材料图例,在表1-2-6中列出了GB/T 50001—2001中所规定的部分常用建筑材料图例,其余可查阅该标准。在GB/T 50001—2001中只规定了常用建筑材料图例的画法,对其尺度比例不作具体规定,绘图时可根据图样大小而定。

当选用GB/T 50001—2001中未包括的建筑材料时,可自编图例,但不得与GB/T 50001—2001中所列的图例重复,应在适当位置画出该材料图例并加以说明。不同品种的同类材料使用同一图例时,应在图上附加必要的说明。

常用建筑材料图例 表1-2-6

材料名称	图例	说明
自然土壤		包括各种自然土壤
夯实土壤		
砂、灰土	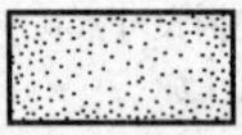	靠近轮廓线绘较密的点
毛石	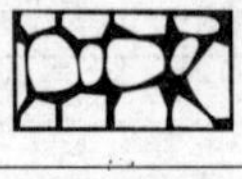	
普通砖	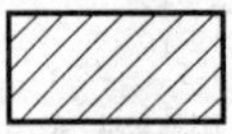	1. 包括实心砖、多孔砖、砌块等砌体。 2. 断面较窄,不易画出图例线时,可涂红
混凝土	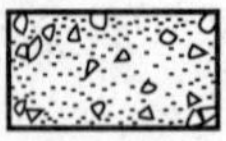	1. 本图例仅适用于能承重的混凝土及钢筋混凝土。 2. 包括各种强度等级、骨料、添加剂的混凝土。 3. 在剖面图上画出钢筋时,不画图例线。 4. 断面较窄,不易画出图例线时,可涂黑
钢筋混凝土		
多孔材料		包括水泥珍珠岩、沥青珍珠岩、泡沫混凝土、非承重加气混凝土、软木、蛭石制品等
木材		1. 上图为横断面,上左图为垫木、木砖或木龙骨。 2. 下图为纵断面
金属		1. 包括各种金属。 2. 图形较小时,可涂黑

第二节　投影的基本知识

1　投影及其分类

在工程图样中，通常用投影来图示几何形体。投影分中心投影和平行投影两类，平行投影又分为正投影和斜投影。工程图样用得最广泛的是正投影。

如图 1-2-6 所示，在光源 S 照射下，△ABC 在平面 P 上得到影子△abc，点 S 称为投射中心，光线 SA，SB，SC 称为投射线，平面 P 称为投影面，△abc 称为△ABC 在平面 P 上的投影，也可称为投影图。习惯上以大写拉丁字母表示空间的几何元素，以小写拉丁字母表示投影。这种用投影来图示几何形体的方法，称为投影法。因为图 1-2-6 中所有的投射线都汇交于投射中心 S，所以将这种投影法称为中心投影法，得到的投影称为中心投影。

如图 1-2-7a）和 b）所示，当光源（投射中心）S 在无穷远时，投射线（光线）互相平行，仍可得到△ABC 在投影面 P 上的投影△abc，这种投射线互相平行的投影法称为平行投影法，得到的投影称为平行投影。在平行投影法中，如图 1-2-7a）所示，当投射方向垂直于投影面时，称为正投影法，得到的投影称为正投影；如图 1-2-7b）所示，当投射方向倾斜于投影面时，称为斜投影法，得到的投影称为斜投影。本书第二篇中所用图纸主要为正投影所得，而且都属于多面正投影图，又称多面正投影，是土建工程中最主要的图样。多面正投影图由物体在互相垂直的两个或两个以上的投影面上的正投影所组成。

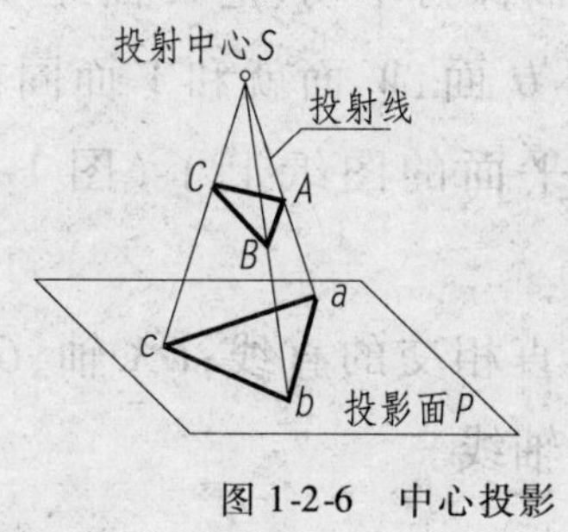

图 1-2-6　中心投影

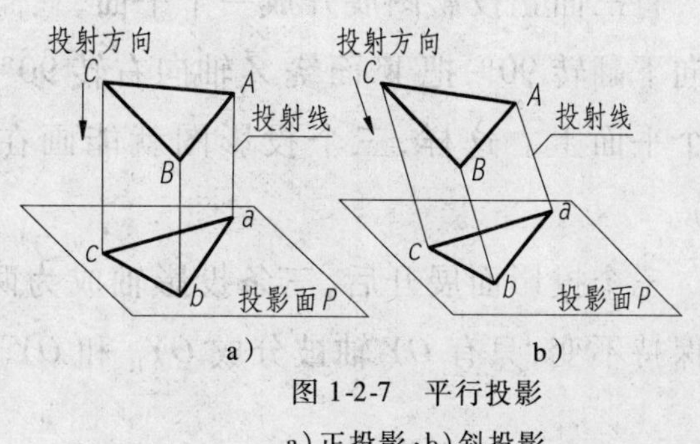

图 1-2-7　平行投影

a）正投影；b）斜投影

2 投影体系的形成

如图1-2-8所示，三个互相垂直的投影面*V*、*H*、*W*，组成一个三投影面体系，将空间划分为八个分角。*V*面称为正立投影面，简称正面；*H*面称为水平投影面，简称水平面；*W*面称为侧立投影面，简称侧面。三个投影面分别相交于投影轴*OX*、*OY*、*OZ*，它们也互相垂直，交汇于原点*O*，并规定向左、向前、向上为正，在三条投影轴都是正向的投影面之间的空间是第一分角。将几何形体放置在第一分角内，向三个投影面进行投影。

一个正投影图能够准确地表现出物体一个侧面的形状，但还不能表现出物体的全部形状。如果将物体放在三个相互垂直的投影面之间，用三组分别垂直于三个投影面的平行投射线投影，就能得到该物体三个面的正投影图（图1-2-9）。一般物体用三个正投影图结合起来就能反映它的全部形状和大小。

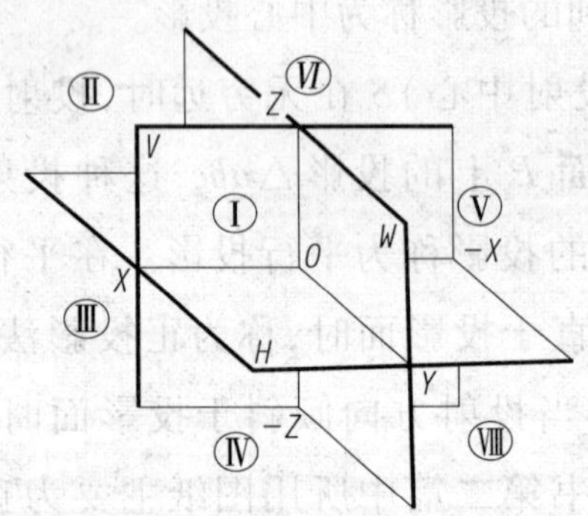

图1-2-8 投影体系的分区

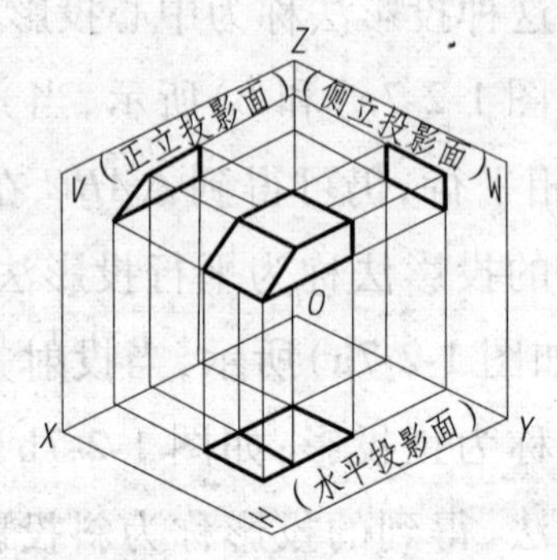

图1-2-9 物体的三面投影

(1)三面正投影图的展开

将三面正投影图展开成一个平面，只需使*V*面保持不动，把*H*面经*OX*轴向下翻转90°，把*W*面绕*Z*轴向右转90°，此时*H*面、*W*面就和*V*面同在一个平面上。这样，三个投影图就能画在一张平面的图纸上了（图1-2-10）。

三个投影面展开后，三条投影轴成为两条垂直相交的直线；*OX*轴、*OZ*轴保持不变，只有*OY*轴被分成OY_H和OY_W两条轴线。

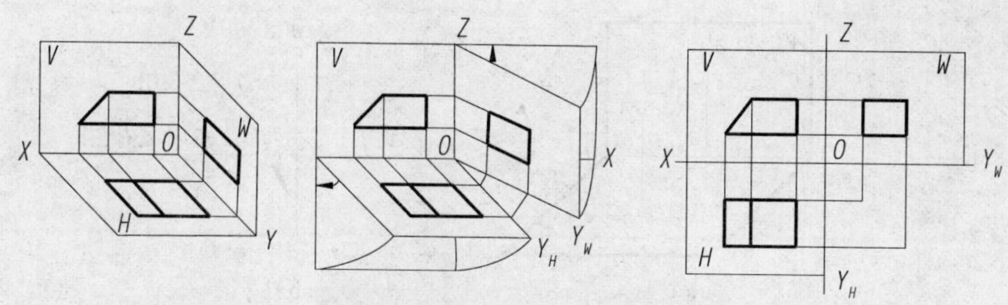

图 1-2-10 三面正投影图的展开

一般形体的长、宽、高尺寸分别定义为(图 1-2-11)：

长:左右之间的距离;宽:前后之间的距离;高:上下之间的距离。

(2)三面投影图的特性

在三个投影图中,每个投影图都只能反映长、宽、高三个尺寸的其中两个(图 1-2-11)。由此可得出:同一物体的三个投影图之间具有“三等”关系,即:正立投影与侧立投影等高—高平齐;正立投影与水平投影等长—长对正;水平投影与侧立投影等宽—宽相等。

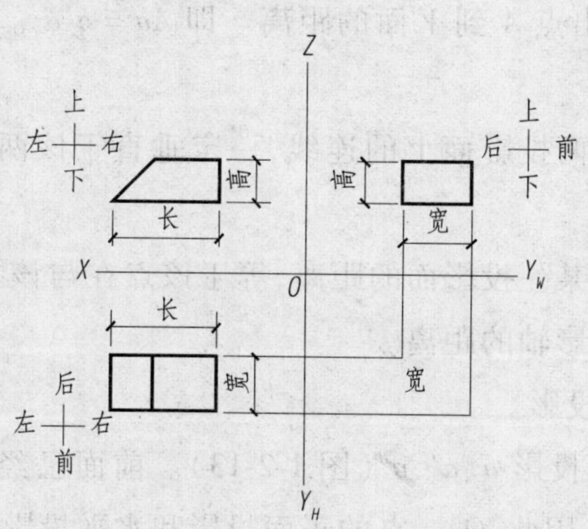

图 1-2-11 三面正投影图中的长、宽、高

因此,制图或识图时不应孤立看待其中的一个投影图,而应当综合对照三个投影图,才能完整、准确地掌握一个形体。

3 点的投影

(1)点的两面投影

过空间点 A 作投射线分别垂直于 H、V 平面,得点 A 的 H 投影 a 和 V 投影 a',如图 1-2-12a)所示。

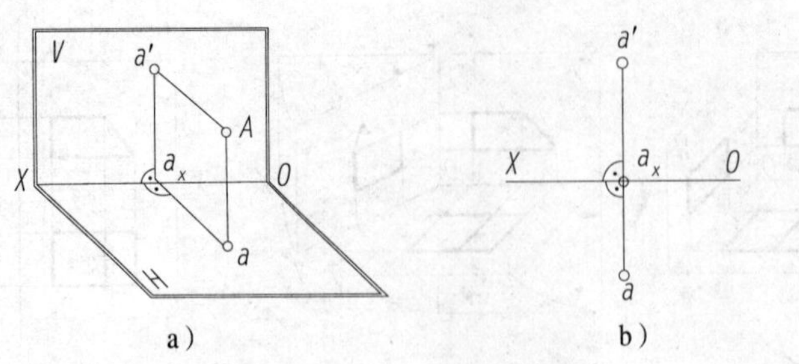

图 1-2-12　点的两面投影

投射线 Aa' 和 Aa 所决定的平面与 H 面和 V 面垂直相交，交线分别是 aa_x 和 $a'a_x$。H 面 V 面的交线，即投影轴 OX，必垂直于平面 $Aa'a_xa$，同时也垂直于该平面上的 aa_x 和 $a'a_x$，因此，$\angle aa_xX = \angle a'a_xX = 90°$。将 H、V 两投影面展开后，这两个直角保持不变，合起来等于 180°，即两投影的连线 $a'a_xa$ 成为一根垂直于 OX 的直线（图 1-2-12b）。从图 1-2-12a）可知，$Aa'a_xa$ 是一个矩形，$a'a_x$ 与 Aa 平行且相等，反映出点 A 到 H 面的距离；aa_x 与 Aa' 平行且相等，反映出点 A 到 V 面的距离。即 $Aa = a'a_x$。因此，总结点的投影规律如下：

①点的投影在两投影面上的连线，一定垂直于该两投影面的交线，即垂直于投影轴。

②空间一点到某一投影面的距离，等于该点在与该投影面垂直的投影面上的投影到其投影轴的距离。

（2）点的三面投影

作点 A 的三面投影 a、a'、a''（图 1-2-13）。前面已经讲过，$aa' \perp OX$，由于 OX 设为水平线，因此：①一点的正面投影和水平投影必在同一竖直投影连线上。②一点的正面投影和侧面投影必在同一水平投影连线上。H 面和 W 面都垂直于 V 面，根据第二条正投影规律，$aa_x = a''a_z = Aa'$，因此：③一点的水平投影到 OX 轴的距离等于该点的侧面投影到 OZ 轴的距离，都反映该点到 V 面的距离。

类似地，还有 $a'a_X = a''a_Y = Aa$，$aa_Y = a'a_Z = Aa''$。

这三项正投影关系，就是形体三投影中“长对正、高平齐、宽相等”的理论根据。

在三投影面体系中，点 A 的位置可由它到三个投影面的距离，即它的三个坐标来确定。投影面的 OX 轴相当于 x 轴；OY 轴相当于 y 轴；OZ 轴相当于 z 轴，投影面的原点 O 相当于坐标面的原点 O。点的投影和点的坐标有如下关系，如图 1-2-13a）所示。

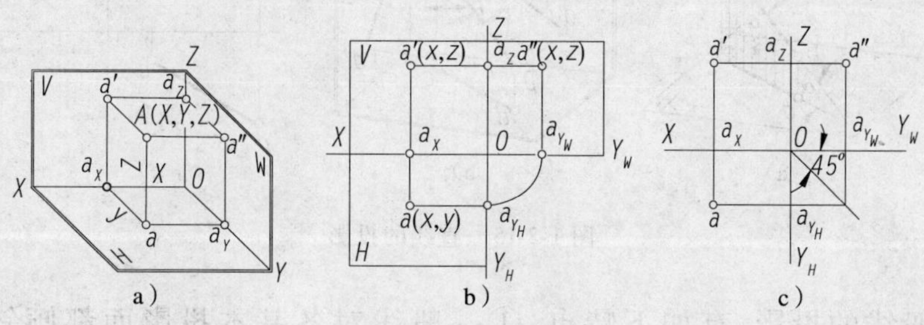

图 1-2-13　点的投影

点 A 到 W 面的距离 $= a''A = Oa_X =$ 点 A 的 x 坐标；

点 A 到 V 面的距离 $= a'A = Oa_Y =$ 点 A 的 y 坐标；

点 A 到 H 面的距离 $= aA = Oa_Z =$ 点 A 的 z 坐标。

空间一点 A 的位置由它的坐标 $A(x,y,z)$ 确定，它的三个投影的坐标分别为 $a(x,y)$，$a'(x,z)$ 和 $a''(y,z)$，如图 1-2-13b）所示。

由于一点的任意两个投影的坐标值，都包含了确定该点空间位置的三个坐标，所以，根据一点的任意两个投影，一定可以作出它的第三个投影。

4　直线的投影

（1）一般位置直线

对投影面来说，形体上的直线有各种不同的位置，有的垂直于投影面，例如图 1-2-14 中 DE 垂直于 V 面，AB 垂直于 W 面；有的平行于投影面，例如 AC 平行于 W 面；有的不平行于任一投影面，例如 CD。

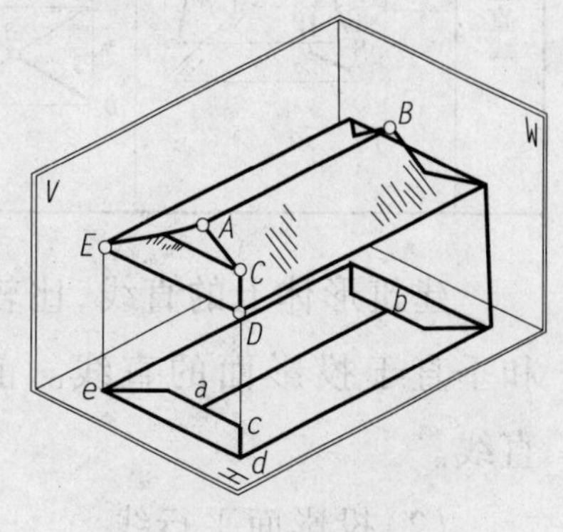

图 1-2-14　各种位置的线

像 CD 这种对三个投影面都倾斜的直线，称为一般位置直线，简称一般线。

作一般线 CD［图 1-2-15a）］的三面投影，可分别作出它的两端点 C 和 D 的三面投影 c、c'、c'' 和 d、d'、d''，然后将各对在同一投影面上的投影（以后简称同面投影）连接起来，即得直线的三面投影，如图 1-2-15b）、c）所示。

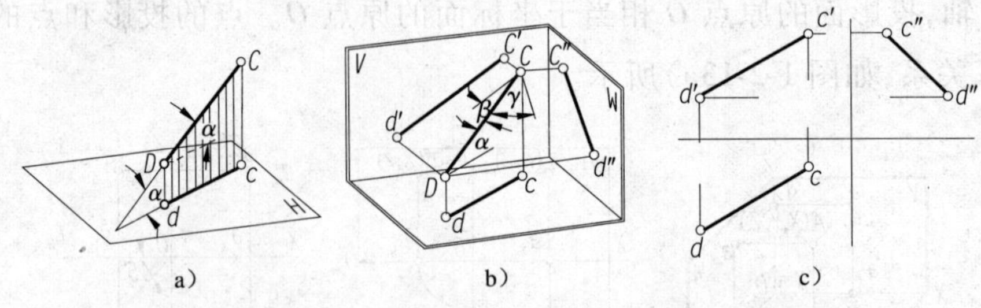

图 1-2-15　直线的投影

一般线的投影，有如下特点：①一般线对各基本投影面都倾斜。②一般线上各点到同一个投影面的距离都不等，所以一般线在各投影面上的投影都倾斜于投影轴，如图 1-2-15c）所示。在读图时，一条直线只要有两个投影是倾斜的，它一定是一般线。③一般线对 H、V、W 面的倾角 α、β、γ，它们的投影都不反映实形。

一般线的投影特点，如表 1-2-7 所示。

一 般 位 置 直 线　　　　表 1-2-7

名称	空 间 位 置	在形体投影图中的位置	投　影　图	投 影 特 点
一般位置直线				1. ab、$a'b'$ 和 $a''b''$ 都倾斜，而且都比 AB 短 2. 倾角 α、β、γ 的投影都不反映实形

建筑形体上的直线，比较多的不是一般线，而是平行于投影面的直线和垂直于投影面的直线。前者称为投影面平行线，后者称为投影面垂直线。

（2）投影面平行线

投影面平行线平行于某一个投影面，但倾斜于其余两个投影面。例如表 1-2-8 中 $AB /\!/ H$，但对 V 面 W 面都倾斜。AB 称为水平面平行线（简称水平线)。投影面平行线除水平线外,还有平行于 V 面的正面平行线(正平线),平行于 W 面的侧面平行线(侧平线)。表1-2-8分别介绍了它们的投影特性。

投影面平行线　　表1-2-8

名称	空间位置	在形体投影图中的位置	投影图	投影特点
水平面平行线	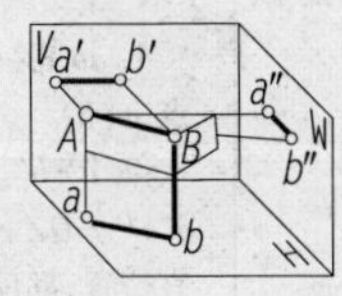	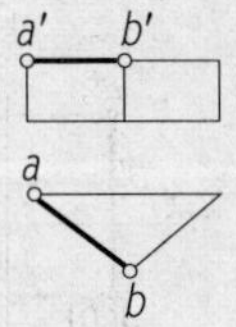	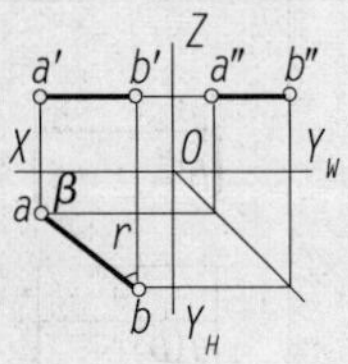	1. $a'b'$ // OX, $a''b''$ // OY_W,均为水平位置 2. ab 倾斜,反映线段 AB 的实长 3. ab 与水平线和竖直线的夹角,分别反映 AB 对 V 面和 W 面的倾角 β 和 γ 的实形
正平面平行线	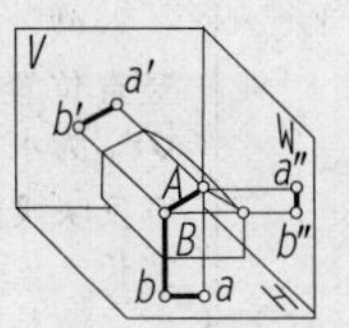	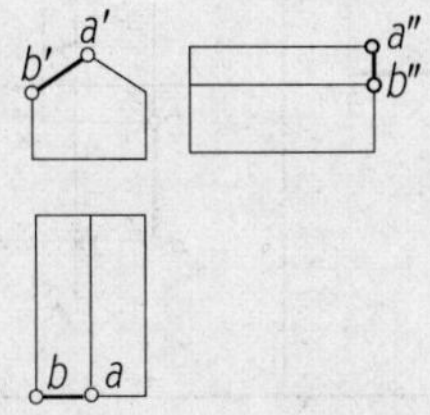	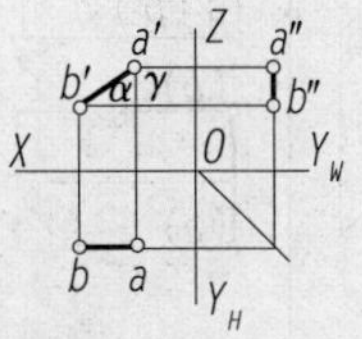	1. ab // OX,为水平位置,$a''b''$ // OZ,为竖直位置 2. $a'b'$倾斜,反映线段 AB 的实长 3. $a'b'$与水平线和竖直线的夹角,分别反映 AB 对 H 面和 W 面的倾角 α 和 γ 的实形
侧平面平行线	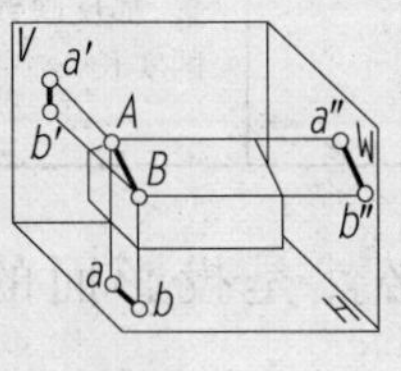	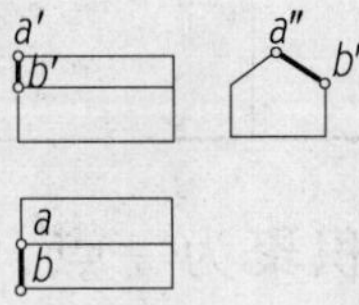	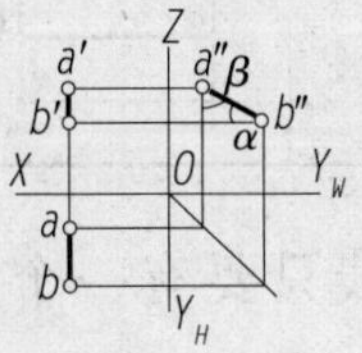	1. ab // OY_H, $a'b'$ // OZ,均为竖直位置 2. $a''b''$倾斜,反映线段 AB 的实长 3. $a''b''$与水平线和竖直线的夹角,分别反映 AB 对 H 面和 V 面的倾角。α 和 β 的实形

根据以上特点,在识图时若发现,一条直线如果有一个投影平行于投影轴而另一个投影倾斜时,它必然是投影面的平行线,平行于该倾斜投影所在的投影面。例如表1-2-8中 $a'b'$ // OX, ab 倾斜,所以 AB 是平行于 H 面的水平线。

(3)投影面垂直线

投影面垂直线垂直于某一个投影面,因而平行于另外两个投影面。例如,表 1-2-9 中形体的侧棱 $AB \perp H$,因而 AB 平行于 V 面和 W 面。AB 垂直于 H 面,称为水平面垂直线,简称铅垂线。投影面垂直线除铅垂线外,还有垂直于 V 面的正面垂直线(正垂线),垂直于 W 面的侧面垂直线(侧垂线)。表 1-2-9 分别介绍了它们的投影特性。

投影面垂直线 表 1-2-9

名称	空间位置	在形体投影图中的位置	投影图	投影特点
水平面垂直线	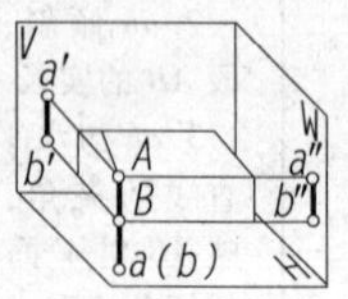	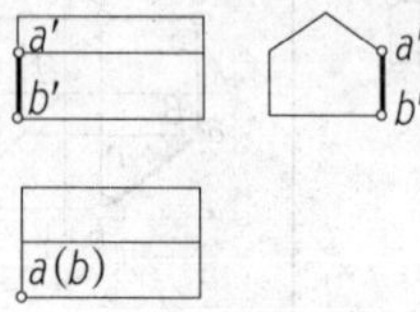	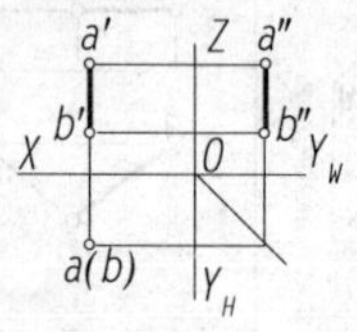	1. ab 积聚为一点 $a(b)$ 2. $a'b' \mathbin{/\mkern-6mu/} OZ$, $a''b'' \mathbin{/\mkern-6mu/} OZ$,均为竖直位置,都反映线段 AB 的实长
正投影面垂直线	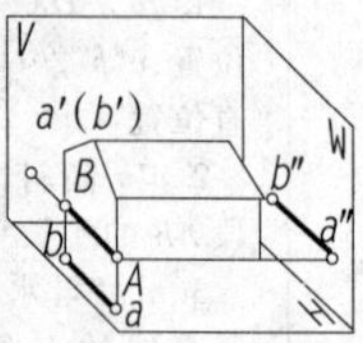	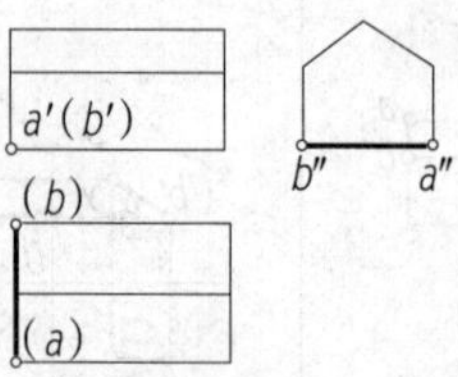	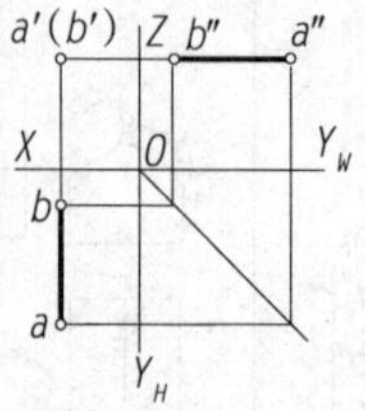	1. $a'b'$ 积聚为一点 $a'(b')$ 2. $ab \mathbin{/\mkern-6mu/} OY_H$ 为竖直位置,$a''b'' \mathbin{/\mkern-6mu/} OY_W$ 为水平位置,都反映线段 AB 的实长
侧投影面垂直线	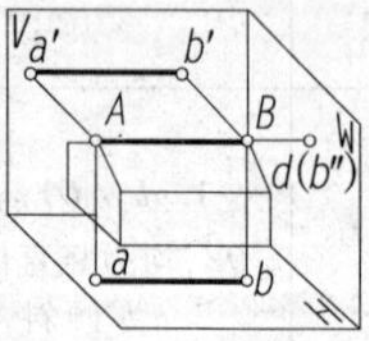	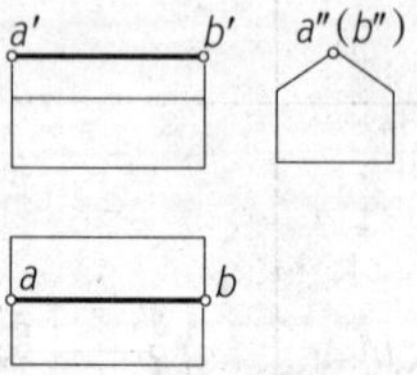	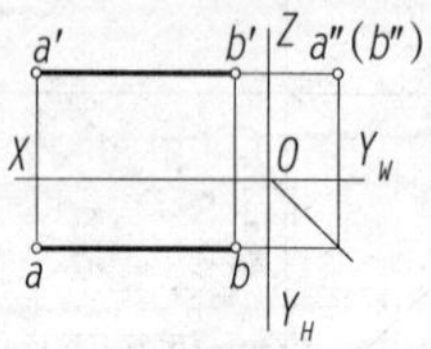	1. $a''b''$ 积聚为一点 $a''(b'')$ 2. $ab \mathbin{/\mkern-6mu/} OX$, $a'b' \mathbin{/\mkern-6mu/} OX$,均为水平位置,都反映线段 AB 的实长

读图时,一直线只要有一个投影积聚为一点,它必然是投影面的垂直线,垂直于积聚投影所在的投影面。

5 平面的投影

(1)平面的表示法

平面在空间的位置可用下列几何元素来确定和表示:

①不在同一直线的三个点,如图 1-2-16a)所示的点 A、B、C。

②一直线和线外一点,如图 1-2-16b)所示的点 A 和直线 BC。

③两相交直线,如图 1-2-16c)所示的直线 AB 和 AC。

④两平行直线，如图 1-2-16d）所示的直线 *AE* 和 *BD*。

⑤平面图形，如图 1-2-16e）所示的△*ABC*。

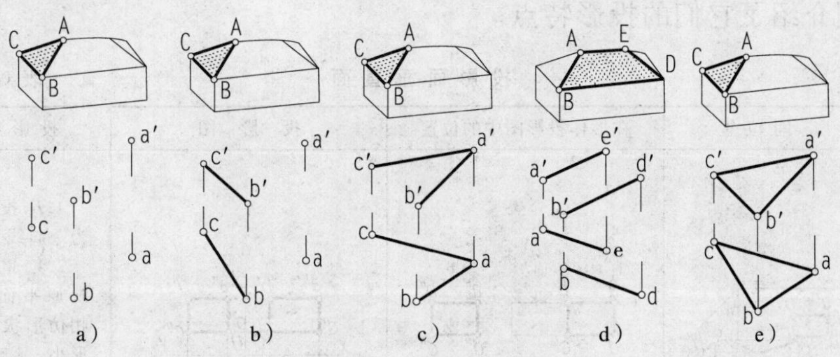

图 1-2-16　平面的表示方法

空间平面对基本投影面也有三种不同的位置，即一般位置、垂直位置和平行位置。在建筑形体上的平面，以投影面垂直面和平行面居多。

（2）一般位置平面

一般位置平面对三个投影面都倾斜，例如表 1-2-10 中三棱锥的 *SAB* 面，简称一般面。一般位置平面的三个投影都没有积聚性，都反映原平面图形的类似形，但比平面图形本身的实形小，如表 1-2-10 所示。识图时，若一个平面的三个投影都是平面图形，它必然是一般位置平面。

一般位置平面　　表 1-2-10

名称	空间位置	在形体投影图中的位置	投影图	投影特点
一般位置平面	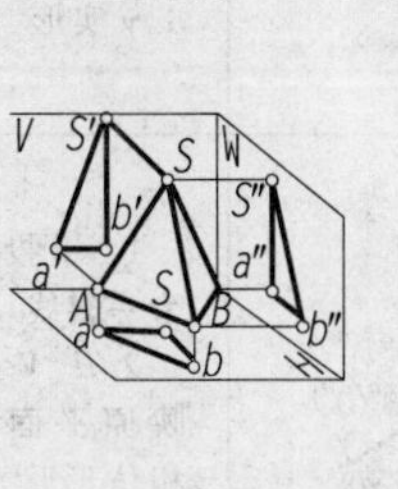	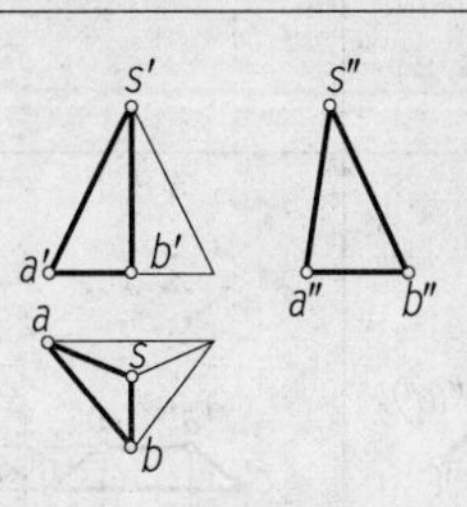	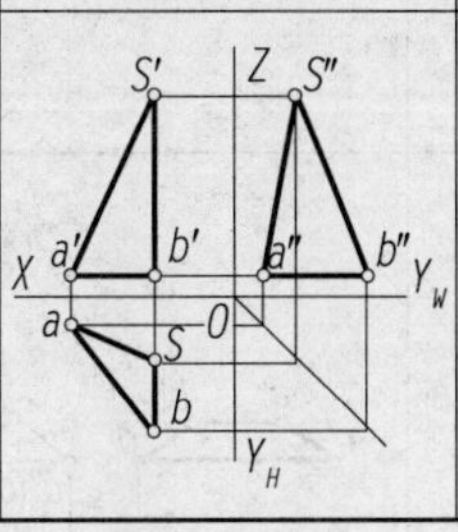	1. 没有一个投影积聚为一直线 2. 各投影反映原平面图形的相仿形状，但都比实形小 3. 不反映对各投影面的倾角实形

（3）投影面垂直面

投影面垂直面只垂直于一个投影面，对其余两个投影面倾斜。例如，表 1-2-11 第一行的平面 $ABCD \perp H$，但倾斜于 *V* 面和 *W* 面。这种平面称为水平面垂直面，简称铅垂面。

投影面垂直面在它所垂直的投影面上的投影，积聚为一倾斜线。这个积聚投影与投影轴的夹角，反映该平面对相应投影面的倾角。

识图时，若一个平面只要有一个投影积聚为一倾斜线，它必然垂直于积聚投影所在的投影面。投影面垂直面还可能垂直于 V 面或 W 面，表 1-2-11 分别介绍了它们的投影特点。

投影面垂直面　　　　表 1-2-11

名称	空间位置	在形体投影图中的位置	投影图	投影特点
水平面垂直面	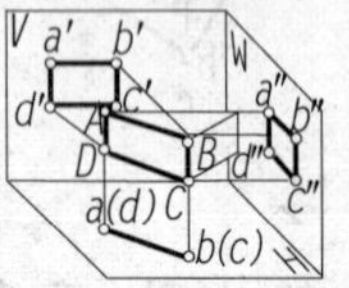	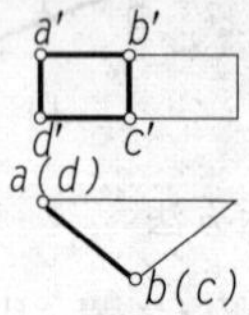	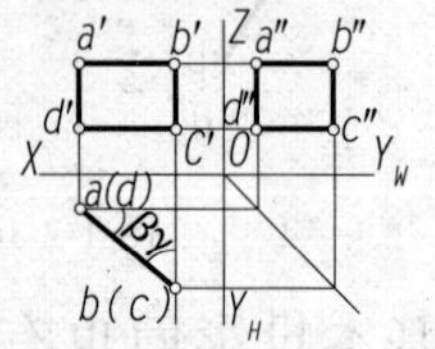	1. H 投影积聚为一斜线 2. V、W 投影反映原平面图形的相仿形状，但比实形小 3. 积聚投影与 OX、OY_H 轴的夹角，分别反映铅垂面对 V,W 面的倾角 β、γ 实形
正投影面垂直面	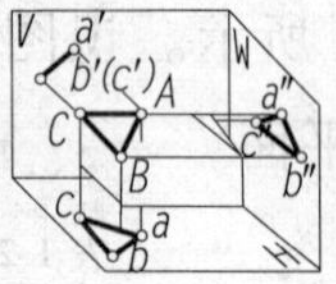	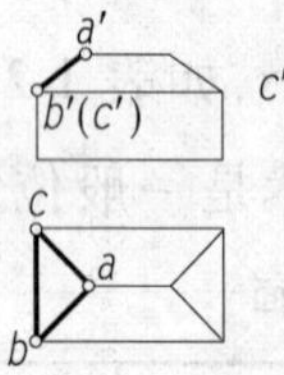	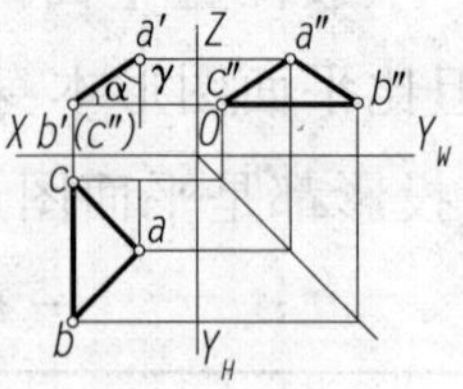	1. V 投影积聚为一斜线 2. H、W 投影反映原平面图形的相仿形状，但比实形小 3. 积聚投影与 OX、OZ 轴的夹角，分别反映正垂面对 H、W 面的倾角 α、γ 实形
侧投影面垂直面	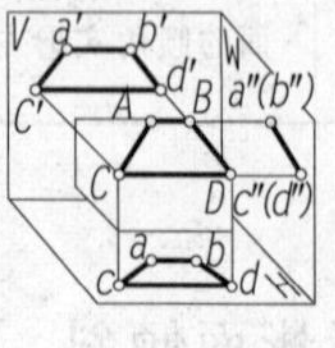	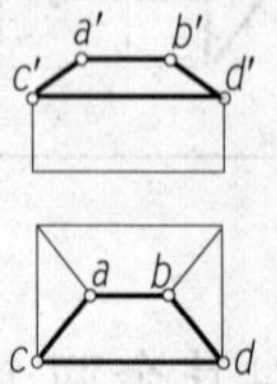	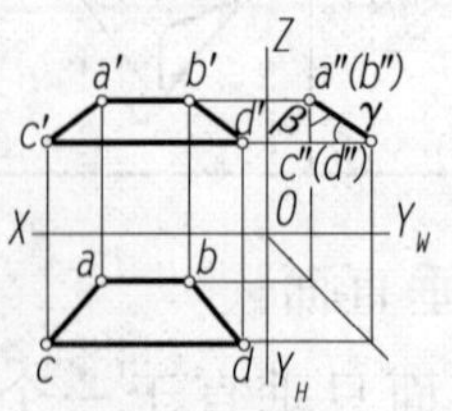	1. 平投影积聚为一斜线 2. H、V 投影反映原平面图形的相仿形状，但比实形小 3. 积聚投影与 OY、OZ 轴的夹角分别反映侧垂面对 H、V 面的倾角 α、β 实形

(4)投影面平行面

投影面平行面平行于一个投影面，因而垂直于其余两个投影面。例如,表 1-2-12 第一行的平面 *ABCD* 平行于 *H* 面,称为水平面平行面,简称水平面。

投影面平行面在它所平行的投影面上的投影,反映该平面图形的实形。由于投影面平行面又同时垂直于其他两个投影面,所以它的其他两个投影分别积聚为一直线,且平行于投影轴。

识图时,若一平面只要有一个投影积聚为一根平行于投影轴的直线,该平面必平行于非积聚投影所在的投影面。那个非积聚的投影反映该平面图形的实形。

投影面平行面还可能平行于 *V* 面或 *W* 面,表 1-2-12 分别介绍了它们的投影特点。

投影面平行面 表 1-2-12

名称	空间位置	在形体投影图中的位置	投影图	投影特点
水平面平行面	V d′(a′) c′(b′) W a″(b″) A B C D d″(c″) a b d c H	d′(a′) c′(b′) a″(b″) d″(c″) a b d c	d′(a′) c′(b′) Z a″(b″) d″(c″) X O Y_W a b d c Y_H	1. *H* 投影反映实形 2. *V* 投影积聚为一水平线,平行于 *OX* 轴 3. *W* 投影积聚为一水平线,平行于 OY_W 轴
正投影面平行面	V a′ b′ W c′ d′ A B a″(b″) D C d″(c″) a(d) b(c) H	a′ b′ d′ c′ a″(b″) d″(c″) a(d) b(c)	a′ b′ Z a″(b″) d″(c″) X d′ c′ O Y_W a(d) b(c) Y_H	1. *V* 投影反映实形 2. *H* 投影积聚为一水平线,平行于 *OX* 轴 3. *W* 投影积聚为一竖直线,平行于 *OZ* 轴
侧投影面平行面	V b′(a) d′(c′) W a″ A B C e′(f′) b″ c″ d″ F a(f) D E b(c) d(e) e″ H	d′(a′) d′(c′) e′(f′) a″ b″ c″ d″ f″ e″ a(f) b(c) d(e)	b′(a′) d′(c′) e′(f′) Z a″ b″ c″ d″ f″ e″ X O Y_W a(f) b(c) d(e) Y_H	1. *W* 投影反映实形 2. *H* 投影积聚为一竖直线,平行于 OY_H 轴 3. *V* 投影积聚为一竖直线,平行于 *OZ* 轴

6 基本形体的投影

建筑工程中各种形状的物体都可看作是各种简单几何体的组合(图1-2-17)。

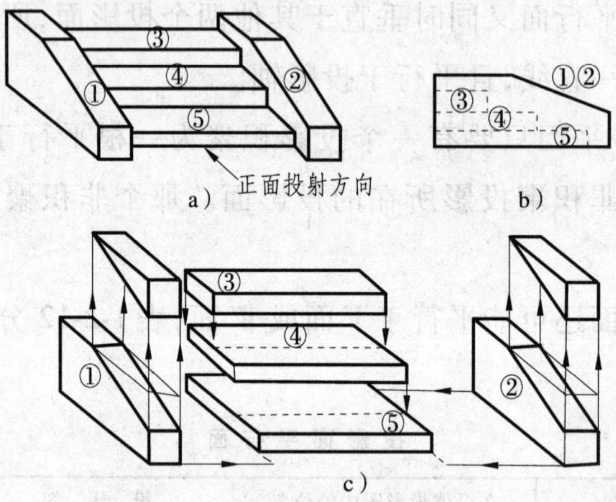

图 1-2-17 台阶

a)直观图;b)形体组合图;c)基本几何形体分解

将经常遇到的基本形体按其表面的几何性质分为平面体和曲面体两部分。

平面体—由若干平面所围成的几何体(图 1-2-18)。

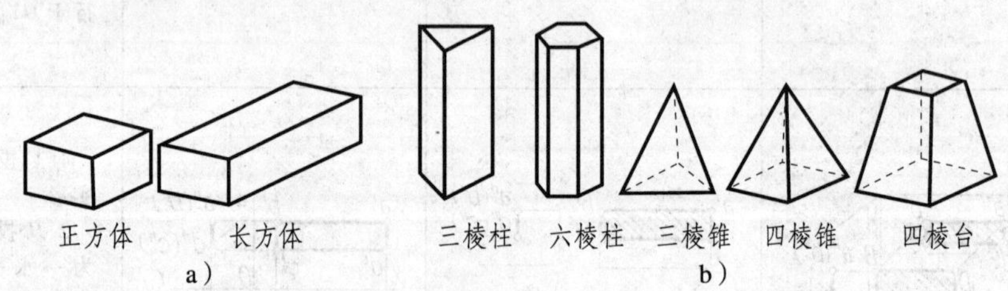

图 1-2-18 平面体

a)长方体;b)斜面体

曲面体—由曲面或曲面与平面所围成的几何体(图 1-2-19)。

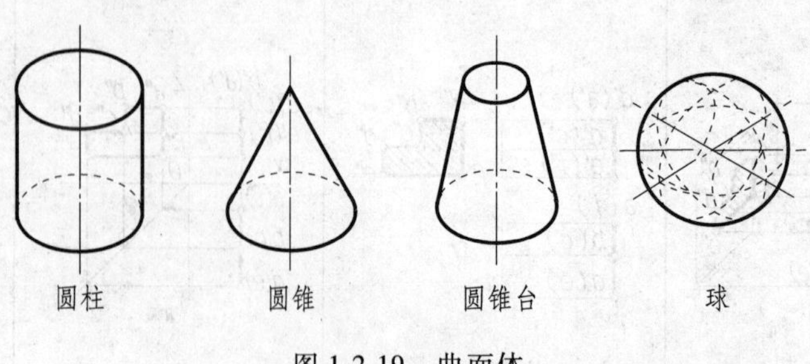

图 1-2-19 曲面体

(1)平面立体的投影

将正方体、长方体统称为长方体,将棱柱、棱锥、棱台统称为斜面体。

①长方体的投影

长方体的表面是由六个四边形(正方形或矩形)平面组成的,面与面之间和两条棱线之间均互相平行或垂直。下面对长方体的投影进行分析(图1-2-20)。

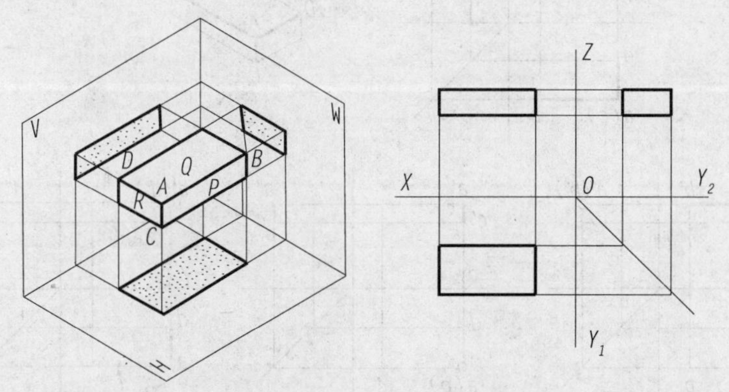

图 1-2-20　长方体的三面投影

a. 面的投影分析

以长方体的前面即 P 面为例(图 1-2-21),P 面平行于 V 面,垂直于 H 面和 W 面,其正面投影 p' 反映 P 面的实形。其水平投影 p 和侧面投影 p'' 都积聚成一直线。

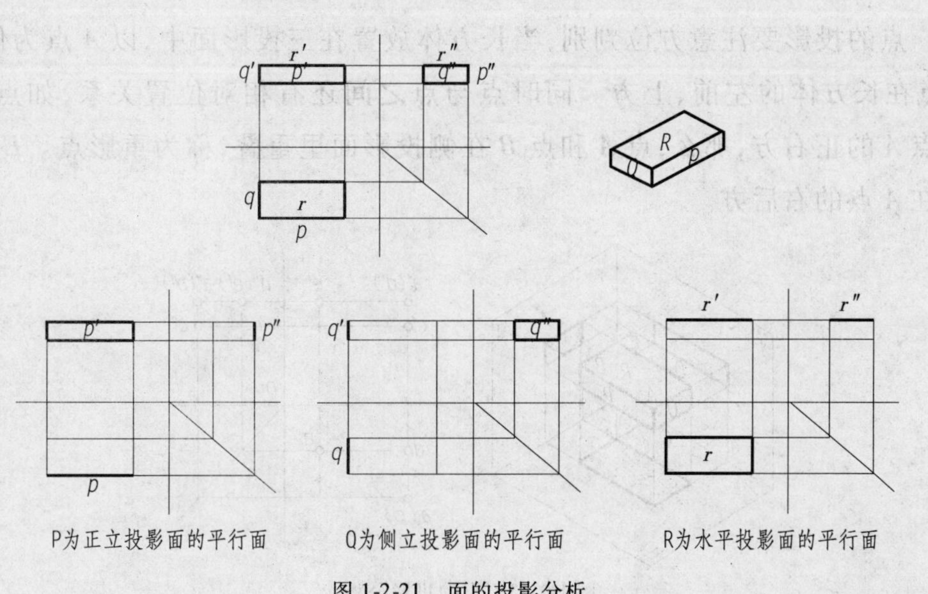

图 1-2-21　面的投影分析

b. 线的投影分析

长方体上有三组相互垂直的棱线。如图 1-2-22 中的 *AB*、*AC*、*AD*，以 *AB* 为例，它平行于 *V* 面和 *H* 面、垂直于 *W* 面，所以这条棱线的侧面投影积聚为一点，而正面投影和水平投影为直线，并反映棱线实长。

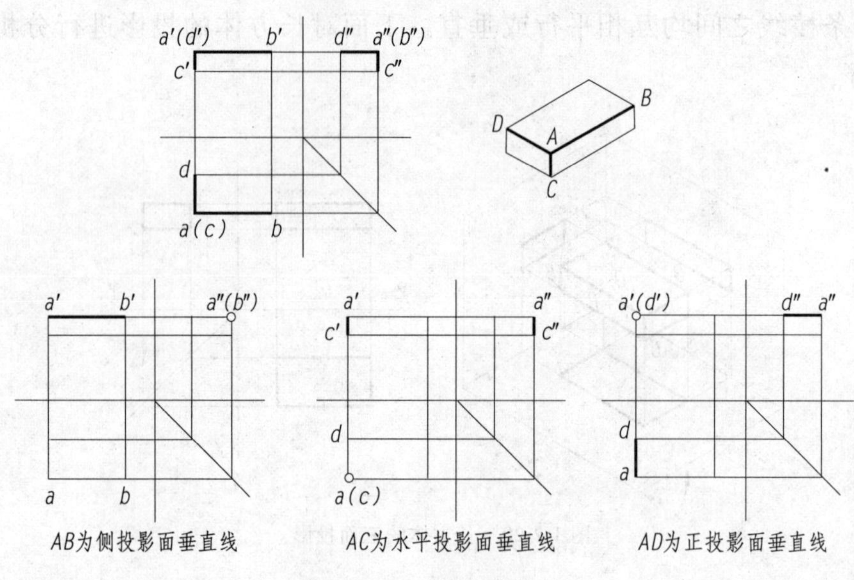

图 1-2-22　线的投影分析

c. 点的投影分析

长方体上的每一个棱角都可以看作是一个点。如图 1-2-23 中的 *A*、*B*、*C*、*D*、*E* 各点。点的投影同直线、平面的投影一样要符合"三等"投影关系。

点的投影要注意方位判别，当长方体放置在三投影面中，以 *A* 点为例，*A* 点在长方体的左前、上方。同时点与点之间还有相对位置关系，如点 *B* 在点 *A* 的正右方，那么，点 *A* 和点 *B* 在侧投影面里重叠，称为重影点。*E* 点则在 *A* 点的右后方。

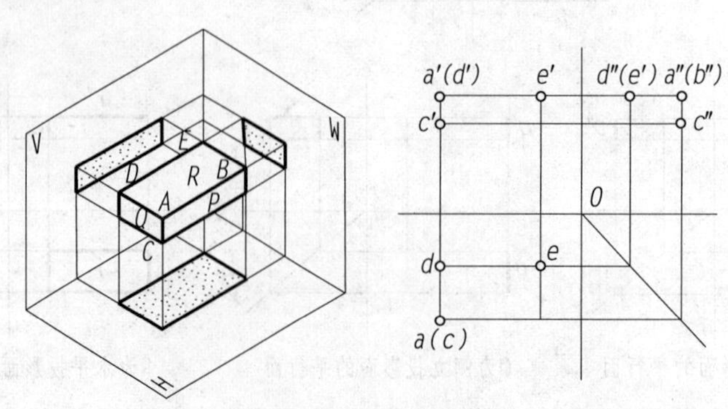

图 1-2-23　点的投影分析

②斜面体的投影

凡是带有斜面的平面体，统称为斜面体。斜面和斜线都是对一定的方向而言。因此，首先要明确物体在三投影面之间的方向和位置，才能判断哪些是斜面或斜线（图 1-2-24）。

斜面有两种：一种是与两个投影面倾斜而与第三投影面垂直（该投影面垂直面）；另一种是与三个投影都倾斜，后一种也可称为一般面。

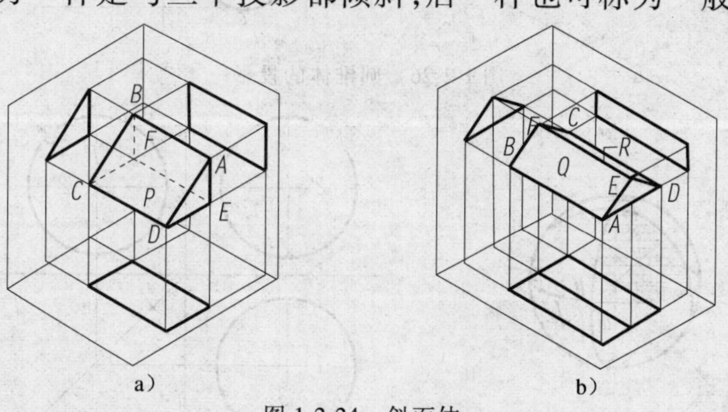

图 1-2-24　斜面体

a）P 为斜面；AD、BC 为斜线；b）Q、R 为斜面；AE、BF、ED、FC 为斜线

斜线也有两种：一种是与两个投影面倾斜而与第三投影面平行；另一种是与三个投影面都倾斜。后一种也可称为任意斜线。

（2）曲面体的投影

在钢结构建筑中常见的曲面体有圆柱体、圆锥体和球体，它们都是由直线或曲线围绕轴线旋转产生的，统称为旋转体。在画旋转体的投影时，应先用点画线画出它们的轴线。

形成曲面的直线或曲线，它们在曲面上的任何位置都叫做素线。确定曲面范围的外形线叫做曲面的轮廓线。

圆柱体、圆锥体及球体的投影如图 1-2-25、图 1-2-26 和图 1-2-27 所示。

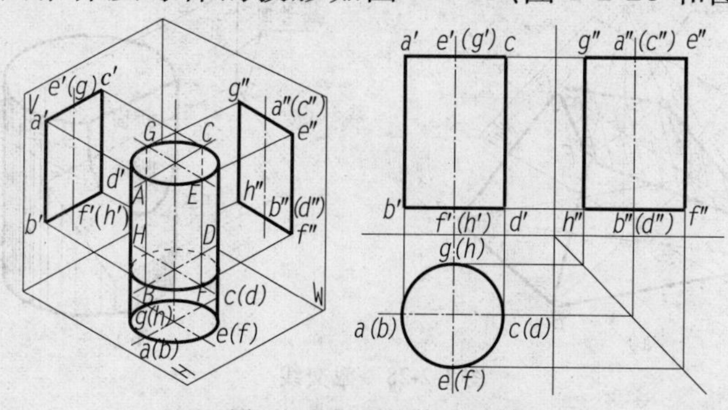

图 1-2-25　圆柱体的投影

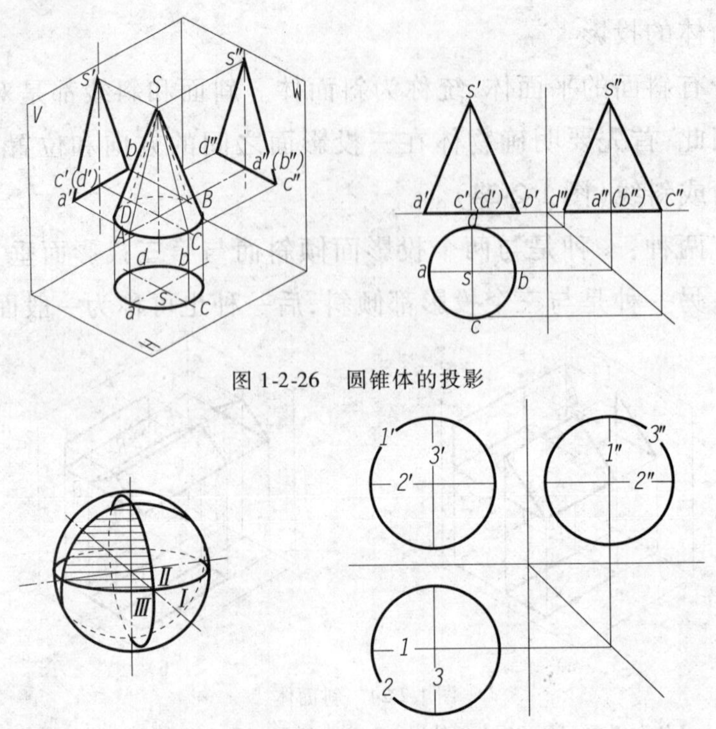

图 1-2-26　圆锥体的投影

图 1-2-27　球体的投影

(3)立体的截交线与相贯线

在组合形体和建筑形体的表面上,经常出现一些交线。这些交线有些是形体被平面截交而产生的,有些则是由两形体相交而形成的。

基本形体被一个或多个平面截割,例如图 1-2-28a)所示的四棱锥被一个平面截割,图 1-2-28b)所示的圆柱被两个平面截割,必然在形体的表面上产生交线。

假想用来截割形体的平面,称为截平面。截平面与形体表面的交线称为截交线。截交线围成的平面图形称为断面(图 1-2-28)。

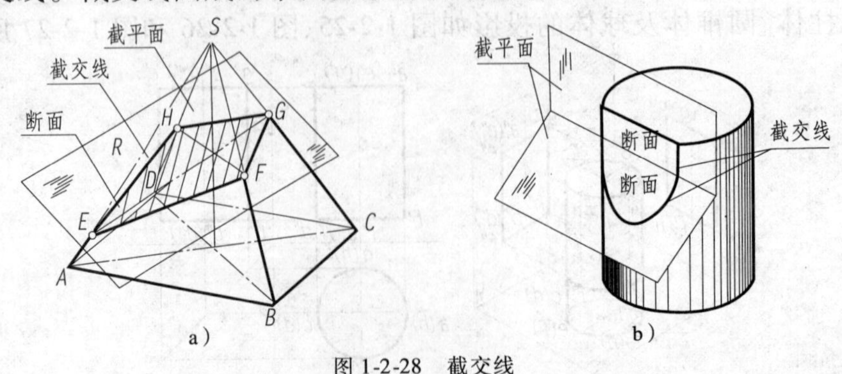

图 1-2-28　截交线

a)平面体的截交线;b)曲面体的截交线

两相交的形体称为相贯体，它们的表面交线称为相贯线。两形体相贯，可以是平面体与平面体相贯如图 1-2-29a）所示，平面体与曲面体相贯如图 1-2-29b）所示，以及曲面体与曲面体相贯如图 1-2-29c）所示。

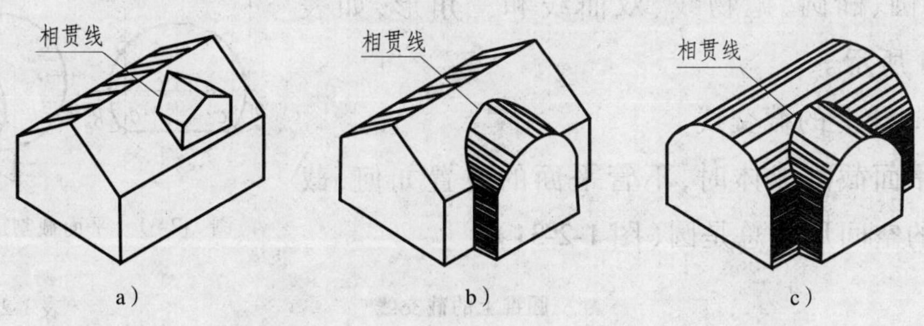

图 1-2-29　相贯线

a）两平面体相贯；b）平面体与曲面体相贯；c）两曲面体相贯

①平面体的截交线

平面截割平面体所得的截交线，是一根封闭的平面折线，为截平面和形体表面所共有。如图 1-2-30 所示，平面 *R* 截割三棱锥 *SABC*，截交线为三角形 *DEF*。

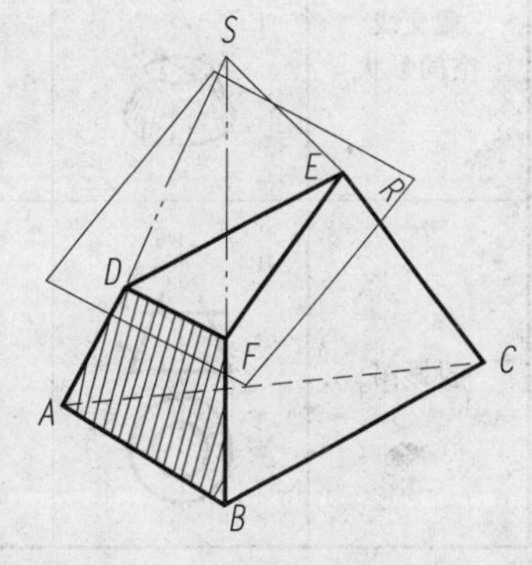

图 1-2-30　平面截三棱锥的截交线

②曲面体的截交线

在网架结构和管桁架结构中经常会碰到圆柱体、圆锥体和球体的切割问题，也就是要求他们的截交线问题，现就圆柱体、圆锥体和球体的截交线问题作如下说明。

a. 圆柱上的截交线（表 1-2-13）

圆柱上的截交线　　表 1-2-13

截平面的位置	*P* 面倾斜于圆柱轴线	*Q* 面垂直于圆柱轴线	*R* 面平行于圆柱轴线
立体图	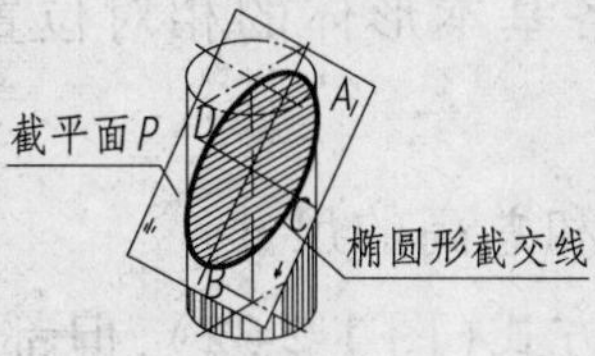 截平面 *P*；椭圆形截交线	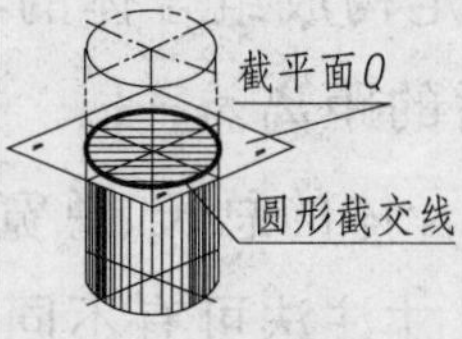 截平面 *Q*；圆形截交线	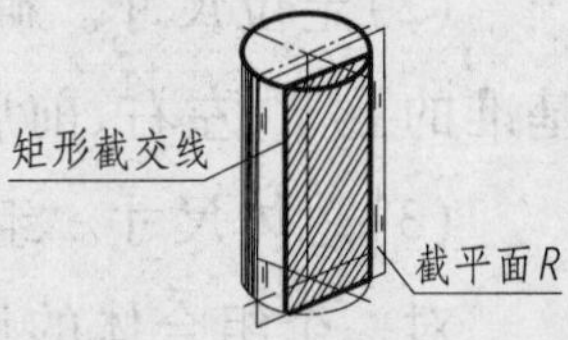 矩形截交线；截平面 *R*

b. 圆锥上的截交线

当平面与圆锥截交时,根据截平面与圆锥的相对位置的不同,可产生五种不同形状的截交线,有圆、椭圆、抛物线、双曲线和三角形,如表1-2-14所示。

c. 球上的截交线

平面截割球体时,不管平面的位置如何,截交线的空间形状总是圆(图1-2-31)。

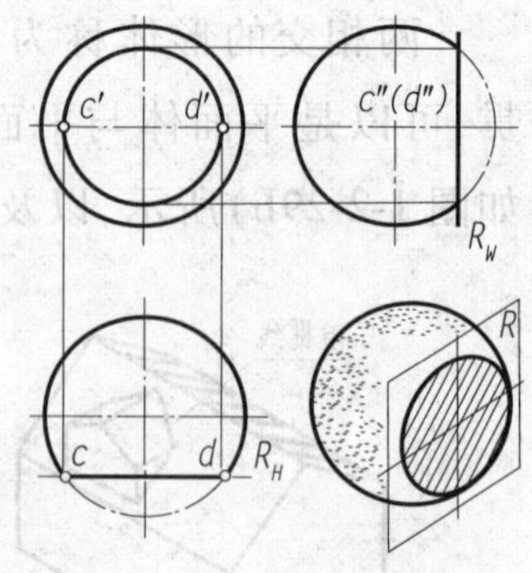

图1-2-31 平面截割球体

圆锥上的截交线 表1-2-14

截平面的位置	截平面垂直于圆锥轴线	截平面与圆锥面上的所有素线相交	截平面平行于圆锥面上的一条素线	截平面平行于圆锥面上的两条素线	截平面通过圆锥体
截交线空间形状	圆 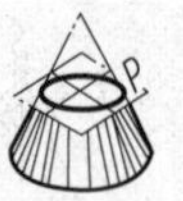	椭圆 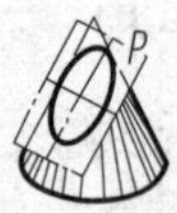	抛物线 	双曲线 	三角形 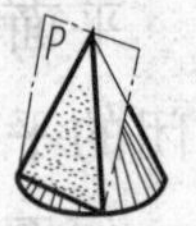
投影图	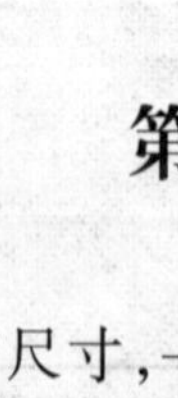	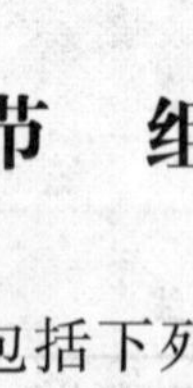	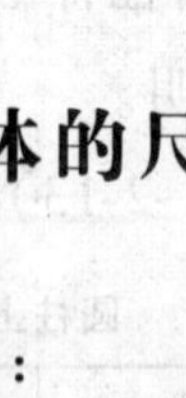	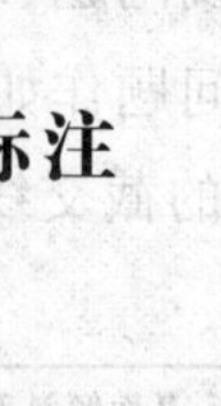	

第三节 组合体的尺寸标注

组合体的尺寸,一般包括下列三种:

(1)定形尺寸。确定形体的形状和大小的尺寸。

(2)定位尺寸。确定构成组合体的各基本形体的相对位置,即离尺寸基准的上下、左右、前后的距离。

(3)总体尺寸。组合体的总长、总宽和总高的尺寸。

对一个组合体的尺寸注法可有不同方式(图1-2-32),但都应该注意下列原则:

(1)标注尺寸要完整、清楚，不必重复。

(2)尺寸应尽量注在能反映形体特征的投影图上。

(3)两投影图有关的尺寸，宜注在两投影图之间。

(4)尺寸最好注在图形之外，尽量避免在虚线上标注尺寸。

(5)互相平行的尺寸应将小尺寸靠里边大尺寸靠外边标注。

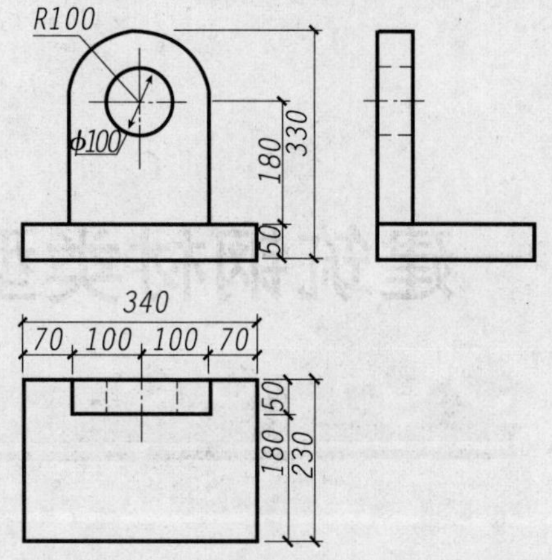

图 1-2-32　组合体的尺寸标注

1. 某建筑物的轮廓尺寸为 43540mm × 18240mm，现需按 1∶100 的比例绘制其结构平面布置图，应选择哪种图幅的图纸？

2. 建筑图中的尺寸主要有哪些部分组成，尺寸的标注有哪些规定？

3. 请将下面轴侧图(见图 1-2-33)的三面投影图绘制出来(图中箭头方向为正投影方向)。

4. 请根据下面两个视图(见图 1-2-34)及图中的尺寸，试画出它的第三个投影方向的视图。

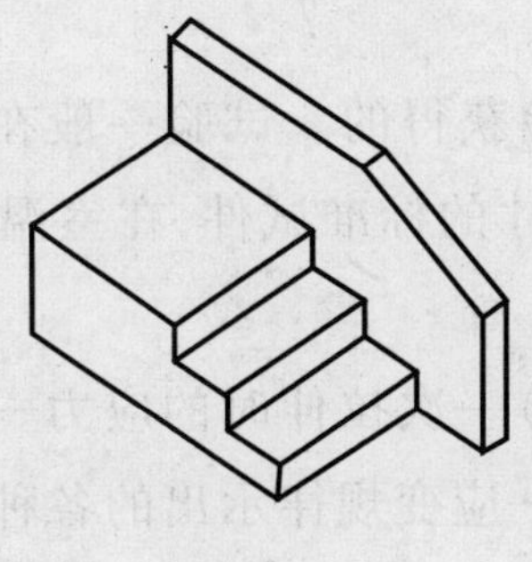
图　1-2-33

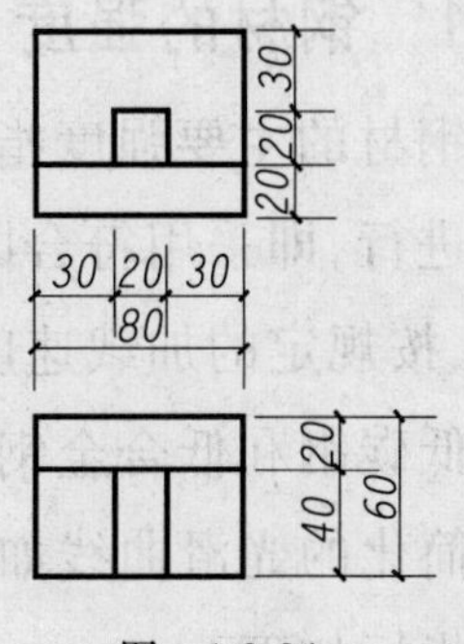

图　1-2-34

第三章 建筑钢材类型及图示方法

第一节　建筑钢材的性能

钢结构在使用过程中常常需要在不同的环境和条件下承受各种荷载，所以对钢材的材料性能提出了要求。我国《钢结构设计规范》(GB 50017—2003)中规定:承重结构采用的钢材应具有抗拉强度、伸长率、屈服强度和硫、磷含量的合格保障,对焊接结构尚应具有碳含量的合格保证。焊接承重结构以及重要的非焊接承重结构采用的钢材还应具有冷弯试验的合格保证。

钢结构的种类繁多,性能差别很大,适用于承重结构的钢只有少数的几中,如:碳素钢中的Q235,低合金钢中的Q345、Q390、Q420等牌号的钢材。

钢材的力学性能通常指钢材的强度、伸长率、冷弯性能和冲击韧性等。这些性能指标是钢结构设计的重要依据,它们主要依靠试验来测定,如拉弯试验、冷弯试验和冲击试验等。

1　钢材的强度

钢材的主要强度指标是通过单向拉伸试验获得的。试验一般在标准条件进行,即采用符合国家标准规定形式和尺寸的标准试件,在室温20℃左右,按规定的加载速度在拉力试验机上进行。

低碳钢和低合金钢(含碳量和低碳钢相同)一次拉伸时的应力—应变曲线简化的光滑曲线如图1-3-1所示。由应力—应变规律示出的各种力学性能指标如下。

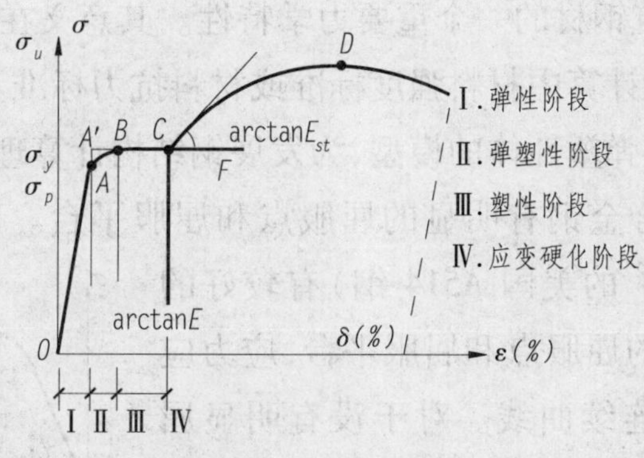

图 1-3-1 钢材的一次拉伸应力一应变曲线

比例极限 σ_p 是应力一应变图中直线段的最大应力值（对应于图 1-3-1 中的 A 点）。严格地说，比 σ_p 略高处还有弹性极限，但弹性极限与 σ_p 极其接近，所以通常略去弹性极限的点，把 σ_p 看做是弹性极限。这样，应力不超过 σ_p 时，应力与应变成正比关系，即符合虎克定律，且卸荷后变形完全恢复。这一阶段，为图 1-3-1 中的弹性阶段 OA。

材料的比例极限与焊接构件整体试验所得的比例极限往往有所差别，这是因为构件中残余应力的影响所致。构件应力超过比例极限后，变形模量 E_t 逐渐下降，对构件刚度产生不利影响。

屈服点 σ_y 是应变 ε 在 σ_p 之后不再与应力成正比，而是渐渐加大，应力一应变间成曲线关系，一直到屈服点。这一阶段，是图1-3-1中的弹塑性阶段段 AB。

图 1-3-1 中 B 点的应力为屈服点 σ_y，在此之后应力保持不变而应变持续发展，形成水平线段即屈服平台 BC。这是塑性流动阶段。

图 1-3-1 中 D 点的应力为极限应力点 σ_u，在此之后虽然图中还有一段曲线，但此时钢材已经被拉断。

应力超过 σ_p 以后，任一点的变形中都将包括弹性变形和塑性变形两部分，其中的塑性变形在卸载后不再恢复，故称残余变形或永久变形。

实际上，由于加载速度及试件状况等试验条件的不同，屈服开始时总是形成曲线的上下波动，波动最高点称上屈服点，最低点称下屈服点。下屈服点的数值对试验条件不敏感，并形成稳定的水平线，所以计算时以下屈服点作为材料抗力的标准（用符号 f_y 表示）。

屈服点是建筑钢材的一个重要力学特性。其意义在于以下两个方面：

(1)作为结构计算中材料强度标准或材料抗力标准。

(2)形成理想弹塑性体的模型，为发展钢结构计算理论提供基础。

低碳钢和低合金钢有明显的屈服点和屈服平台。而热处理钢材(如σ_y高达690N/mm^{2}的美国A514钢)有较好的塑性但没有明显的屈服点和屈服平台，应力应变曲线形成一条连续曲线。对于没有明显屈服点的钢材，以永久变形为$\varepsilon=0.2\%$时的应力作为屈服点，有时用$\sigma_{0.2}$表示。为了区别起见，把这种名义屈服点称作屈服强度(图1-3-2)。

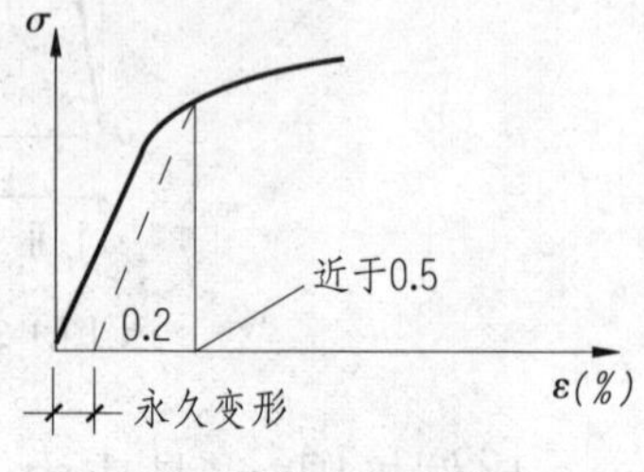

图1-3-2　名义屈服点

钢材的拉伸试验所得的屈服点f_y、抗拉强度f_u和伸长率δ是钢结构设计中对钢材力学性能要求的三项重要指标。

钢结构设计中常把屈服点f_y定位构件应力可以得到的限值，即把钢材达到屈服强度f_y作为承载能力极限状态的标志。这是因为当$\sigma \geqslant f_y$时，钢材暂时失去了继续承载的能力并伴随产生很大的不适于继续受力或使用的变形。

钢材的抗拉强度f_u是钢材抗破坏能力的极限。抗拉强度f_u是钢材塑性变形很大且即将破坏时的强度，此时已无安全储备，只能作为衡量钢材强度的一个指标。

钢材的屈服点与抗拉强度之比，f_y/f_u称为屈强比，它是表明设计强度储备的一项重要指标，f_y/f_u愈大，强度储备愈小，不够安全；反之，f_y/f_u愈小，强度储备愈大，结构愈安全，强度利用率低且不经济。因此，设计中要选用合适的屈强比。

2　钢材的塑性

钢材的伸长率δ是反映钢材塑性的指标，是试件拉断后，标距长度的伸长量与原标距长度的百分比。伸长率愈大，则塑性越好；需要指出，试件标距长度与试件截面直径之比，对伸长率有较大的影响，试件标距长度与试件截面直径越大，伸长率就越小。标准试件的伸长率一般用δ_5表示。

3 钢材的冷弯性能

钢材的冷弯性能是衡量钢材在常温下弯曲加工产生塑性变形时产生裂纹的抵抗能力的一项指标。钢材的冷弯性能由冷弯试验确定。试验时，根据钢材牌号和板厚，按国家相关标准规定的弯心直径，在试验机上把试件弯曲180°，以试件表示和侧面不出现裂纹和分层为合格，冷弯试验不仅能检验材料承受规定的弯曲变形能力的大小，还能显示其内部的冶金缺陷，因此是判断钢材塑性变形能力和冶金质量的综合指标。焊接承重结构以及重要的非焊接承重结构采用的钢材还应具有冷弯试验的合格保证，如图1-3-3所示。

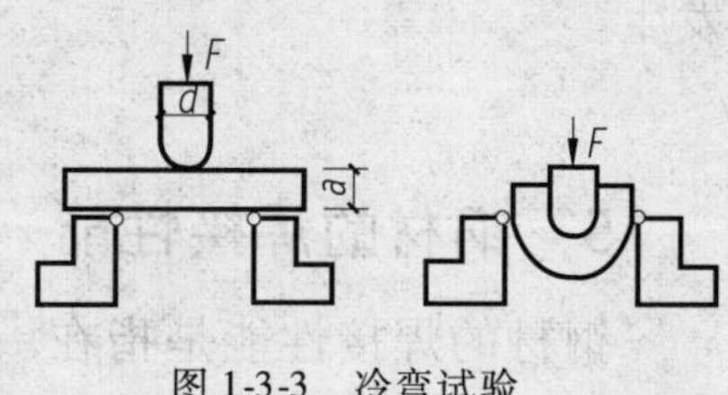

图 1-3-3 冷弯试验

4 钢材的冲击韧性

钢材的冲击韧性是衡量钢材在冲击荷载作用下，抵抗脆性断裂能力的一项力学指标。冲击韧性也叫做缺口韧性，是评定带有缺口的钢材在冲击荷载作用下抵抗脆性破坏能力的指标。钢材的冲击韧性通常采用在材料试验机上对标准试件进行冲击荷载试验来测定。常用的标准试件的形式有夏比 V 型缺口（CharpV-notch）和梅氏 U 型缺口（MesnaqerU-notch）两种。U 型缺口试件的冲击韧性用冲击荷载下试件断裂所吸收或消耗的冲击功除横截面面积的量值表达。V 型缺口试件的冲击韧性用试件断裂时所吸收的功 C_{kv} 或 A_{kv} 来表示，其单位为 J。由于 V 型缺口试件对冲击尤为敏感，更能反映结构类裂纹性缺陷的影响。我国规定钢材的冲击韧性按 V 型缺口试件冲击功 C_{kv} 或 A_{kv} 表示，如图 1-3-4 所示。

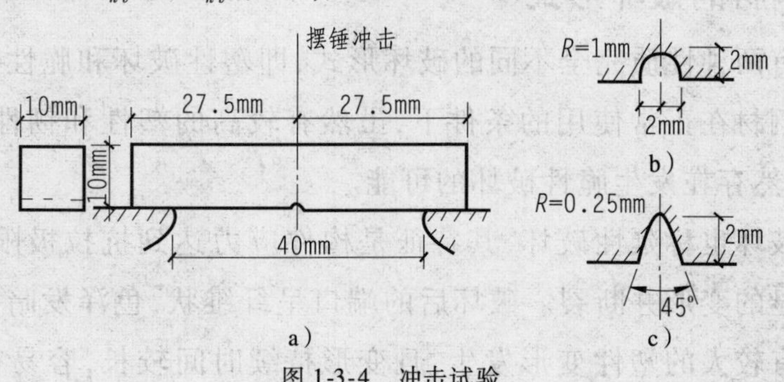

图 1-3-4 冲击试验

钢材的冲击韧性与钢材的质量、缺口形状、加载速度、时间厚度、温度有关，其中温度的影响最大。试验表明，钢材的冲击韧性值随温度的降低而降低，但不同牌号和质量等级钢材的降低规律又有很大的不同。因此，在寒冷地区承受动力荷载作用的重要承重结构，应根据工作温度和所有钢材牌号，对钢材提出相应温度下的冲击韧性指标要求，以防脆性破坏的发生。

5　钢材的焊接性能

钢材的焊接性能是指在一定的焊接工艺条件下，获得性能良好的焊接接头。焊接过程中要求焊缝及焊缝附近金属不产生热裂纹或冷却收缩裂纹；在使用过程中焊缝处的冲击韧性和热影响区内塑性良好。我国钢结构设计规范中除了 Q235A 不能作为焊接构件外，其他几种牌号的钢材均具有良好的焊接性能。在高强度低合金钢中低合金元素大多对可焊性有不利的影响，我国的行业标准《建筑钢结构焊接技术规程》(JGJ 81—2002)推荐使用碳当量来衡量低合金钢的可焊性，当 C_E 不超过 0.38% 时，钢材的可焊性很好，可以不采取措施直接施焊；当 C_E 在 0.38% ~ 0.45% 范围内时，钢材呈现淬硬倾向，施焊时要控制焊接工艺、采用预热措施并使热影响区缓慢冷却，以免发生淬硬开裂；当 C_E 大于 0.45% 时，钢材的淬硬倾向更加明显，需严格控制焊接工艺和预热温度才能获得合格的焊缝。

钢材焊接性能的优劣除了与钢材的碳当量有直接关系外，还与母材的厚度、焊接的方法、焊接工艺参数以及结构形式等条件有关。

6　钢材的破坏形式

钢材有两种性质完全不同的破坏形式，即塑性破坏和脆性破坏。钢结构所用的钢材在正常使用的条件下，虽然有较高的塑性和韧性，但在某些条件下，仍然存在发生脆性破坏的可能。

塑性破坏也称延性破坏，其特征是构件应力达到抗拉极限强度后，构件产生明显的变形并断裂。破坏后的端口呈纤维状，色泽发暗。由于塑性破坏前总有较大的塑性变形发生，且变形持续时间较长，容易被发现和抢修加固,因此不至于发生严重后果。

脆性破坏在破坏前无明显塑性变形,或根本就没有塑性变形,而突然发生断裂。破坏后的断口平直,呈有光泽的晶粒状。由于破坏前没有任何预兆,破坏速度又极快,无法及时察觉和采取补救措施,具有较大的危险性,因此在钢结构的设计、施工和使用的过程中,要特别注意这种破坏的发生。

第二节　影响钢材性能的主要因素

1　化学成分的影响

钢是以铁和碳为主要成分的合金,碳及其他元素虽然所占的比重不大,但对钢材性能却有着重要的影响。

(1)碳(C)

碳是钢中重要组成元素之一,在碳素结构钢中则是铁以外的最主要元素。碳是形成钢材强度的主要成分,随着含碳量的提高,钢的强度逐渐增高,而塑性和韧性下降,冷弯性能、焊接性能和抗锈蚀性能等也变差。按碳的含量区分,小于 0.25% 的为低碳钢,0.25% ~0.6% 的为中碳钢,大于 0.6% 的为高碳钢。钢结构的用钢含碳量一般不大于 0.22%。对于焊接结构,为了获得良好的可焊性,以不大于 0.2% 为好。所以,建筑钢结构用的钢材基本上都是低碳钢。

(2)硫(S)

硫是有害元素,属于杂质,能产生易于熔化的硫化铁,当热加工及焊接温度达到 800 ~1000℃时,硫化铁会熔化使钢材变脆,可能出现裂纹,这种现象称为钢材的“热脆”。此外,硫还会降低钢材的冲击韧性、疲劳强度、抗锈蚀性能和焊接性能等。因此,对硫的含量必须严格控制,一般不得超过 0.045% ~0.05%,随着钢材牌号和质量等级的提高,含硫量的限值由 0.05% 下降到 0.025%,近年来发展的厚度方向性能钢板(抗层状撕裂钢板)的含硫量更要求控制在 0.01% 以下。

(3)磷(P)

磷可以提高钢的强度和抗锈蚀性能,但却严重地降低了钢的塑性、韧性、冷弯性能和焊接性能,特别是在温度较低时能够促使钢材变脆,称为钢材的“冷脆”。因此,磷的含量也要严格控制,随着钢材牌号和质量等级的提高,含磷量的限值由0.045%依次降为0.025%。但是当采用特殊的冶炼工艺时,磷也可以作为一种合金元素来制造含磷的低合金钢,此时的磷含量可以达到0.12%~0.13%。

(4)锰(Mn)

锰是有益的元素,它能显著提高钢材的强度,同时又不过多的降低塑性和冲击韧性。锰有脱氧作用,是弱脱氧剂,可以消除硫对钢的热脆影响,改善钢的冷脆倾向。但是锰可以使钢材的可焊性降低,因此也应视情况适当控制。我国的低合金钢中锰的含量一般为0.8%~1.8%。

(5)硅(Si)

硅也是有益元素,有更强的脱氧作用,是强氧化剂,常与锰共同除氧。适量的硅可以细化晶粒,提高钢的强度,而对塑性、韧性、冷弯性能和焊接性能没有显著的不良影响。硅在一般镇静钢中的含量一般为0.12%~0.30%,在低合金钢中为0.2%~0.55%。但过量的硅也会对焊接性能和抗锈蚀性能不利。

(6)钒(V)、铌(Nb)、钛(Ti)

钒、铌、钛等元素在钢中形成微细碳化物,加入适量能起细化晶粒和弥散强化的作用,从而提高钢材的强度和韧性,又可保持良好的塑性。我国的低合金钢中都含有这三种元素,作为锰以外的合金。

(7)铝(Al)、铬(Cr)、镍(Ni)

铝是强氧化剂,用铝进行补充脱氧,不仅进一步减少钢中的有害氧化物而且能细化晶粒,提高钢的强度和低温韧性。铬和镍是提高钢材强度的合金元素,用于Q390及以上牌号的钢材中,但其含量也应受到限制,以免影响钢材的其他性能。

(8)氧(O)、氮(N)

氧和氮是有害元素,在金属熔化状态下可以伴随空气中进入。氧能使钢热脆,其作用比硫剧烈,氮能使钢冷脆,与磷相似。故其含量必须严格控制。钢在浇注的过程中,应根据需要进行不同程度的脱氧处理。碳素结构钢的氧含量不应大于0.008%。但氮有时却作为合金元素存在于钢中,桥梁用钢15锰钒氮(15MnVN)就是如此,氮的含量控制在0.010%~0.020%。

2 成材过程中的影响

(1)冶炼

我国目前结构用钢主要是用平炉和氧化转炉冶炼而成的,侧吹转炉钢质量较差,不宜作为承重结构用钢。目前,侧吹转炉炼钢基本已被淘汰,在建筑钢结构中,主要使用氧气顶吹转炉生产的钢材。氧气顶吹转炉具有投资少、生产率高、原料适应性广等特点,已成为主流炼钢方法。

在冶炼这一冶金过程中,形成了钢的各种不同含量的化学成分和不可避免地冶金缺陷,从而确定不同钢种、钢号及其相应的力学性能。

(2)浇铸(注)

把熔炼好的钢水浇铸成钢锭或钢坯有两种方法,一种是浇入铸模做成钢锭;另一种是浇入连续浇铸机做成钢坯。前者是传统的方法,所得钢锭需要经过初轧才成为钢坯。后者是近年来迅速发展的新技术,需要浇铸和脱氧同时进行。铸锭过程中钢因脱氧程度不同,可以分为镇静钢、半镇静钢、沸腾钢。镇静钢因浇铸时加入强脱氧剂,如硅、铝或钛,因而氧气杂质少且晶粒较细,偏析等缺陷不严重,所以钢材性能比沸腾钢好,而传统的浇铸方法因存在缩孔所以成材率较低。连续浇铸可以生产出镇静钢而没有缩孔,并且化学成分分布比较均匀,只有轻微的偏析现象,因此,这种浇铸技术既能提高产量又能降低成本。

钢在冶炼和浇铸的过程中不可避免地会产生冶金缺陷。常见的冶金缺陷有偏析、非金属杂质、气孔及裂纹等等。偏析是指金属结晶后化学成分分布不均匀;非金属杂质是指钢中含有硫化物等杂质;气孔是指浇铸时由FeO与C作用所产生的CO气体不能充分逸出而滞留在钢锭内形成的微小空洞。这些缺陷都将影响钢的力学性能。

(3)轧制

钢材的轧制能使金属的晶粒变细,也能使气泡、裂纹等焊合,因而可以改善钢材的力学性能。薄板因轧制的次数多,其强度比厚板略高、浇铸时的非金属夹杂物在轧制后能造成钢材的分层,所以分层是钢材(尤其是厚板)的一种缺陷。设计时应尽量避免拉力垂直于板面的情况,以防止层间撕裂。

(4)热处理

一般钢材以热轧状态出厂,某些高强度钢材则在轧制后经热处理才出厂。热处理的目的在于取得高强度的同时能够保持钢良好的塑性和韧性。

3 残余应力的影响

热轧型钢在冷却过程中,在截面突变处如尖角、边缘及薄细部位率先冷却,其他部位渐次冷却,先冷却部位约束阻止后冷却部位的自由收缩,因此产生了复杂的热轧残余应力分布。不同形状和尺寸规格的型钢残余应力分布不同。

钢材经过气割或焊接后,由于不均匀的加热和冷却,也将引起残余应力。

残余应力是一种自相平衡的应力,退火处理后可部分乃至全部消除。结构受荷后,残余应力与荷载作用下的应力相叠加,将使构件某些部位提前屈服,降低构件的刚度和稳定性,降低抵抗冲击断裂和抗疲劳破坏的能力。

4 应力集中的影响

由于钢结构的钢材存在孔洞、槽口、凹角裂纹、厚度变化、形状变化及内部缺陷等构造缺陷,此时截面中的应力分布不再保持均匀,同时主应力线在绕过孔口等缺陷时发生弯转,不仅在孔口边缘处会产生沿力作用方向的应力高峰,而且会在孔口附近产生垂直于力的作用方向的横向应力,甚至会产生三向拉应力,而且厚度越厚的钢板,在其缺口中心部位的三向拉应力也越大,这是因为在轴向拉力作用下,缺口中心沿板厚方向的收缩变形受到较大的限制,形成所谓平面应变状态所致。

应力集中现象还可能由内应力产生。内应力的特点是力系在钢材内自相平衡,而与外力无关,其在浇注、轧制和焊接加工过程中,因不同部位钢材的冷却速度不同,或因不均匀加热和冷却而产生。其中焊接残余应力的量值往往很高,在焊缝附近的残余拉应力常达到屈服点,而且在焊缝交叉处经常出现双向、甚至三向残余拉应力场,使钢材局部变脆。当外力引起的应力与内应力处于不利组合时,会引发脆性破坏。

因此,在进行钢结构设计时,应尽量使构件和连接节点的形状和构造合理,防止截面的突然改变。在进行钢结构的焊接构造设计和施工时,应尽量减少焊接残余应力。

5 钢材的冷作硬化和时效

钢材的硬化有三种情况:时效硬化、冷作硬化(或应变硬化)和应变时效硬化。

在高温时溶于铁中的少量氮和碳,随着时间的增长逐渐从固溶体中析出,生成氮化物和碳化物,散存在铁素体晶粒的滑动界面上,对晶粒的塑性滑移起到遏制作用,从而使钢材的强度提高,塑性和韧性下降,这种现象称为时效硬化(也称老化)。产生时效硬化的过程一般较长,但在振动荷载、反复荷载及温度变化等情况下,会加速发展。

通过冷加工(或一次加载)使钢材产生较大的塑性变形,卸荷后再重新加载,钢材的屈服点提高,塑性和韧性降低的现象(图1-3-5a)称为冷作硬化。

在钢材产生一定数量的塑性变形后,铁素体晶体中的固溶氮和碳将更容易析出,从而使已经冷作硬化的钢材又发生时效硬化现象(图1-3-5b),称为应变时效硬化。这种硬化在高温作用下会快速发展,人工时效就是据此提出来的,方法是:先使钢材产生10%左右的塑性变形,卸载后再加热至250℃,保温一小时后在空气中冷却。用人工时效后的钢材进行冲击韧性试验,可以判断钢材的应变时效硬化倾向,确保结构具有足够的抗脆性破坏能力。

正如本章有关钢材的冷加工部分所述,对于比较重要的钢结构,要尽量避免局部冷作硬化现象的发生。如钢材的剪切和冲孔,会使切口和孔

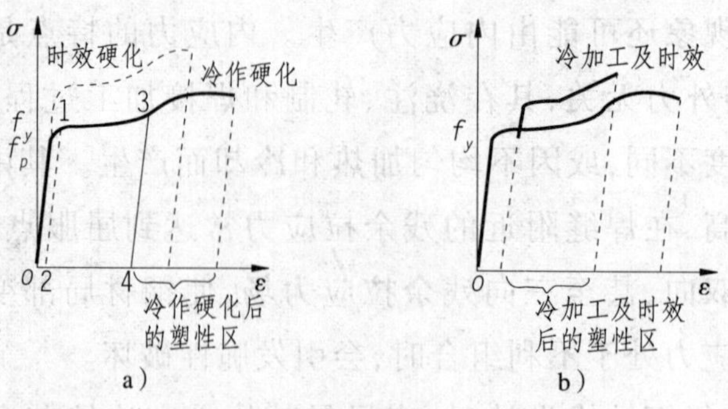

图 1-3-5 硬化对钢材性能的影响

a）时效硬化及冷作硬化；b）应变时效硬化

壁发生分离式的塑性破坏，在剪断的边缘和冲出的孔壁处产生严重的冷作硬化，甚至出现微细的裂纹，促使钢材局部变脆。此时，可将剪切处刨边，冲孔用较小的冲头冲完后再行扩钻或完全改为钻孔的办法来除掉硬化部分。

6 温度的影响

钢材的性能受温度的影响十分明显，图 1-3-6 给出了低碳钢在不同温度下的单调拉伸试验结果。由图中可以看出，在 150℃以内，钢材的强度、弹性模量和塑性均与常温相近，变化不大。但在 250℃左右，抗拉强度有局部性提高，伸长率和断面收缩率均降至最低，出现了所谓的“蓝脆”现象（钢材表面氧化膜呈蓝色）。显然钢材的热加工应避开这一温度区段。在 300℃以后，强度和弹性模量均开始显著下降，塑性显著上升，达到 600℃时强度几乎为零，塑性急剧上升，钢材处于热塑性状态。

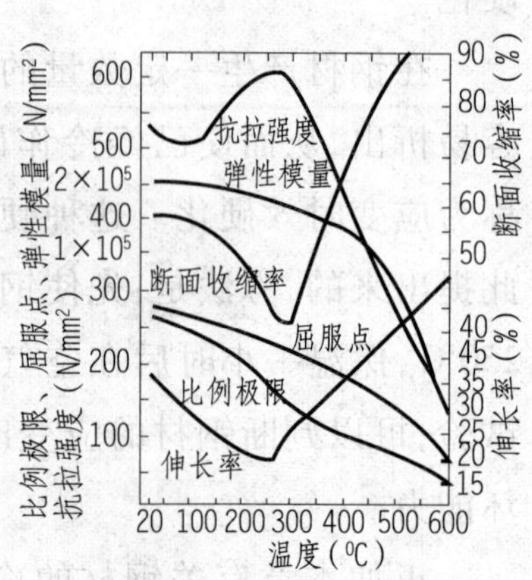

图 1-3-6 低碳钢在高温下的性能

由上述现象可以看出，钢材具有一定的抗热性能，但不耐火，一旦钢结构的温度达 600℃及以上时，会在瞬间因热塑而倒塌。因此受高温作用的钢结构，应根据不同情况采取防护措施：当结构可能受到炽热熔化金属的侵害时，应采用砖或耐热材料做成的隔热层加以保护；当结构表面长期受辐射达

150℃以上或在短时间内可能受到火焰作用时,应采取有效的防护措施(如加隔热层或水套等)。防火是钢结构设计中应考虑的一个重要问题,通常按国家有关防火的规范或标准,根据建筑物的防火等级对不同构件所要求的耐火极限进行设计,选择合适的防火保护层(包括防火涂料等的种类、涂层或防火层的厚度及质量要求等)。

当温度低于常温时,随着温度的降低,钢材的强度提高,而塑性和韧性降低,逐渐变脆,称为钢材的低温冷脆。钢材的冲击韧性对温度十分敏感,为了工程实用,根据大量的使用经验和试验资料的统计分析,我国有关标准对不同牌号和等级的钢材,规定了在不同温度下的冲击韧性指标,例如对 Q235 钢,除 A 级不要求外,其他各级钢均取 $C_{kv}=27\text{J}$;对低合金高强度钢,除 A 级不要求外,E 级钢采用 $C_{kv}=27\text{J}$,其他各级钢均取 $C_{kv}=34\text{J}$。只要钢材在规定的温度下满足这些指标,那么就可按《钢结构设计规范》(GB 50017—2003)的有关规定,根据结构所处的工作温度,选择相应的钢材。

7　钢材的疲劳

钢材在连续反复的动力荷载作用下,裂纹生成、扩展以致脆性断裂的现象称为钢材的疲劳或疲劳破坏。疲劳破坏时,截面上的应力低于钢材的抗拉强度甚至低于屈服强度,破坏前没有征兆,呈脆性断裂特征。钢材在规定的作用重复次数和作用变化幅度下所能承受的最大动态应力称为疲劳强度。疲劳强度的主要因素是应力集中,试验表明:截面几何形状突变处最严重,然后是作用的应力幅和应力循环次数 n,一般与钢材的静力强度无关。

第三节　钢结构常用钢材的种类、规格及钢材的选用

1　建筑用钢结构的种类

钢结构用的钢材主要有两个种类,即碳素结构钢和低合金高强度结构钢。后者因含有锰、钒等合金元素而具有较高的强度。此外处在腐蚀介质

中的结构，宜采用高耐候性结构钢，这种钢因含有铜、磷、铬、镍等合金元素而具有较高的抗锈能力。

(1)碳素结构钢

碳素结构钢的牌号(简称钢号)有Q195、Q215、Q235、Q255及Q275五种，其中Q215包含有Q215A、Q215B两种型号；Q235包含有Q235A、Q235B、Q235C、Q235D四种型号；Q255包含有Q255A、Q255B两种型号。

碳素结构钢的钢号由代表屈服点的字母Q，屈服点数值(单位为N/mm^2)、质量等级符号(如A、B、C、D)、脱氧方法符号(如F、b)等四个部分组成。前面已经提及到，在浇铸过程中由于脱氧程度的不同钢材有镇静钢、半镇静钢与沸腾钢之分。以符号Z、b、F来表示。此外还有用铝补充脱氧的特殊镇静钢，用TZ表示。按国家标准规定，符号Z、TZ在表示牌号予以省略。以Q235钢来说，A、B两级的脱氧方法可以是Z、b、F，C级的只能为Z，D级的只能为TZ。其钢号的表示法和代表的意义如下：

Q235A——屈服强度为$235N/mm^2$，A级，镇静钢

$Q235A_gb$——屈服强度为$235N/mm^2$，A级，半镇静钢

$Q235A_gF$——屈服强度为$235N/mm^2$，A级，沸腾钢

Q235B——屈服强度为$235N/mm^2$，B级，镇静钢

Q235C——屈服强度为$235N/mm^2$，C级，镇静钢

Q235D——屈服强度为$235N/mm^2$，D级，特殊镇静钢

从Q195到Q275，是按强度由低到高排列的。Q195、Q215的强度比较低，而Q255及Q275的含碳量都超出了低碳钢的范围，所以建筑结构在碳素结构钢中主要应用Q235这一钢号。

(2)低合金高强度结构钢

低合金高强度结构钢是在钢的冶炼过程中添加少量的几种合金元素(含碳量均不大于0.02%，合金元素总量不大于0.05%)，使钢的强度明显提高，故称低合金高强度结构钢。国家标准《低合金高强度结构钢》(GB/T 1591—1994)规定，低合金高强度结构钢分为Q295、Q345、Q390、Q420、Q460等五种，其符号的含义和碳素结构钢牌号的含义相同。其中Q345、Q390、Q420是钢结构设计规范中规定采用的钢种。这三种钢都包含有A、B、C、D、E五个质量等级，和碳素钢一样，不同质量等级是按对冲击韧性

(夏比 V 型缺口试验)的要求来区分的。低合金高强度结构钢的 A、B 级属于镇静钢,C、D、E 级属于特殊镇静钢。

(3)优质碳素结构钢

优质碳素结构钢不以热处理或热处理(正火、淬火、回火)状态交货,用做压力加工用钢和切削加工用钢。由于价格较高,钢结构中使用较少,仅用经热处理的优质碳素结构钢冷拔高强度钢丝或制作高强螺栓、自攻螺钉等。

2 型钢的规格

钢结构构件一般宜直接选用型钢,这样可减少制造工作量,降低造价。型钢尺寸不合适或构件很大时则用钢板制作。构件间或直接连接或附以连接钢板进行连接。所以,钢结构中的元件是型钢及钢板。型钢有热轧及冷成型两种(图 1-3-7 及图 1-3-8),现分别介绍如下。

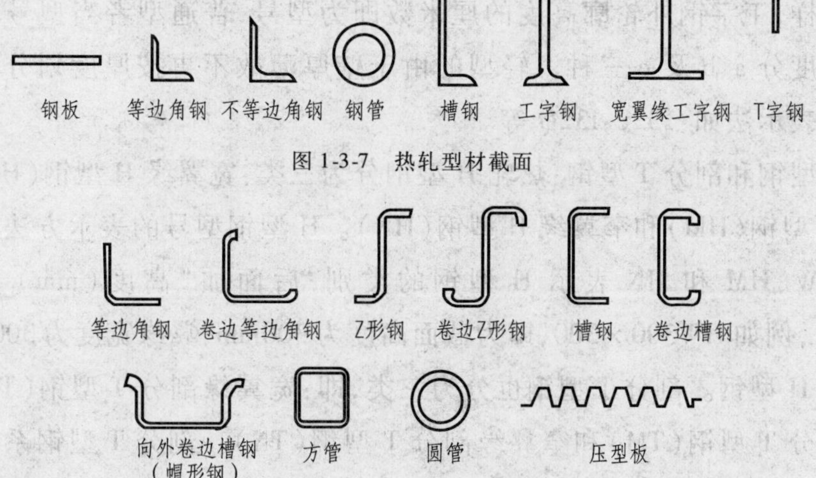

图 1-3-7 热轧型材截面

图 1-3-8 冷弯型钢的截面形式

(1)热轧钢板

热轧钢板分厚板及薄板两种,厚板的厚度为 4.5～60mm,薄板厚度为 0.35～4mm。前者广泛用来组成焊接构件和连接钢板,后者是冷弯薄壁型钢的原料。在图纸中钢板用“厚×宽×长”(单位为 mm)前面附加钢板横断面的方法表示,如:－12×800×2100 表示某钢板厚度为 12mm,宽度为

800mm，长度为2100mm。

(2)热轧型钢

角钢：有等边和不等边两种。等边角钢(也叫等肢角钢)，以边宽和厚度表示，如∟100×10为肢宽100mm、厚10mm的等边角钢。不等边角钢(也叫不等肢角钢)则以两边宽度和厚度表示，如∟100×80×8为长肢宽100mm、短肢宽80mm、厚度为8mm的不等边角钢。我国目前生产的等边角钢，其肢宽为20～200mm，不等边角钢的肢宽为25×16mm～200×125mm。

槽钢：我国槽钢有两种尺寸系列，即热轧普通槽钢(GB 708—65)与热轧轻型槽钢。前者的表示法如[30a，指槽钢外廓高度为30cm且腹板厚度为最薄的一种；后者的表示法例如[25Q，表示外廓高度为25cm，Q是汉语拼音“轻”的拼音字首。同样号数时，轻型者由于腹板薄及翼缘宽而薄，因而截面积小但回转半径大，能节约钢材减少自重。不过轻型系列的实际产品较少。

工字钢：与槽钢相同，也分成上述的两个尺寸系列普通型和轻型。与槽钢一样，工字钢外轮廓高度的厘米数即为型号，普通型者当型号较大时腹板厚度分a、b及c三种。轻型的由于壁厚薄故不再按厚度划分。两种工字钢表示法如：I32c，I32Q等。

H型钢和剖分T型钢：热轧H型钢分为三类：宽翼缘H型钢(HW)、中翼缘H型钢(HM)和窄翼缘H型钢(HN)。H型钢型号的表示方法是先用符号HW、HM和HN表示H型钢的类别，后面加“高度(mm)×宽度(mm)”，例如HW300×300，即为截面高度为300mm，翼缘宽度为300mm的宽翼缘H型钢。剖分T型钢也分为三类，即：宽翼缘剖分T型钢(TW)、中翼缘剖分T型钢(TM)和窄翼缘剖分T型钢(TN)。剖分T型钢系由对应的H型钢沿腹板中部对等剖分而成。其表示方法与H型钢类同，如TN225×200即表示截面高度为225mm，翼缘宽度为200mm的窄翼缘剖分T型钢。

(3)冷弯薄壁型钢

冷弯薄壁型钢是用2～6mm厚的薄钢板经冷弯或模压而成型的。在国外，冷弯型钢所用钢板的厚度有加大范围的趋势，如美国可用到1英寸(25.4mm)厚。

(4)压型钢板

压型钢板由热轧薄钢板经冷压或冷轧成型，具有较大的宽度及曲折外形，从而增加了惯性矩和刚度，是近年来开始使用的薄壁型材，其所用钢板厚度为0.4~2mm，可用作轻型屋面等构件。

热轧型钢的型号及截面几何特性见书后附表。薄壁型钢的常用型号及截面几何特性见《冷弯薄壁型钢结构技术规范》(GB 50018—2002)的附录。

3 钢材的选择

选择钢材的目的是要做到结构安全可靠，同时用材经济合理。为此，在选择钢材时应考虑下列各因素：

(1)结构或构件的重要性。

(2)荷载性质(静载或动载)。

(3)连接方法(焊接、铆接或螺栓连接)。

(4)工作条件(温度及腐蚀介质)。

对于重要结构、直接承受动载的结构、处于低温条件下的结构及焊接结构，应选用质量较高的钢材。

Q235A钢的保证项目中，碳含量、冷弯试验合格和冲击韧性值并未作为必要的保证条件，所以只宜用于不直接承受动力作用的结构中。当用于焊接结构时，其质量证明书中应注明碳含量不超过0.2%。对于需要验算疲劳的焊接结构，应采用具有常温冲击韧性合格保证的B级钢。当这类结构冬季处于温度较低的环境时，若工作温度在0℃和-20℃之间，Q235和Q345应选用具有0℃冲击韧性合格的C级钢，Q390和Q420则应选用-20℃冲击韧性合格的D级钢。若工作温度≤-20℃，则钢材的质量级别还要提高一级，Q235和Q345选用D级钢而Q390和Q420选用E级钢。非焊接的构件发生脆性断裂的危险性比焊接结构小些，对材质的要求可比焊接结构适当放宽，但需要验算疲劳的构件仍应选用有常温冲击韧性保证的B级钢。当工作温度等于或低于-20℃时，Q235和Q345应选用C级钢，Q390和Q420则应选用D级钢。

当选用Q235A、B级钢时，还需要选定钢材的脱氧方法。在采用钢模浇铸的年代，镇静钢的价格高于沸腾钢，凡是沸腾钢能够胜任的场合就不用镇静钢。目前大量采用连续浇铸，镇静钢价格高的问题不再存在。因此，可以在一般情况下采用镇静钢。而由于沸腾钢的性能不如镇静钢，(GB 50017—2003)规范对它的应用提出了一些限制，包括不能用于需要验算疲劳的焊接结构、处于低温的焊接结构和需要验算疲劳并且处于低温的非焊接结构。

连接所用钢材，如焊条、自动或半自动焊的焊丝及螺栓的钢材应与主体金属的强度相适应。

第四节　各种规格钢材的图示方法

对于初学钢结构的人来讲，看到各种型钢的横截面图，能够比较容易地联想到它的实物形状。但是在我们的钢结构施工图纸中，不全是采用构件横截面来表达的，更多情况下我们看到的是构件的侧面或顶面。因此，作为一个初学者首先应该解决的问题就是要熟悉各种型钢按不同投影方向得到的不同图示方法。本节将主要针对结构中常见型钢的各种视图进行汇总(表1-3-1)，以方便读者的学习和使用。

常见型钢各投影方向的图示方法表　　表1-3-1

型钢名称	型钢横断面	型钢左视图	型钢右视图	型钢俯视图
角钢	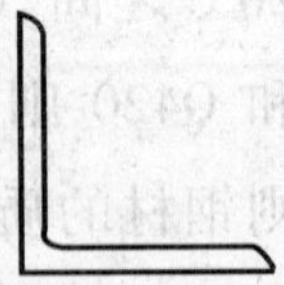	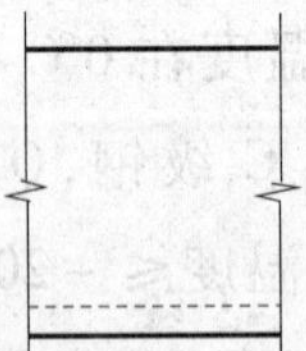	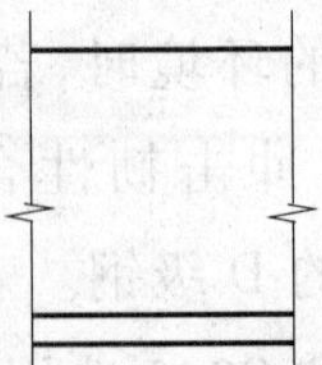	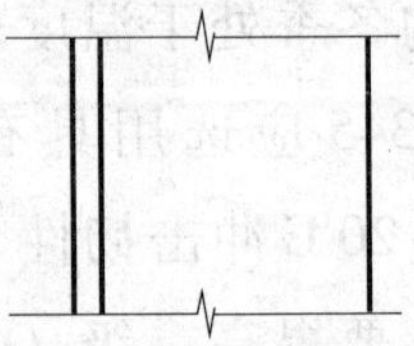
槽钢		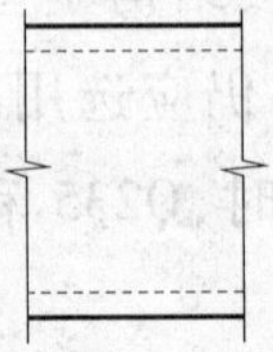	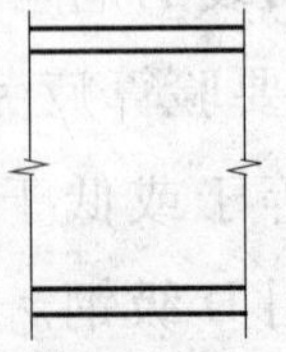	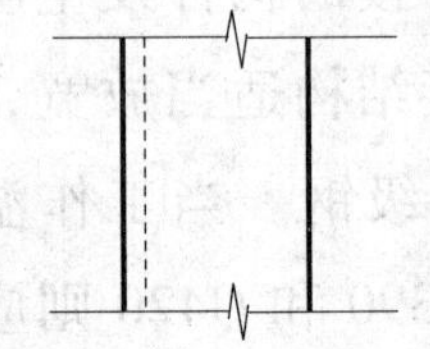

续上表

型钢名称	型钢横断面	型钢左视图	型钢右视图	型钢俯视图
工字型钢				
H 型钢				

1. 钢材的力学性能通常指哪些性能?

2. 请简述含碳量对钢材的影响。

3. 影响钢材性能的因素有哪些?

4. 在北京奥运会主场馆“鸟巢”的主体钢结构工程中,采用了 Q460E 钢,请解释一下 Q460E 这个符号的具体含义。

5. 选择钢材的目的是什么,在选择钢材时应考虑哪些因素?

第四章

钢结构连接方法与图示方法

钢结构通常是由钢板、型钢通过组合连接成为基本构件,再通过安装连接成为整体结构骨架。连接往往是传力的关键部位,连接构造不合理,将使结构的计算简图与真实情况相差很远;连接强度不足,将使连接破坏,导致整个结构迅速破坏。连接在钢结构中占有很重要的地位,连接设计是钢结构设计的重要环节,也是钢结构设计图纸中重要的组成部分之一。本章主要就钢结构的常用连接方法,以及它们在工程图中的表达方法进行介绍。

第一节　钢结构连接类型及特点

钢结构中所用的连接方法有:焊缝连接、铆钉连接和螺栓连接,如图1-4-1。最早出现的连接方法是螺栓连接,目前则以焊缝连接为主,高强度螺栓连接近年来发展迅速,使用愈来愈多,而铆钉连接已很少采用。

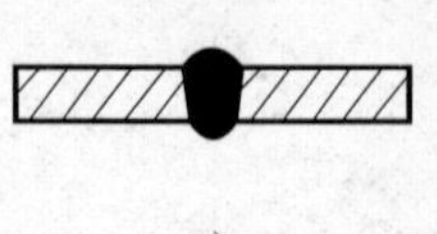

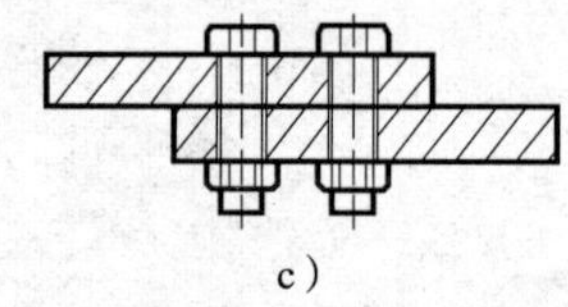

a)　　b)　　c)

图1-4-1　钢结构的连接方法

a)焊缝连接;b)铆钉连接;c)螺栓连接

焊接连接是现代钢结构中最主要的连接方式,它的优点是任何形状的结构都可用焊缝连接,构造简单。焊接连接一般不需拼接材料,省钢省工,而且能实现自动化操作,生产效率较高。目前土木工程中焊接结构占绝对优势。但是,焊缝质量易受材料、操作的影响,因此对钢材材性要求较高。高强度钢更要有严格的焊接程序,焊缝质量要通过多种途径的检验来保证。

铆钉连接需要先在构件上开孔,孔比钉直径大 1mm,加热至 900 ~ 1000℃,并用铆钉枪打铆。铆钉连接刚度大,传力可靠,韧性和塑性较好,质量易于检查,对经常受动力荷载作用、荷载较大和跨度较大的结构,可采用铆接结构。但是,由于铆钉连接施工技术要求高,劳动强度大,施工条件恶劣,施工速度慢,已逐步被高强螺栓所取代。

螺栓连接分普通螺栓连接和高强度螺栓连接。其中普通螺栓分 C 级螺栓和 A、B 级螺栓两种:C 级螺栓俗称粗制螺栓,直径与孔径相差 1.0 ~ 1.5mm,便于安装,但螺杆与钢板孔壁不够紧密,螺栓不宜受剪;A、B 级螺栓俗称精制螺栓,其栓杆与栓孔的加工都有严格要求,受力性能较 C 级螺栓好,但费用较高。

高强度螺栓分高强度螺栓摩擦型连接、高强度螺栓承压型连接两种,均用强度较高的钢材制作,安装时通过特制的扳手,以较大的扭矩上紧螺帽,使螺杆产生很大的预应力,预应力把被连接的部件夹紧,使部件的接触面间产生很大的摩擦力,外力可通过摩擦力来传递。当仅考虑以部件接触面间的摩擦力传递外力时称为高强度螺栓摩擦型连接;而同时考虑依靠螺杆和螺孔之间的承压来传递外力时称为高强度螺栓承压型连接。

除上述常用连接外,在薄壁轻钢结构中还经常采用射钉、自攻螺钉和焊钉等连接方式。

第二节　焊缝连接及其图示方法

1　钢结构焊接方法

钢结构的焊接方法最常用的有三种,电弧焊,电阻焊和气焊。

(1)电弧焊

电弧焊是利用通电后焊条和焊件之间产生的强大电弧提供热源,溶化焊条,滴落在焊件上被电弧吹成的小凹槽的溶池中,并与焊件溶化部分结成焊缠,将两焊件连接成一整体。电弧焊的焊缝质量比较可靠,是最常用的一种焊接方法。

电弧焊分为手工电弧焊(图 1-4-2)和自动或半自动电弧焊(图 1-4-3)。

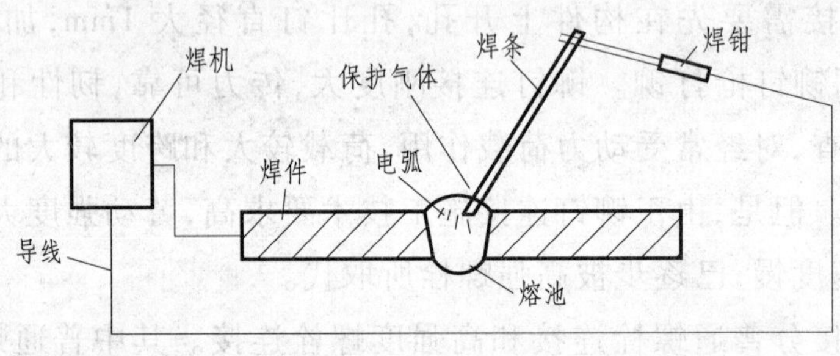

图 1-4-2 手工电弧焊

手工电弧焊在通电后,在涂有焊药的焊条与焊件之间产生电弧。电弧的温度可高达 3 000℃。在高温作用下,电弧周围的金属变成液态,形成溶池;同时,焊条中的焊丝熔化,滴入熔池,与焊件的熔融金属相互结合,冷却后即形成焊缝。焊药则随焊条熔化而形成熔渣覆盖在焊缝上,同时产生一种气体,隔离空气与熔化的液体金属,使它不与外界空气接触,保护焊缝不受空气中有害气体影响。

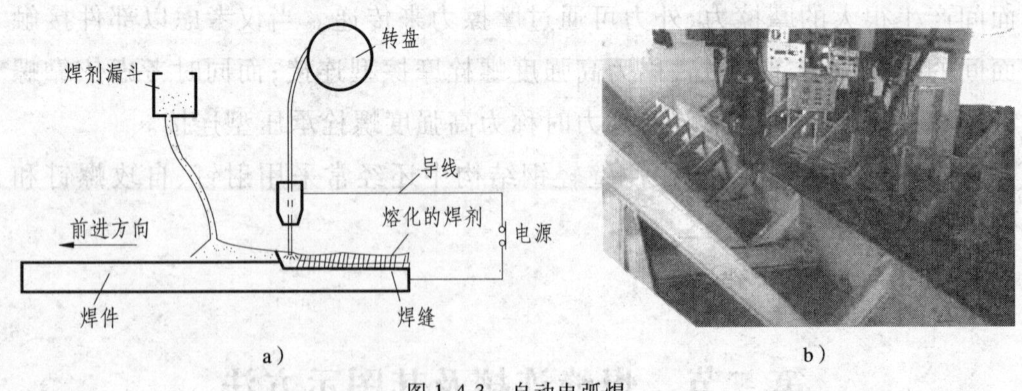

图 1-4-3 自动电弧焊

a)自动电弧焊原理图;b)自动电弧焊实物图

手工电弧焊焊条应与焊件的金属强度相适应。一般是对 Q235 的钢焊件宜用 E43 型焊条(E4300 ~ E4328);对 Q345 的钢焊件宜用 E50 型焊条

(E5000 ~ E5518);对 Q390 钢和 Q420 钢宜用 E55 型焊条(E5500 ~ E5518)。焊条型号中,字母 E 表示焊条,前两位数字为熔敷金属的最小抗拉强度(单位 kgf/mm^2),第三、四数字表示适用焊接位置、电流以及药皮类型等。当不同钢种的钢材连接时,宜用与低强度钢材相适应的焊条。

自动或半自动埋弧焊采用没有涂层的焊丝,插入从漏斗中流出的覆盖在被焊金属上面的焊剂中,通电后由于电弧作用熔化焊剂,熔化后的焊剂浮在熔化金属表面保护熔化金属,使之不与外界空气接触。焊接进行时,焊接设备或焊体自行移动,焊剂不断由漏斗漏下,绕在转盘上的焊丝也不断自动熔化和下降进行焊接。焊剂应与焊丝配套:对 Q235 的焊件,可采用 H08、H08A、H08MnA 等焊丝配合高锰、高硅型焊剂;对 Q345 和 Q390 焊件,可采用 H08A、H08E 焊丝配合高锰型焊剂,也可采用 H08Mn,H08MnA 焊丝配合中锰型焊剂或高锰型焊剂,或采用 H10Mn2 配合无锰型或低锰型焊剂。自动焊的焊缝质量均匀,塑性好,冲击韧性高,抗腐蚀性强。半自动焊除人工操作前进外,其余与自动焊相同。

自动或半自动埋弧焊所用焊丝和焊剂还应与主体金属强度相适应,即要求焊缝与主体金属等强度。

(2)电阻焊

电阻焊利用电流通过焊件接触点表面产生的热量来熔化金属,再通过压力使其焊合。薄壁型钢的焊接常采用电阻焊(图 1-4-4)。电阻焊适用于板叠厚度不超过 12mm 的焊接。

(3)气焊

气焊是利用乙炔在氧气中燃烧而形成的火焰来熔化焊条,形成焊缝(图 1-4-5)。气焊适用于薄钢板或小型结构中。

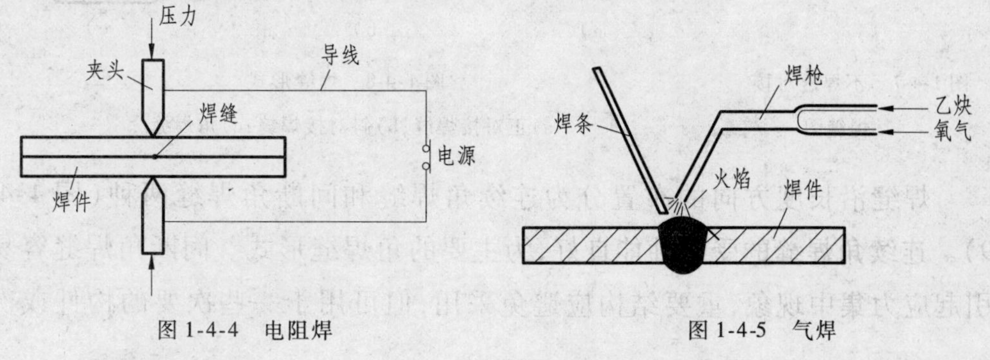

图 1-4-4　电阻焊　　图 1-4-5　气焊

2 焊缝连接形式及其构造

(1)焊缝连接形式

焊缝连接形式按被连接钢材的相互位置可以分为对接、搭接、T 形连接和角部连接四种(图 1-4-6)。

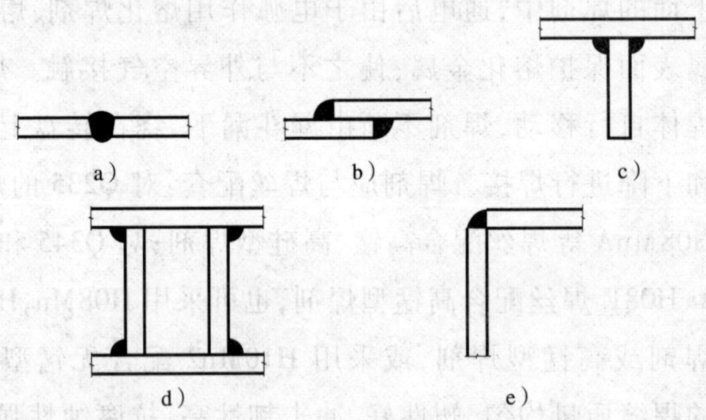

图 1-4-6 焊缝连接的形式

a)对接连接;b)搭接连接;c)T 形连接;d)、e)角部连接

焊缝连接按构造可分为对接焊缝和角焊缝两种基本形式。

对接焊缝一般焊透全厚度,但有时也可不焊透全厚度(图 1-4-7)。对接焊缝按所受力的方向可分为正对接焊缝(图 1-4-8a)和斜对接焊缝(图 1-4-8b)。角焊缝(图 1-4-8c)可分为正面角焊缝、侧面角焊缝和斜焊缝。

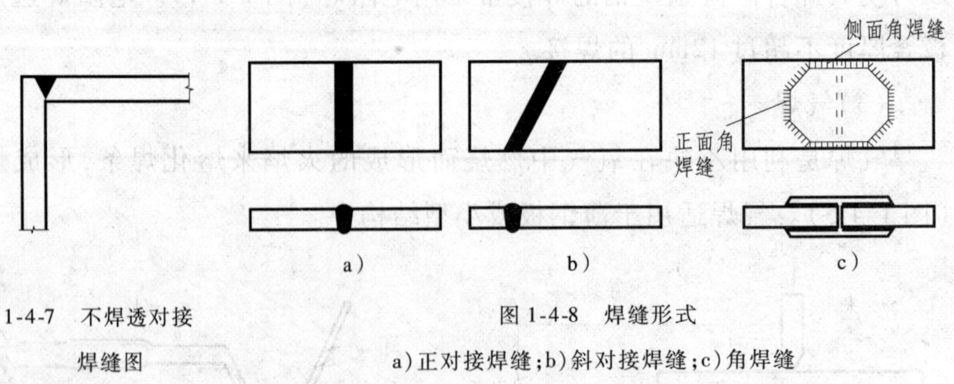

图 1-4-7 不焊透对接焊缝图

图 1-4-8 焊缝形式

a)正对接焊缝;b)斜对接焊缝;c)角焊缝

焊缝沿长度方向的布置分为连续角焊缝和间断角焊缝两种(图 1-4-9)。连续角焊缝的受力性能良好,为主要的角焊缝形式。间断角焊缝容易引起应力集中现象,重要结构应避免采用,但可用于一些次要的构件或次

要的焊接连接中。一般在受压构件中应满足 $l \leqslant 15t$;在受拉构件中 $l \leqslant 30t$,t 为较薄焊件的厚度。

图 1-4-9　连续角焊缝和间断角焊缝示意图

a)连续角焊缝;b)间断角焊缝

焊缝按施焊位置分为平焊、横焊、仰焊及立焊等四种(图 1-4-10)

平焊的焊接工作最方便,质量也最好,应尽量采用;立焊和横焊的质量及生产效率比平焊差一些;仰焊的操作条件最差,焊缝质量不易保证,因此应尽量避免采用。有时因构造需要,在一条焊缝中有俯焊、仰焊和立焊(或横焊),称为全方位焊接。

焊缝的焊接位置是由连接构造决定的,在设计焊接结构时要尽量采用便于俯焊的焊接构造。要避免焊缝立体交叉和在一处集中大量焊缝,同时焊缝的布置应尽量对称于构件形心。

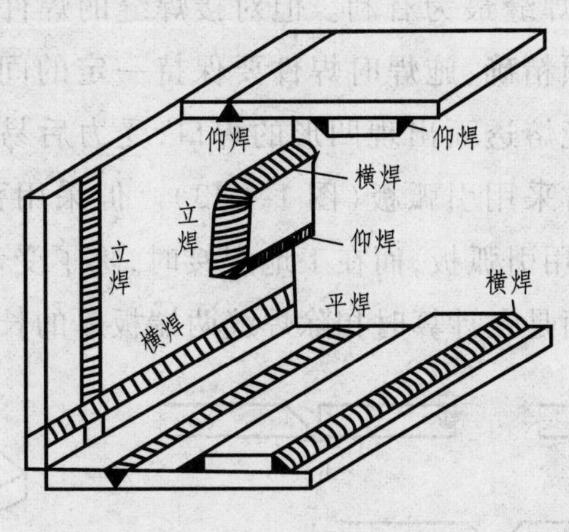

图 1-4-10　焊缝施焊位置

(2)对接焊缝的构造

对接焊缝的焊件常需做成坡口,故又叫坡口焊缝。坡口形式与焊件的厚度有关。当焊件厚度很小(手工焊 6mm,自动埋弧焊 10mm)时,可用直边缝(即 I 形焊缝)。对于一般厚度的焊件可采用具有斜坡口的单边 V 形或 V 形焊缝。斜坡口和根部间隙 c 共同组成一个焊条能够运转的施焊空间,使焊缝易于焊透;钝边 p 有托住熔化金属的作用。对于较厚的焊件($t>20$mm),则采用 U 形、K 形和 X 形坡口(图 1-4-11)。

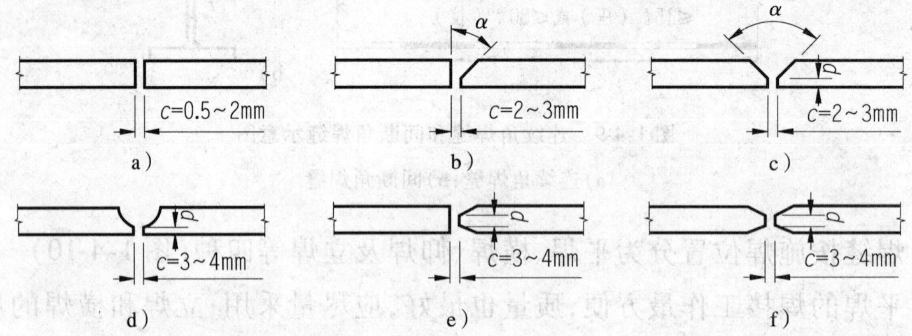

图 1-4-11 对接焊缝的坡口形式

a)直边缝;b)单边 V 形坡口;c)V 形坡口;d)U 形坡口;e)K 形坡口;f)X 形坡口

其中 V 形缝和 U 形缝为单面施焊,但在焊缝根部还需补焊。对于没有条件补焊时,要事先在根部加垫板(图 1-4-12)。当焊件可随意翻转施焊时,使用 K 形缝和 X 形缝较好。

对接焊缝用料经济,传力平顺均匀,没有明显的应力集中,承受动力荷载作用时采用对接焊缝最为有利。但对接焊缝的焊件边缘需要进行剖口加工,焊件长度必须精确,施焊时焊件要保持一定的间隙。对接焊缝的起点和终点,常因不能熔透而出现凹形的焊口,受力后易出现裂缝及应力集中。为此,施焊时常采用引弧板(图 1-4-13)。但采用引弧板很麻烦,一般在工厂焊接时可采用引弧板,而在工地焊接时,除了受动力荷载的结构外,一般不用引弧板,而是在计算时扣除焊缝两端板厚的长度。

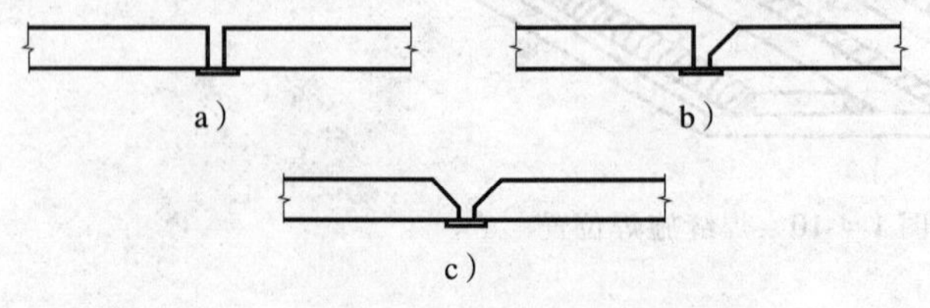

图 1-4-12 根部加垫块

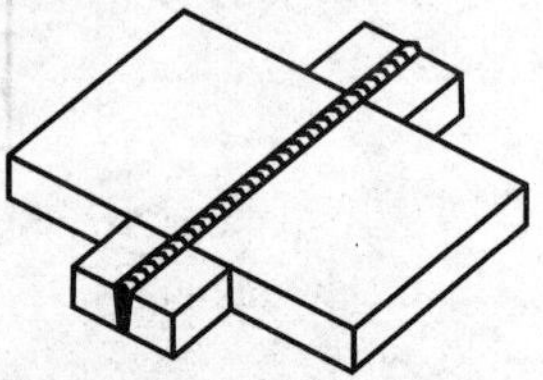

图 1-4-13 对接焊缝的引弧板

在对接焊缝的拼接中，当焊件的宽度不同或厚度相差4mm以上时，应分别在宽度或厚度方向从一侧或两侧做成坡度不大于1∶2.5的斜角（图1-4-14），以使截面过渡缓和，减小应力集中。

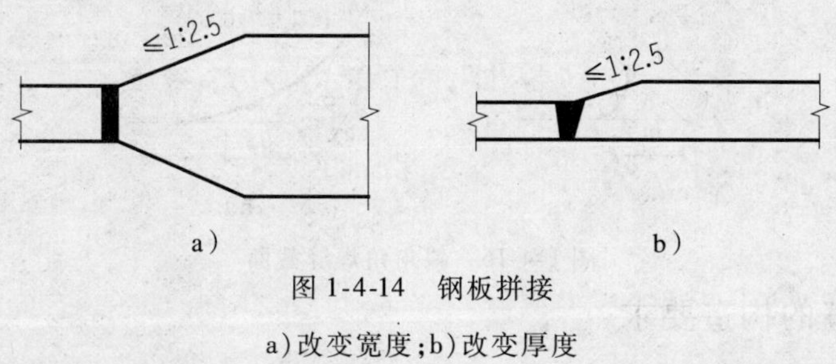

图1-4-14　钢板拼接

a）改变宽度；b）改变厚度

（3）角焊缝的构造

①角焊缝的形式

角焊缝按其与作用力的关系可分为正面角焊缝、侧面角焊缝和斜焊缝。正面角焊缝的焊缝与作用力垂直；侧面角焊缝的焊缝长度方向与作用力平行；斜焊缝的焊缝长度方向与作用力倾斜。按其截面形式可分为直角角焊缝和斜角角焊缝。

直角角焊缝通常做成表面微凸的等腰直角三角形截面（图1-4-15a）。在直接承受动力荷载的结构中，正面角焊缝的截面常采用（图1-4-15b）所示的形式，侧面角焊缝的截面则做成凹面式（图1-4-15c）。图中的h_f是角焊缝的焊角尺寸；而角焊缝的破坏往往是沿着其45°角方向的喉部破坏的，因此在角焊缝计算中取其有效焊角尺寸，用h_e表示；图中的α则表示角焊缝两邻边张开的角度。

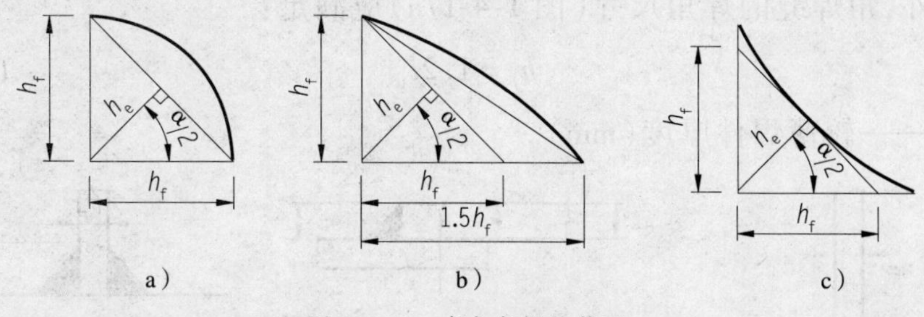

图1-4-15　直角角焊缝截面

两焊角边的夹角α>90°或α<90°的焊角称为斜角角焊缝（图1-4-16）。斜角角焊缝常用于钢漏斗和钢管结构中。对于夹角α>135°或α<60°的斜角角焊缝，除钢管结构外，不宜用做受力焊缝。

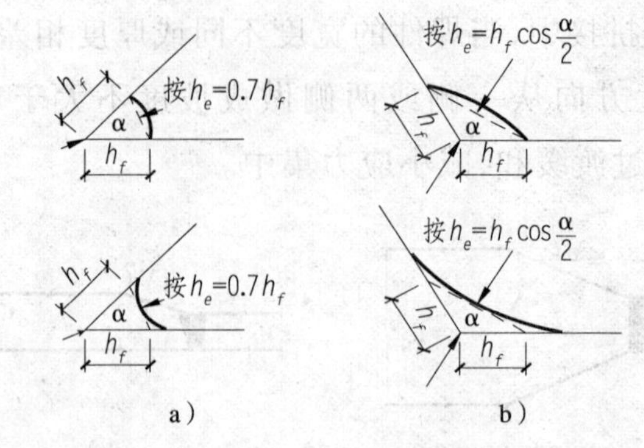

图 1-4-16　斜角角焊缝截面

②角焊缝的构造要求

a. 最小焊角尺寸

角焊缝的焊角尺寸不能过小，否则焊接时产生的热量较小，而焊件厚度较大，致使施焊时冷却速度过快，产生淬硬组织，导致母材开裂。《钢结构设计规范》规定：

$$h_f = 1.5\sqrt{t_2} \tag{1-4-1}$$

式中：t_2——较厚焊件厚度（mm）。

焊角尺寸取毫米的整数，小数点以后都进为 1。自动焊熔深较大，故所取最小焊脚尺寸可减小 1mm；对 T 形连接的单面角焊缝，应增加 1mm；当焊件厚度小于或等于 4mm 时，则取与焊件厚度相同。

b. 最大焊脚尺寸

为了避免焊缝收缩时产生较大的焊接残余应力和残余变形，且热影响区扩大，容易产生热脆，较薄焊件容易烧穿，《钢结构设计规范》规定，除钢管结构外，角焊缝的焊角尺寸（图 1-4-17a）应满足：

$$h_f = 1.2t_1 \tag{1-4-2}$$

式中：t_1——较薄焊件厚度（mm）。

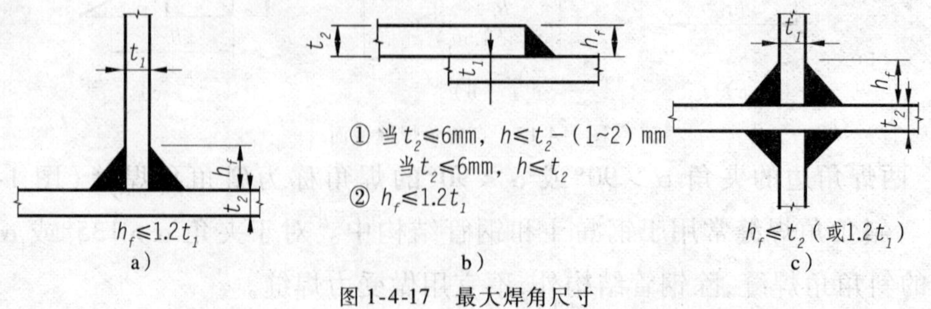

图 1-4-17　最大焊角尺寸

对板件边缘的角焊缝（图 1-4-17b），当板件厚度 $t>6$mm 时，根据焊工的施焊经验，不易焊满全厚度，故取 $h_f \leqslant t-(1\sim2)$mm；当 $t \leqslant 6$mm 时，通常采用小焊条施焊，易于焊满全厚度，则取 $h_f \leqslant t$。如果另一焊件厚度 $t' \leqslant t$ 时，还应满足 $h_f \leqslant t'$ 的要求。

c. 角焊缝的最小计算长度

角焊缝的焊角尺寸大且长度较小时，焊件的局部加热严重，焊缝与灭弧所引起的缺陷相距太近，加之焊缝中可能产生的其他缺陷（气孔、非金属夹杂等）使焊缝不够可靠。对搭接连接的侧面角焊缝而言，如果焊缝长度过短，由于力线弯折大，也会造成严重的应力集中。因此，为了使焊缝能够具有一定的承载能力，根据使用经验，侧面角焊缝或正面角焊缝的计算长度不得小于 $8h_f$，且不小于 40mm。

d. 侧面角焊缝的最大计算长度

侧面角焊缝在弹性阶段沿长度方向受力不均匀，两端大而中间小。焊缝越长，应力集中越明显。在静力荷载作用下，如果焊缝长度适宜，当焊缝两端处的应力达到屈服强度后，继续加载，应力会渐趋均匀。但是，如果焊缝长度超过某一限值时，有可能首先在焊缝的两端破坏，故一般规定侧面角焊缝的计算长度 $l_w \leqslant 60h_f$。当实际长度大于上述限值时，其超过部分在计算中不予考虑。若内力沿侧面角焊缝全长分布，例如焊接梁翼缘板与腹板的连接焊缝，计算长度可不受上述限制。

e. 搭接连接的构造要求

当板件端部仅有两条侧面角焊缝连接时（图 1-4-18），试验结果表明，连接的承载力与 B/l_w 有关。B 为两侧焊缝的距离，l_w 为侧焊缝的计算长度。当 $B/l_w>1$ 时，连接的承载力随着 B/l_w 的增大而明显下降。这主要是由于应力传递的过分弯折使构件中应力不均匀分布的影响。为使连接强度不致过分降低，应使每条侧焊缝的计算长度不宜小于两侧焊缝之间的距离，即 $B/l_w<1$。两侧面角焊缝之间的距离 B 也不宜大于 $16t$（$t>12$mm）或 190mm（$t<12$mm），t 为较薄焊件的厚度，以免因焊缝横向收缩，引起板件向外发生较大拱曲。

在搭接连接中，当仅采用正面角焊缝（图 1-4-19）时，其搭接长度不得小于焊件较小厚度的 5 倍，也不得小于 25mm。

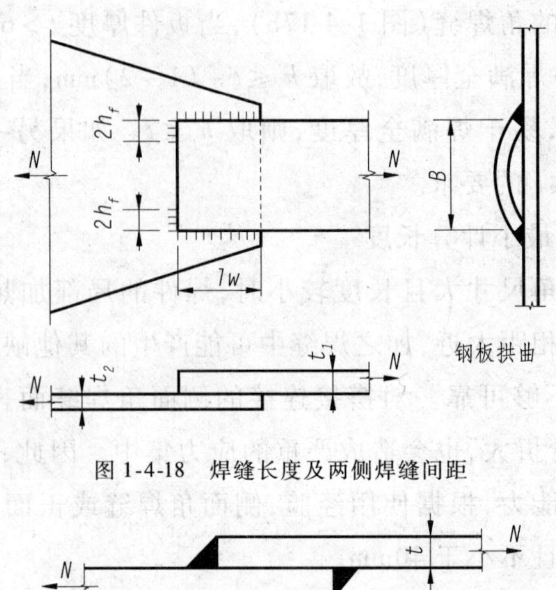

图 1-4-18　焊缝长度及两侧焊缝间距

图 1-4-19　搭接连接

f. 减小角焊缝应力集中的措施

杆件端部搭接采用三面围焊时，在转角处截面突变，会产生应力集中，如在此处起灭弧，可能出现弧坑或咬肉等缺陷，从而加大应力集中的影响。故所有围焊的转角处必须连续施焊。对于非围焊情况，当角焊缝的端部在构件转角处时，可连续地实施长度为 $2h_f$ 的绕角焊（图 1-4-18）。

3　焊缝的图示方法

在钢结构的施工图上应用焊缝符号标注焊缝形式、尺寸和辅助要求。焊缝符号应符合国家标准《建筑结构制图标准》和《焊缝符号表示法》的规定。施工图纸上标注的焊缝符号主要由基本符号和指引线组成，必要时还可以加上辅助符号、补充符号和焊缝尺寸符号。

指引线由带箭头的指引线（简称箭头线）和两条基准线（一条实线，另一条为虚线）两部分组成（如图 1-4-20）。基准线的虚线可以画在基准线实线的上侧或下侧。

基本符号表示焊缝横截面的基本形式，如“⊿”表示单面角焊缝，“‖”表示 I 形坡口的对接焊缝；“V”表示 V 形坡口的对接焊缝等。辅助符号表

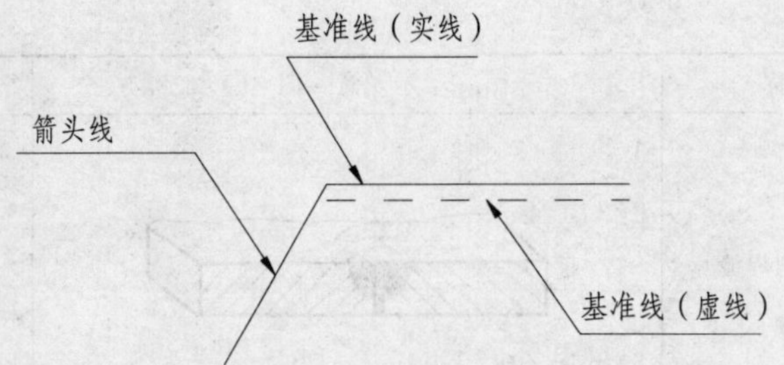

图 1-4-20　指引线图

示对焊缝的辅助要求，如“●”表示熔透角焊缝，“⚑”表示现场安装焊缝等。补充符号用于补充说明焊缝的某些特征，如“□”焊缝背面底部有垫板等。表 1-4-1 给出了常见焊缝的基本符号。

常见焊缝基本符号表　　　　表 1-4-1

序号	名　称	示 意 图	符　号
1	I 型焊缝		
2	V 型焊缝		
3	单边 V 型焊缝		
4	带钝边 V 型焊缝		

续上表

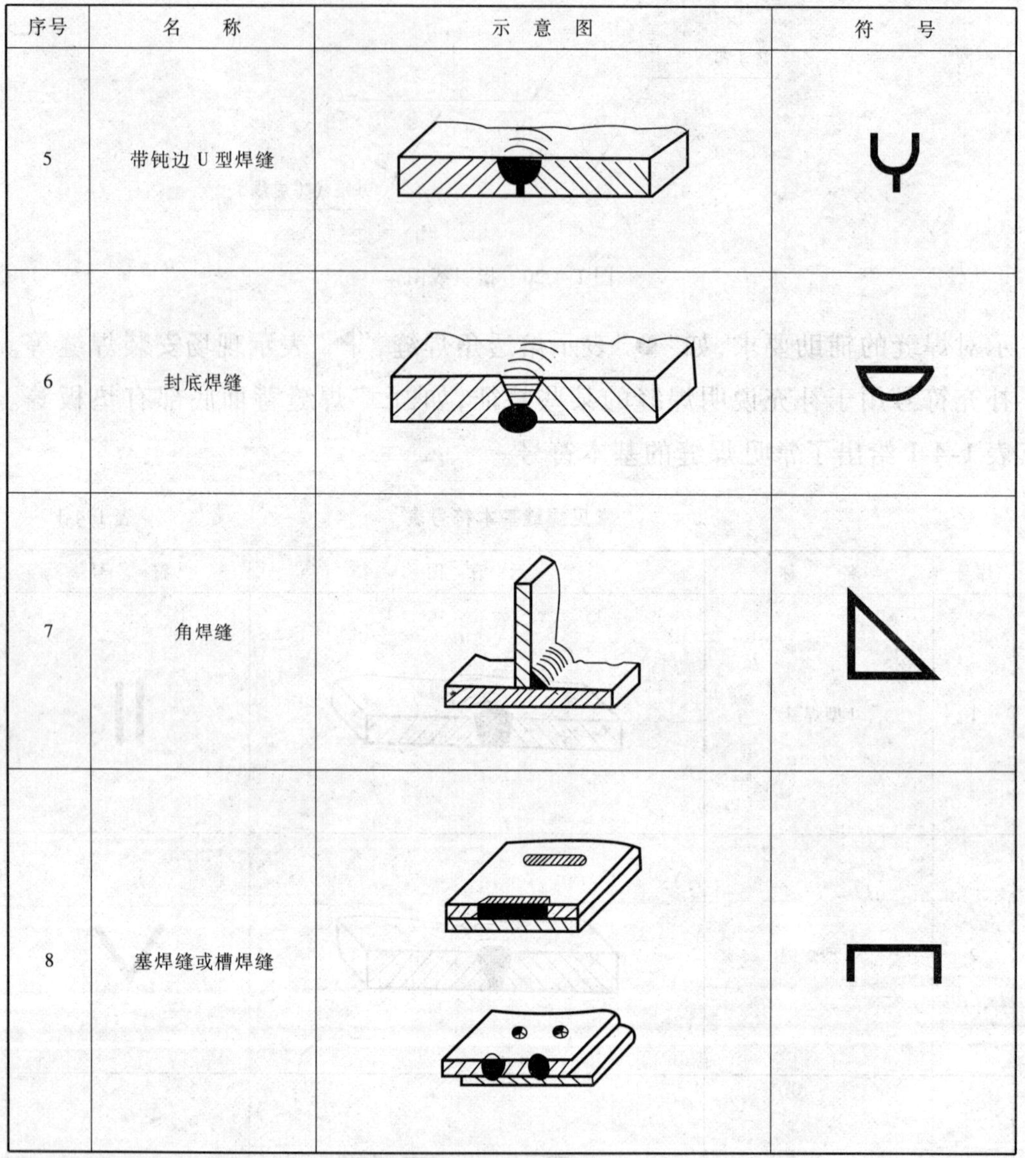

序号	名称	示意图	符号
5	带钝边 U 型焊缝		
6	封底焊缝		
7	角焊缝		
8	塞焊缝或槽焊缝		

基本符号相对于基准线的位置,若焊缝在接头的非箭头侧,则将基本符号标注在基准线侧,而与符号标注位置的上、下无关;若为双面对称焊缝,基准线可不加虚线。箭头线相对焊缝位置一般无特殊要求,对有坡口的焊缝,箭头应指向带坡口的一侧。

焊缝的标注方法必须按《焊缝符号表示法》中的规定标注,表 1-4-2 给出了部分常用焊缝标注方法。另外,对焊接钢结构的焊缝也做了如下规定。

焊缝符号表示方法　　表 1-4-2

内容	对接焊缝			三面围焊	周围焊缝
	I形坡口	V形坡口	T形接头(不焊透)		
焊缝形式	b	α, b	β, S		
标注方法	b	α	β, S	h_f	h_f

内容	角焊缝					塞焊缝
	单面焊缝	双面焊缝	搭接接头	安装焊缝	双梯形接头	
焊缝形式						S
标注方法	h_f	h_f	h_f	h_f	h_f	S, h_f

(1)单面焊缝的标注,当箭头指向在焊缝所在一面时,应将基本符号和尺寸标注在横线的上方。当箭头指在焊缝所在的另一面时,应将基本符号和尺寸标注在横线的下方(图 1-4-21)。

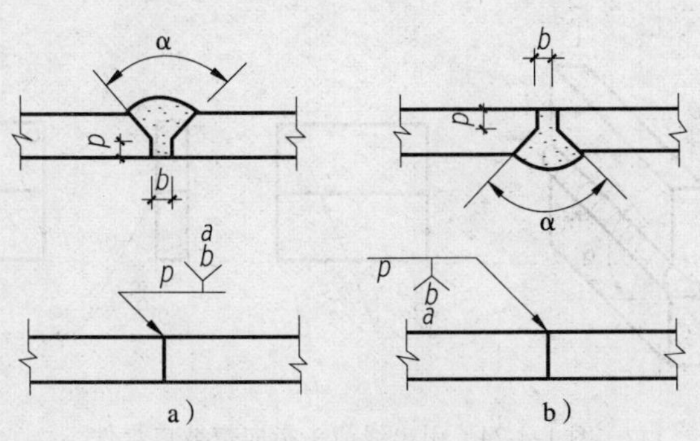

图 1-4-21　单面焊缝标注

(2)双面焊缝的标注,应在横线的上下方都标注符号和尺寸。当两面尺寸相同时,只需在横线上方标注尺寸(图1-4-22)。

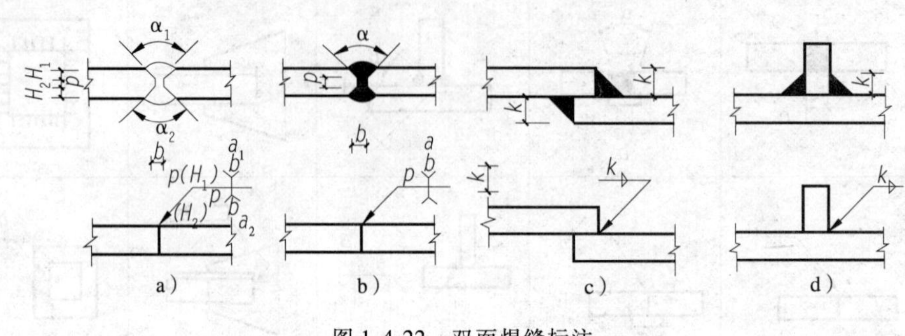

图1-4-22　双面焊缝标注

(3)三个和三个以上的焊件相互焊接的焊缝,不得作为双面焊缝标注,其符号和尺寸应分别标注(图1-4-23)。

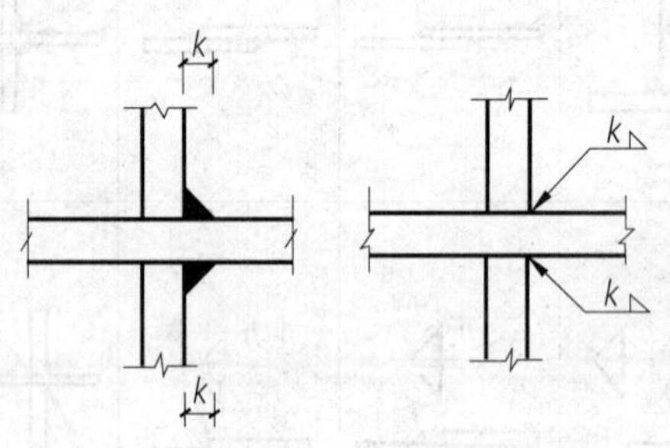
图1-4-23　三个以上焊件的焊缝标注

(4)相互焊接的两个焊件中,当只有一个焊件带坡口时(如单边V形),箭头必须指向带坡口的焊件(图1-4-24)。相互焊接的两个焊件,当为单面带双边不对称坡口焊缝时,箭头必须指向较大坡口焊件(图1-4-25)。

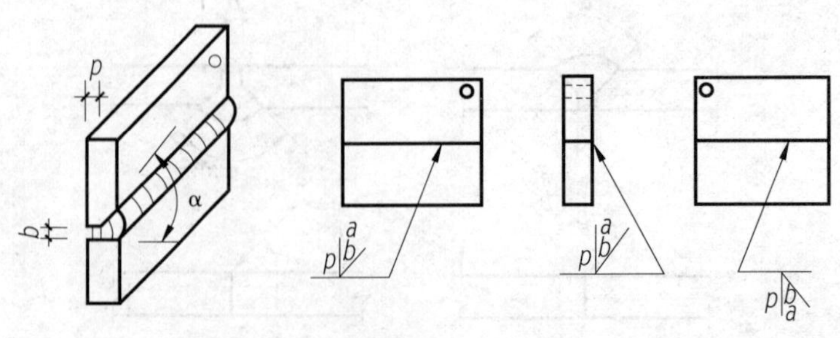
图1-4-24　引出线箭头指向带坡口焊件

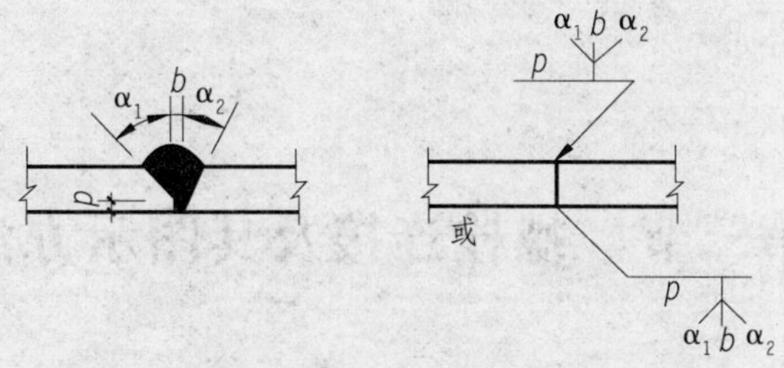

图 1-4-25 引出线箭头指向较大坡口焊件

(5)当焊缝分布不规则时,在标注焊缝代号的同时,宜在焊缝处加粗线(表示可见焊缝)或栅线(表示不可见焊缝)(图 1-4-26)。

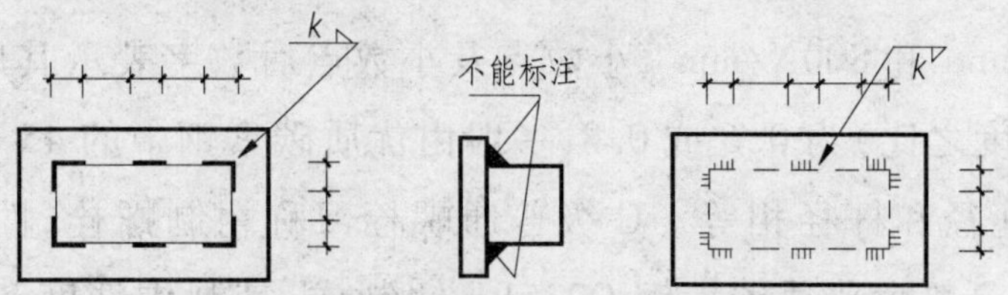

图 1-4-26 用粗线和栅线表示焊缝

(6)相同焊缝符号的表示方法:①在同一图形上,当焊缝形式、剖面尺寸和辅助要求均相同时,可只选择一处标注代号,并加注"相同焊缝符号"。②在同一图形上,当有数种相同焊缝时,可将焊缝分类编号标注,在同一类焊缝中选择一处标注代号,分类编号采用 A、B、C…(图 1-4-27)。

(7)图形中较长的角焊缝(如焊接实腹梁的翼缘焊缝),可不用引线标注,而直接在角焊缝旁标出焊缝高度 K 值(图 1-4-28)。

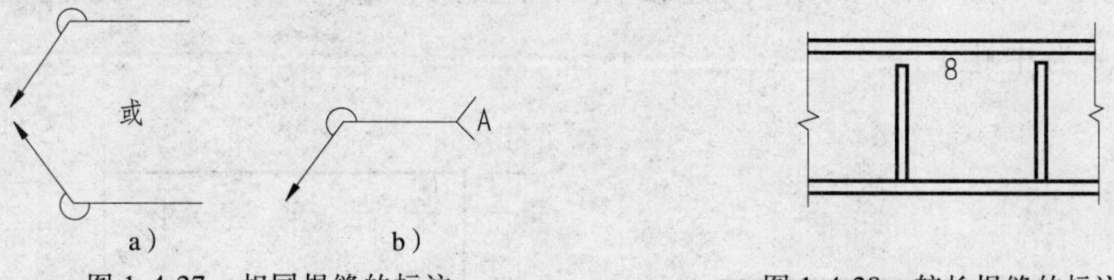

图 1-4-27 相同焊缝的标注

图 1-4-28 较长焊缝的标注

(8)熔透焊缝符号应按图 1-4-29a)标注,局部焊缝应按图 1-4-29b)标注。

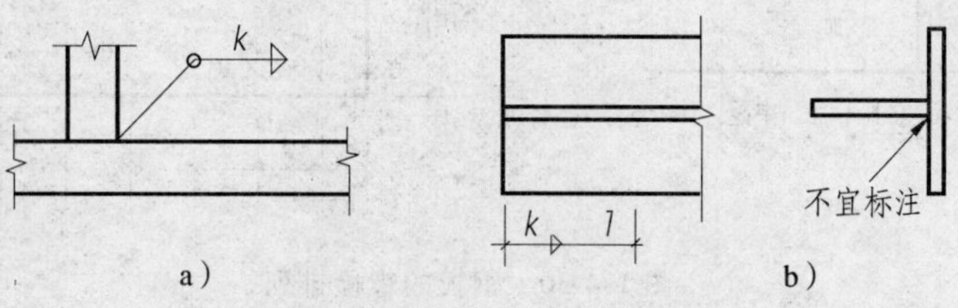

图 1-4-29 熔透焊缝和局部焊缝的标注

第三节 螺栓连接及其图示方法

1 普通螺栓连接的构造

普通螺栓分为 A、B 级和 C 级。A、B 级普通螺栓习称精制螺栓，其材料性能属于 5.6 级和 8.8 级，小数点前的数字表示螺栓成品的抗拉强度不小于 500N/mm² 和 800N/mm²，小数点及小数点后数字表示其屈强比（屈服点与抗拉强度之比）为 0.6 或 0.8，一般由优质碳素钢中的 45 号钢和 35 号钢制成，其孔径和杆径相等。C 级普通螺栓习称粗制螺栓，性能等级属于 4.6、4.8 级，一般由普通碳素钢 Q235BF 钢制成，其制作精度和螺栓的允许偏差、孔壁表面粗糙度等要求都比 A、B 级普通螺栓低。C 级普通螺栓的螺杆直径较螺孔直径小 1.0～1.5mm，受剪时工作性能较差，在螺栓群中各螺栓所受剪力也不均匀，因此适用于承受拉力的连接中。

螺栓在构件上的排列应简单、统一、整齐而紧凑，通常分为并列和错列两种形式。图 1-4-30 所示并列比较简单整齐，所用连接板尺寸小，但由于螺栓孔的存在，对构件截面的削弱较大。错列可以减小螺栓孔对截面的削弱，但孔排列不如并列紧凑，连接板尺寸较大（图 1-4-30 中 e_1 为边距、e_2 为端距、e 为中距）。

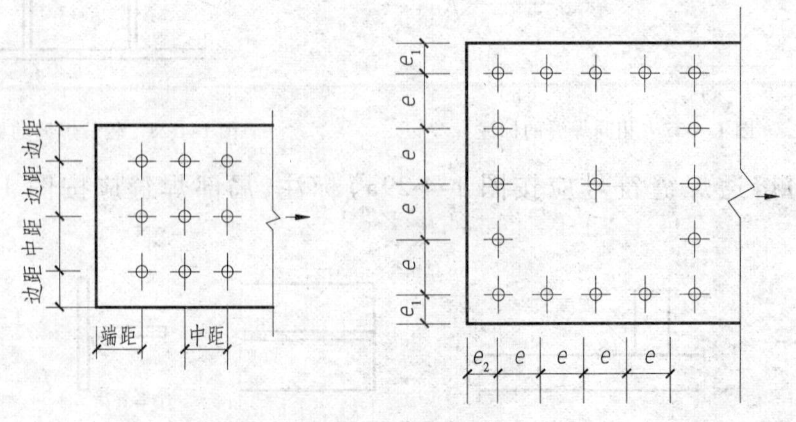

图 1-4-30 钢板的螺栓排列

螺栓在构件上的排列应符合最小距离要求，以便用扳手拧紧螺帽时有一定的空间，并避免受力时钢板在孔之间以及孔与板端、板边之间发生剪断、截面过分削弱等现象。

螺栓在构件上的排列也应符合最大距离要求，以避免受压时被连接的板件间发生张口、鼓出或被连接的构件因接触面不够紧密、潮气进入缝隙而产生腐蚀等现象。

根据上述要求，钢板上螺栓的排列规定见图 1-4-30 和表 1-4-3。型钢上螺栓的排列除应满足表 1-4-4 的最大和最小距离外，尚应充分考虑拧紧螺栓时的净空要求。在角钢、普通工字钢、槽钢截面上排列螺栓的线距应满足图 1-4-31 及表 1-4-4～1-4-6 的要求。在 H 型钢截面上排列螺栓的线距如图 1-4-31d）所示，腹板上的 c 值可参照普通工字钢，翼缘上的 e 值或 e_1、e_2 值可根据其外伸宽度参照角钢。

螺栓或铆钉的最大、最小容许距离　　表 1-4-3

<table>
<tr><th>名　称</th><th colspan="3">位置和方向</th><th>最大容许距离
（取两者的较小值）</th><th>最小容许距离</th></tr>
<tr><td rowspan="5">中心线距</td><td colspan="3">外排（垂直或顺内力方向）</td><td>$8d_0$ 或 $12t$</td><td rowspan="5">$3d_0$</td></tr>
<tr><td rowspan="3">中间排</td><td colspan="2">垂直内力方向</td><td>$16d_0$ 或 $24t$</td></tr>
<tr><td rowspan="2">顺内力方向</td><td>压力</td><td>$12d_0$ 或 $18t$</td></tr>
<tr><td>拉力</td><td>$16d_0$ 或 $24t$</td></tr>
<tr><td colspan="3">沿对角线方向</td><td>—</td></tr>
<tr><td rowspan="4">中心至构件边缘距离</td><td colspan="3">顺内力方向</td><td rowspan="4">$4d_0$ 或 $8t$</td><td>$2d_0$</td></tr>
<tr><td rowspan="3">垂直内力方向</td><td colspan="2">剪切边或手工气割边</td><td rowspan="2">$1.5d_0$</td></tr>
<tr><td rowspan="2">轧制边自动精密或锯割边</td><td>高强度螺栓</td></tr>
<tr><td>其他螺栓或铆钉</td><td>$1.2d_0$</td></tr>
</table>

注：1. d_0 为螺栓孔或铆钉孔直径，t 为外层较薄板件的厚度。

2. 钢板边缘与刚性构件（如角钢、槽钢等）相连的螺栓或铆钉的最大间距，可按中间排的数值采用。

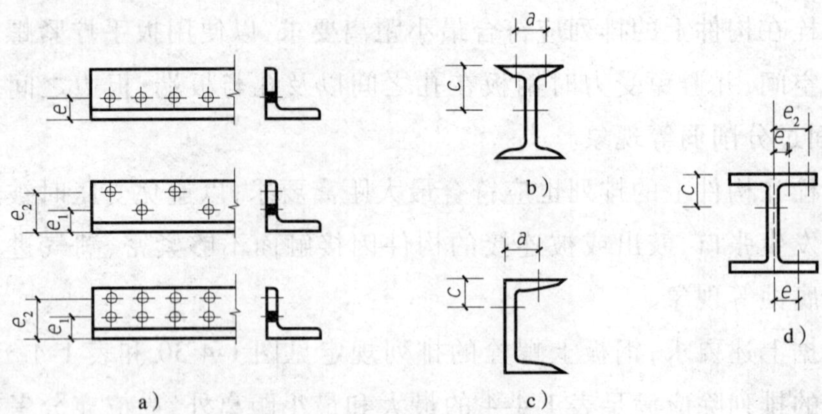

图 1-4-31 型钢的螺栓(铆钉)排列

角钢上螺栓或铆钉线距表(mm) 表 1-4-4

单行排列	角钢肢宽	40	45	50	56	63	70	75	80	90	100	110	125
	线距 e	25	25	30	30	35	40	40	45	50	55	60	70
	钉孔最大直径	11.5	13.5	13.5	15.5	17.5	20	22	22	24	24	26	26
双行错排	角钢肢宽	125	140	160	180	200	双行排列	角钢肢宽			160	180	200
	e_1	55	60	70	70	80		e_1			60	40	80
	e_2	90	100	120	140	160		e_2			130	140	160
	钉孔最大直径	24	24	26	26	26		钉孔最大直径			24	24	26

工字钢和槽钢腹板上的螺栓线距表(mm) 表 1-4-5

工字钢型号	12	14	16	18	20	22	25	28	32	36	40	45	50	56	63
线距 c_{min}	40	45	45	45	50	50	55	60	60	65	70	75	75	75	75
槽钢型号	12	14	16	18	20	22	25	28	32	36	40	—	—	—	—
线距 c_{min}	40	45	50	50	55	55	55	60	65	70	75	—	—	—	—

工字钢和槽钢翼缘上的螺栓线距表(mm) 表 1-4-6

工字钢型号	12	14	16	18	20	22	25	28	32	36	40	45	50	56	63
线距 a_{min}	40	40	50	55	60	65	65	70	75	80	80	85	90	95	95
槽钢型号	12	14	16	18	20	22	25	28	32	36	40	—	—	—	—
线距 a_{min}	30	35	35	40	40	45	45	45	50	56	60	—	—	—	—

螺栓的有效面积　　表1-4-7

螺栓直径 d(mm)	螺距 t(mm)	螺栓有效直径 d_e(mm)	螺栓有效面积 A_0(mm^2)	螺栓直径 d(mm)	螺距 t(mm)	螺栓有效直径 d_e(mm)	螺栓有效面积 A_0(mm^2)
16	2	14.1236	156.7	52	5	47.3090	1758
18	2.5	15.6545	192.5	56	5.5	50.8399	2030
20	2.5	47.6545	244.8	60	5.5	54.8399	2362
22	2.5	19.6545	303.4	64	6	58.3708	2676
24	3	21.1854	352.5	68	6	62.3708	3055
27	3	24.1854	459.4	72	6	66.3708	3460
30	3.5	26.7163	560.6	76	6	70.3708	3889
33	3.5	29.7163	693.6	80	6	74.3708	4344
36	4	32.2472	816.7	85	6	79.3708	4948
39	4	35.2472	975.8	90	6	84.3708	5591
42	4.5	37.7781	1121	95	6	89.3708	6273
45	4.5	40.7781	1306	100	6	94.3708	6995
48	5	43.3090	1473				

2　高强度螺栓连接的工作性能

(1)高强度螺栓连接的工作性能

高强度螺栓的杆身、螺帽和垫圈都要用抗拉强度很高的钢材制作。螺杆一般采用45号钢或40硼钢制成,螺帽和垫圈用45号钢制成,且都要经过热处理以提高其强度。现在工程中已逐渐采用20锰钛硼钢作为高强度螺栓的专用钢。

高强度螺栓的预拉力是通过扭紧螺帽实现的。一般采用扭矩法和扭剪法。扭矩法是采用可直接显示扭矩的特制扳手,根据事先测定的扭矩和螺栓拉力之间的关系施加扭矩,使之达到预定预拉力。扭剪法是采用扭剪型高强度螺栓,该螺栓端部设有梅花头,拧紧螺帽时,靠拧断螺栓梅花头切口处截面来控制预拉力值。

高强度螺栓有摩擦型和承压型两种,在外力作用下,螺栓承受剪力或拉力。

(2)高强度螺栓抗剪连接的工作性能

①高强度螺栓摩擦型连接

高强度螺栓安装时将螺栓拧紧,使螺杆产生很大的预拉力,而被连接板件间则产生很大的预压力。连接受力后,接触面产生的摩擦力阻止板件的相互滑移,以达到传递外力的目的。高强度螺栓摩擦型连接与普通螺栓连接的重要区别,就是完全不靠螺杆的抗剪和孔壁的承压来传力,而是靠钢板间接触面的摩擦力传力。

摩擦型连接的承载力取决于构件接触面的摩擦力,而此摩擦力的大小与螺栓所受预拉力和摩擦面的抗滑系数以及连接的传力摩擦系数有关。

摩擦面的抗滑移系数 μ 值 表 1-4-8

编号	在连接处构件接触面的处理方法	构件的钢号		
		Q235	Q345	Q390
A	喷砂	0.45	0.55	0.55
B	喷砂后涂无机富锌漆	0.35	0.40	0.40
C	喷砂后生赤锈	0.45	0.55	0.55
D	钢丝刷清除浮锈或未经处理的干净轧制表面	0.30	0.35	0.35

每个高强度螺栓的预拉力 P 值(kN) 表 1-4-9

螺栓的性能等级	螺栓的公称直径(mm)					
	M16	M20	M22	M24	M27	M27
8.8 级	70	110	135	155	205	250
10.9 级	100	155	190	225	290	355

高强度螺栓预拉力取值应考虑:在扭紧螺栓时扭矩使螺栓产生的剪力将降低螺栓的抗拉承载力;施加预应力时补偿应力损失的超张拉,以及材料抗力的变异等因素。

②高强度螺栓承压型连接

高强度螺栓承压型连接的传力特征是剪力超过摩擦力时构件之间发生相对滑移,螺杆杆身与孔壁接触,使螺杆受剪和孔壁受压,破坏形式与普通螺栓相同。

图 1-4-32 表示单个螺栓受剪时的工作曲线，由于承压型连接允许接触面滑动并以连接达到破坏的极限状态作为设计准则，接触面的摩擦力只起延缓滑动的作用，因此该连接的最大抗剪承载力应取曲线的最高点，即"3"点。连接达到极限承载力时，由于螺杆伸长，预拉力几乎全部消失，故高强度螺栓承压型连接的计算方法与普通螺栓连接相同，只是计算时应采用承压型连接高强度螺栓的强度设计值。特别地，当剪切面在螺纹处时，承压型连接高强度螺栓的抗剪承载力应按螺纹处的有效截面计算。而对于普通螺栓，其抗剪强度设计值是根据连接的试验数据统计而定的，试验时因不分剪切面是否在螺纹处，故计算抗剪强度设计值时用公称直径。

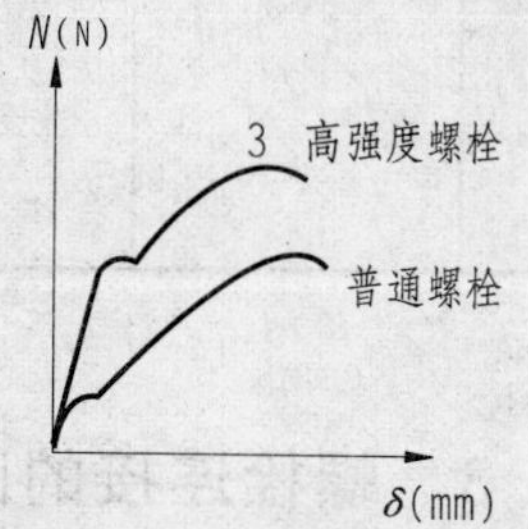

图 1-4-32　单个螺栓的受剪工作

根据以上分析，现将各种受力状态下的单个螺栓（包括普通螺栓和高强度螺栓）承载力设计值的计算式列于表 1-4-10 中，方便读者对照与应用。

单个螺栓承载力设计值表　　表 1-4-10

序号	螺栓种类	受力状态	计算式	备注
1	普通螺栓	受剪	$N_v^b = n_v \frac{\pi d^2}{4} f_v^b$ $N_c^b = d\Sigma t f_c^b$	取两者中的较小值
		受拉	$N_t^b = \frac{\pi d_e^2}{4} f_t^b$	
		兼受剪拉	$\sqrt{\left(\frac{N_v}{N_v^b}\right)^2 + \left(\frac{N_t}{N_t^b}\right)^2} \leqslant 1$ $N_v = \frac{V}{n} \leqslant N_c^b$	
2	摩擦型连接高强度螺栓	受剪	$N_v^b = 0.9 n_f \mu P$	
		受拉	$N_t^b = 0.8P$	
		兼受剪拉	$N_v^b = 0.9 n_f \mu (P - 1.25 N_t)$ $N_t \leqslant 0.8P$	

续上表

序号	螺栓种类	受力状态	计算式	备注
3	承压型连接高强度螺栓	受剪	$N_v^b = n_v \frac{\pi d^2}{4} f_v^b$ $N_c^b = d\Sigma t f_c^b$	当剪切面在螺纹处时 $N_v^b = n_v \frac{\pi d_e^2}{4} f_v^b$
		受拉	$N_t^b = \frac{\pi d_e^2}{4} f_t^b$	
		兼受剪拉	$\sqrt{\left(\frac{N_v}{N_v^b}\right)^2 + \left(\frac{N_t}{N_t^b}\right)^2} \leqslant 1$ $N_v = \frac{V}{n} \leqslant N_c^b$	

3 螺栓连接的图示方法

在钢结构施工图上需要将螺栓及其孔眼的施工要求按实际数量用图形表示清楚，以免引起混淆。现将螺栓及其孔眼图例汇总于表 1-4-11。

螺栓及其孔眼图例表 表 1-4-11

名称	图示方法	说明
永久螺栓	M / ϕ	(1)细"+"线表示定位轴线。 (2)M 表示螺栓型号。 (3)ϕ 表示螺栓孔直径。 (4)d 表示膨胀螺栓直径。 (5)采用引出线标注螺栓时，横线上标注螺栓规格，横线下标注螺栓孔直径
高强螺栓	M / ϕ	
安装螺栓	M / ϕ	
圆形螺栓孔	ϕ	
长圆形螺栓孔	ϕ ; b	
膨胀螺栓	d	

图 1-4-33a)为某柱脚的节点大样详图,图 1-4-33b)为该柱脚的透视图。接下来,利用上面所讲内容,和大家一起识读一下 1-4-33a)图中所标注的焊缝和螺栓。

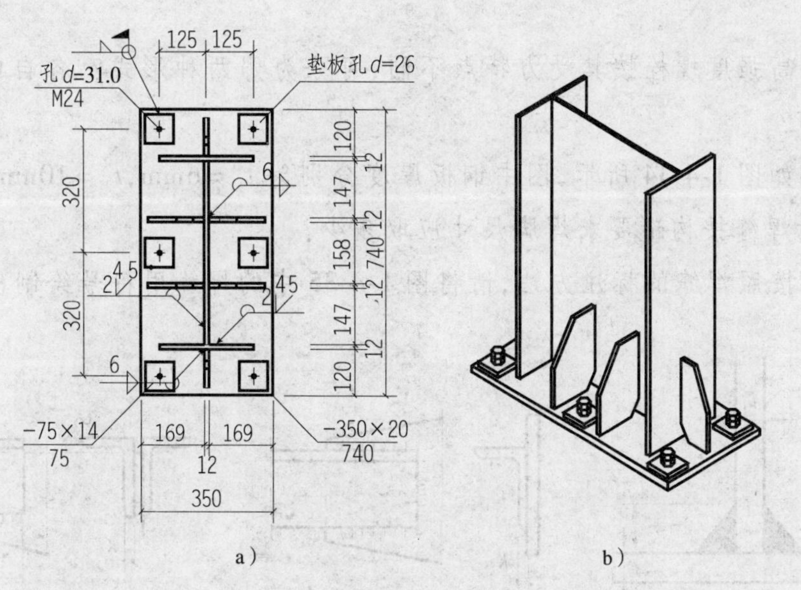

图 1-4-33　某柱脚的节点大样及透视图

a)节点大样图;b)透视图

首先,我们先来看一下图中的螺栓。该节点共有螺栓六个,螺栓直径为 24mm,每个螺栓下都有一块方形垫板,垫板上开有直径为 26mm 的螺栓孔,由此可见,该螺栓为 C 级螺栓,在柱脚底板上开有直径为 31mm 的螺栓孔,主要为了施工方便。

图 1-4-33a)中的焊缝共有三种类型。柱脚的加劲板与柱子的连接全部采用的是双面角焊缝,焊脚尺寸为 6mm;柱子的翼缘和腹板与柱脚底板的连接都为直边 V 形焊缝,V 形张开角度为 45°;螺栓垫板与柱脚底板的连接采用现场单面围合角焊缝。

1. 高强度螺栓按其受力特点不同，可分为哪两种形式？各自的受力特点如何？

2. 如图 1-4-34 所示，图中钢板厚度分别为 $t_1 = 6\text{mm}$，$t_2 = 10\text{mm}$，请问图中所标焊缝按构造要求焊脚尺寸应取多少？

3. 按照焊缝的标注方法，请将图 1-4-35 中的焊缝用符号绘制出来。

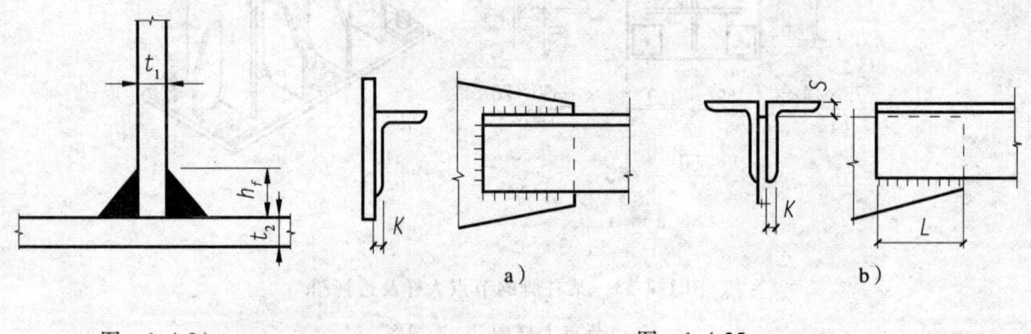

图 1-4-34　　　　图 1-4-35

第五章

钢结构建筑施工图综述

第一节　钢结构建筑物施工图图纸的主要组成

一般情况下，一套完整的钢结构建筑物的施工图纸主要包括设计说明、建筑施工图、结构施工图和设备施工图。

1　设计说明

设计说明通常放在整套图纸的首页，主要对工程概况、设计依据、主要节点的构造做法和结构做法等内容进行文字方面的说明。对于较复杂的工程，设计说明往往按专业分开编写，分别放在每个专业图纸的首页，如：建筑设计说明、结构设计说明和水、电、暖设计说明等。

2　建筑施工图

建筑施工图，简称“建施”，主要包括建筑总平面图、建筑平面图、建筑立面图、建筑剖面图和建筑详图等。

建筑总平面图是反映一定范围内原有、新建、拟建、即将拆除的建筑及其所处的周围环境、地形地貌、道路绿化等情况的水平投影图。总平面图的常用比例为1∶500、1∶1000、1∶2000。总平面图中标高和尺寸均以m为单位，标高符号为细实线画出的等腰直角三角形，高为3mm，室外地坪标高采用全部涂黑的三角形。

建筑平面图是由一个沿窗台高度的假想水平剖切面剖切建筑物得到

的水平剖面图。它主要反映建筑物各层的平面布置情况，如：每层房间的数量、每个房间的大小、房间与房间之间的相对位置关系、门窗的位置及开启方向、楼梯间的位置、平面的交通组织等。建筑平面图的常用比例为1:100。

建筑立面图是从建筑物外侧对建筑物的某个外立面进行正投影而得到的投影图。建筑立面图主要包括正立面图、背立面图和侧立面图。他们主要表达建筑物的外观造型、外墙面的装修做法、窗在外立面的布置方案等内容。建筑立面图的常用比例也为1:100。

建筑剖面图是假想用平行于某一墙面（一般平行于横墙）的平面剖切房屋所得到的垂直剖面图。剖面图可以是单一剖面图或阶梯剖面图。剖切符号标注在首层平面图中。剖切位置通常选在内部构造比较复杂和有代表性的部位，如应通过门、窗洞、楼梯间剖切。剖面图主要用来表达房屋内部构造、分层情况、各层之间的联系及高度等。建筑剖面图的常用比例为1:50和1:100。

房屋的平、立、剖面图一般以1:100的比例绘制，许多细部构造，如外墙面、楼梯等部位的结构、形状、材料等无法显示清楚，为此常将这些部位以较大的比例绘制一些局部性的详（细）图，也称大样图，以指导施工。与建筑设计有关的详图称为建筑详图；与结构设计有关的详图称为结构详图。详图中有时还会再有详图，如楼梯、厨卫间等处，采用1:20或1:50的比例；踏面上的防滑条、楼梯扶手里的铁件等，还需更大的比例，如1:5，1:1。

3 结构施工图

结构施工图是为了满足房屋建筑的安全与经济施工的要求，对组成房屋的承重构件，依据力学原理和有关的设计规程、规范进行计算，从而确定它们的形状、尺寸以及内部构造等，并将计算、选择结果绘成图样，这样的图称为结构施工图，简称“结施”。

按照《钢结构设计制图深度和表示方法》（03G102）的要求，根据我国各设计单位和加工制作单位对钢结构设计图编制方法的通用习惯，并考虑其合理性，把钢结构设计制图分为设计图和施工详图两个阶段。钢结构设计图应由具有相应设计资质级别的设计单位完成；而钢结构施工详图由具有相应设计资质级别的钢结构加工制造企业或委托设计单位完成。

钢结构设计图是提供编制钢结构施工详图的重要依据，所以在内容和深度方面应满足编制钢结构施工详图的要求，必须对设计依据、荷载资料、建筑抗震设防类别和设防标准、工程概况、材料选用和质量要求、结构布置、支撑设置、构件选型、构件截面和内力，以及结构的主要节点构造和控制尺寸等均应表示清楚。其内容主要包括：柱脚锚栓布置图；纵、横、立面图；构件布置图；节点详图；构件图；钢材及高强度螺栓估算表等。

钢结构施工详图的设计内容包括两部分，即：第一部分根据设计单位提供的设计图对构件的钢结构构造进行完善；第二部分进行钢结构施工详图的图纸绘制。钢结构施工详图的图纸主要包括施工详图总说明；锚栓布置图；构件布置图；安装节点图；构件详图等。

在钢结构中，由于各种结构体系所用的构件类型差异较大，结构布置方案也各不相同，因此难以在此处总结，在本书第二篇中将针对目前常用的钢结构体系就其设计图和施工详图作重点的说明。

另外，一个建筑物的结构施工图还应该有基础平面布置图及其详图。对于钢结构建筑物基础都为钢筋混凝土基础，因此其基础平面布置图及基础详图与钢筋混凝土工程的基础布置图及详图十分相似，其差别主要在于柱脚与基础的连接上。

4 设备施工图

设备施工图包括排水、采暖通风、电气等专业的平面布置图、系统图和详图，分别简称“水施”、“暖施”、“电施。”此处不再详述。

第二节 钢结构建筑物施工图的识图步骤与方法

1 识读钢结构施工图的目的

(1)进行工程量的统计与计算

尽管现在进行工程量统计的软件有很多，但这些软件对施工图的精准性要求很高，而我们的施工图可能会出现一些变更，此时需要我们照图人工计算;另外,这些软件在许多施工单位还没有普及,因此在很长一段时间内,照图人工计算工程量仍然是施工人员应具备的一项能力。

(2)进行结构构件的材料选择和加工

钢结构与其他常见结构(如:砖混结构、钢筋混凝土结构)相比,需要现场加工的构件很少,大多数构件都是在加工厂预先加工好,再运到现场直接安装的。因此,需要根据施工图纸明确构件选择的材料以及构件的构造组成。在加工厂,往往还要把施工图进一步分解,形成分解图纸,再据此进行加工。

(3)进行构件的安装与施工

要进行构件的安装和结构的拼装,必须要能够识读图纸上的信息,才能够真正的做到照图施工。

2 识图的步骤与方法

虽然钢结构体系的种类较多,施工图所包括的内容也不尽相同,但是识图过程中的一些方法和步骤却有很多相同的地方。接下来,我们将针对一些具有共性的步骤和方法进行总结。

对于一套图纸来讲,首先应该阅读它的建筑施工图,了解建筑设计师的意图,清楚整个建筑物的功能作用以及空间的划分和不同空间的关系,另外还须掌握建筑物的一些主要关键尺寸;其次应该仔细研究其结构施工图,掌握其结构体系组成,明确其主要构件的类型和特征,清楚各构件之间的连接做法,以及主要的结构尺寸;最后阅读设备施工图,明确设备安装的位置和方法,注意结构施工时为后续设备安装要做的准备工作。在整套图的识读过程中,往往还需要将两个专业或多个专业的同一部位的施工图放在一起对照识读。

对于结构施工图来说,在识读时应该按照如下步骤进行。首先应该仔细阅读结构设计说明,弄清结构的基本概况,明确各种结构构件的选材,尤其要注意一些特殊的构造做法,这里表达的信息往往都是后面图纸中一些共性的内容。

接下来便是基础平面布置图和基础详图。在识读基础平面布置图时,首先应明确该建筑物的基础类型,再从图中找出该基础的主要构件,接下来对主要构件的类型进行归类汇总，最后按照汇总后的构件类型找到其详图，明确构件的尺寸和构造做法。

在了解了建筑物基础的具体做法以后，需要识读结构平面布置图。结构平面布置图一般情况下都是按层划分的，若各层的平面布置相同，可采用同一张图纸表达，只需在图名中进行说明。读结构平面布置图时，首先应该明确该图中结构体系的种类及其布置方案，接着应该从图中找出各主要承重构件的布置位置、构件之间的连接方法、构件的截面选取，然后对每一种类的构件按截面不同进行种类细分，并统计出每类构件的数量。读完一张平面图后，再阅读其他各层结构平面布置图时，为了节省时间，只需找出该层图纸与前张图纸中不同的部位，进行详细阅读和统计。此处不再举例，实例可参见第二篇。

读完结构平面布置图后，应对建筑物整体结构有一个宏观的认识。接下来再仔细对照构件的编号，来识读各构件的详图。通过构件详图明确各种构件的具体制作方法以及构件与构件的连接节点的详细制作方法，对于复杂的构件往往还需要有一些板件的制作详图。

第三节　识读钢结构施工图的注意事项

识读钢结构施工图除了要掌握上述的一些方法和步骤以外，还应该注意以下的几个注意事项，这往往是初学者容易忽视的一些问题，总结如下。

(1)注意每张图纸上的说明

在施工图中除了有一个设计总说明以外，在其他图纸上也会出现一些简单的说明。在读该图时应首先阅读该说明，这里面往往涉及到图中一些共性的问题，在此采用文字说明后，图中往往不再体现。初学者拿到图后总习惯先看图样，结果发现图中缺少一些信息，实际上说明中早有体现。

(2)注意图纸之间的联系和对照

初学者在读图时，总习惯一张图读完后再读另一张，孤立的读某一张，而不注意与其他图纸进行联系与比较。前面讲到过，一套施工图是根据不同的投影方向,对同一个建筑物进行投影得到的,当读图者只从一个投影方向识图时无法理解图式含义时,应考虑与其他投影方向的图进行对照,从而得到准确的答案。

在读构件详图时更要注意这个问题,往往结构体系的布置图和构件的详图不会出现在同一张图纸上,此时要使详图与构件位置统一必须要注意图纸之间的联系,一般情况下可以根据索引符号和详图符号(图1-5-1)进行联系。

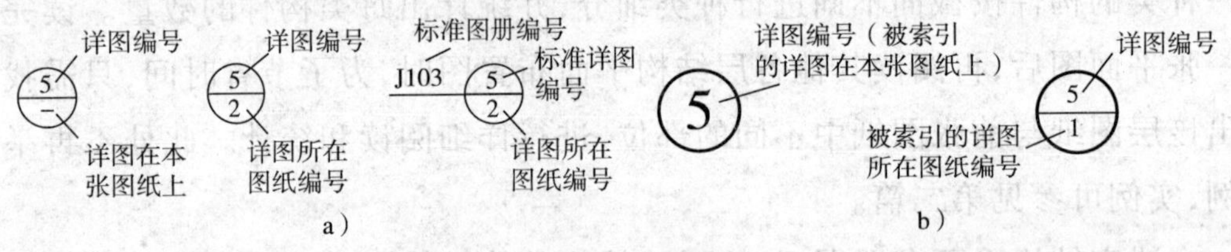

图1-5-1　索引符号和详图符号

a)索引符号;b)详图符号

(3)注意构件种类的汇总

钢结构施工图的图样对一个初学者来讲十分的繁杂,一时不知该从何下手,而且看完以后不容易记住。因此这就需要边看图,边记一下笔记,把图纸上复杂的东西进行归类,尤其是没有用钢量统计表的图纸,这一点显得尤为重要。如果图纸上有用钢量统计表,可以借助用钢量统计表来汇总构件的种类,或者对其再进行近一步的细分。用来进行汇总的表格可以根据读者需要自行设计,建议初学者最初读图时能够养成这样一个习惯,等熟练后则可不必将表格书面写出。表1-5-1为某框架单元中构件的种类汇总表,可供初学者在读图时使用。对于其他结构体系,读者可根据构件类型自行设计。

KJ-1构件汇总表　　表1-5-1

构件名称	规　格	长　度	钢材类型	数　量	附加板件	备　注
KZ-1	——	——	——	——	——	——
KZ-2	——	——	——	——	——	——
KL-1	——	——	——	——	——	——
……	……	……	……	……	……	……

注:附加板件主要指构件上的一些加劲肋、垫板、塞板等,在此可标注出其规格和数量。

(4)注意考虑其施工方法的可行性和难易程度

在建筑工程施工前,往往都有一个图纸会审的会议,需要设计方、施工方、甲方、监理方共同对图纸进行会审,共同来解决图纸上存在的问题。作为施工方此时不仅要找出图纸上存在的错误和存在歧义的地方,还要考虑到后续施工过程中的可行性和难易程度。毕竟能够满足建筑需求的结构方案有很多,但并不是每一种结构方案都比较容易施工,这就需要施工方提前把握。对于初学者要做到这一点还比较难,但的确是在识图过程中需要特别注意的问题,这需要不断的经验积累。

1. 建筑平面图是如何形成的,它主要表达哪些内容?

2. 识读钢结构施工图应注意哪些问题?

第二篇
建筑钢结构工程图的识读

第一章
×××厂房（门式刚架）施工图的识读

第一节 门式刚架结构的构造组成

1 门式刚架的类型

门式刚架的建筑形式丰富多样，如图2-1-1所示，除了根据结构受力条件，可分为无铰刚架、两铰刚架、三铰刚架之外，按结构材料分类，有胶合木结构、钢结构、混凝土结构；按构件截面分类，可分成实腹式刚架、空腹式刚架、格构式刚架、等截面与变截面杆刚架；按建筑型体分类，有平顶、坡顶、拱顶、单跨与多跨刚架；从施工技术看，有预应力刚架和非预应力刚架等。本章主要就轻钢门式刚架结构厂房加以介绍。

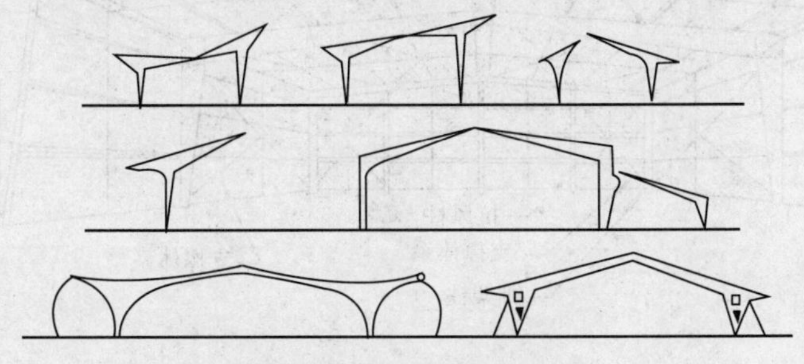

图2-1-1 单层刚架的形式

2 轻钢门式刚架的结构组成

轻型钢结构主要指承重结构和围护结构都是薄钢板组成的（一般钢板

厚度小于16mm)，目前主要有门式刚架(变截面和等截面)，冷弯薄壁型钢结构体系、多层框架结构体系、拱形波纹屋顶(也称为波纹折皱薄壁钢拱壳屋顶)。

轻型门式刚架的柱子和横梁采用交截面式等截面式H形钢构件，采用冷弯薄壁型钢的C形或Z形檩条和墙梁，屋面板采用压型钢板加保温材料或者是夹芯板。

目前这种轻型钢结构被广泛应用于工业厂房、仓库、冷库、保鲜库、温室、旅馆、别墅、商场、超市、娱乐活动场所、体育设施、车站候车室、码头建筑等。

轻型门式刚架的结构体系包括以下组成部分：

(1)主结构：横向刚架(包括中部和端部刚架)、楼面梁、托梁、支撑体系等。

(2)次结构：屋面檩条和墙面檩条等。

(3)围护结构：屋面板和墙板。

(4)辅助结构：楼梯、平台、扶栏等。

(5)基础。

图2-1-2给出了轻型门式钢刚架组成的图示说明。

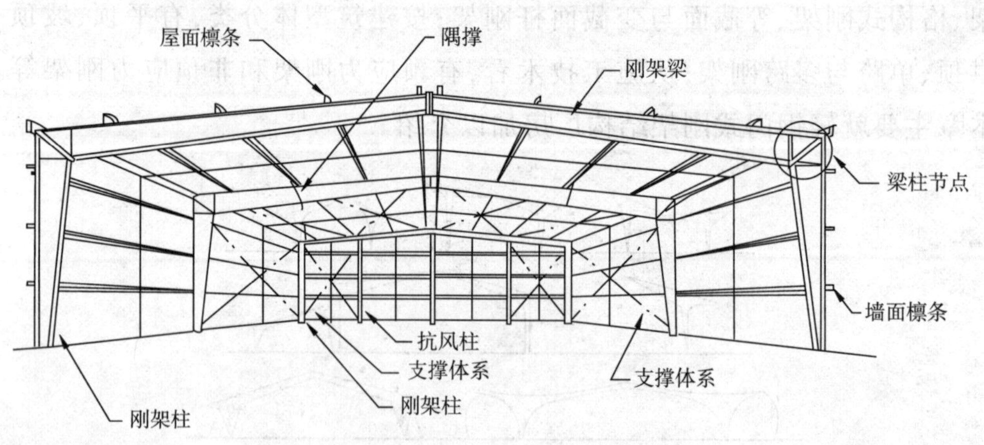

图2-1-2　轻型钢结构的组成

平面门式刚架和支撑体系再加上托梁、楼面梁等组成了轻型钢结构的主要受力骨架，即主结构体系。屋面檩条和墙面檩条既是围护材料的支承结构，又为主结构梁柱提供了部分侧向支撑作用，构成了轻型钢建筑的次结构。屋面板和墙面板对整个结构起围护和封闭作用,由于蒙皮效应事实上也增加了轻型钢建筑的整体刚度。

外部荷载直接作用在围护结构上。其中,竖向和横向荷载通过次结构传递到主结构的横向门式刚架上,依靠门式刚架的自身刚度抵抗外部作用。纵向风荷载通过屋面和墙面支撑传递到基础上。

3 轻钢门式刚架的主要构造节点

轻钢门式刚架中连接节点主要包括梁梁节点、屋脊节点、梁柱节点和柱脚节点。其中梁梁节点、屋脊节点和梁柱节点采用高强螺栓连接,通常形成刚性节点(如图 2-1-3、图 2-1-4、图 2-1-5 所示)。柱脚节点主要表达刚架柱和基础的连接,一般采用锚栓连接,根据锚栓的布置方案不同,可形成铰接柱脚和刚接柱脚,如图 2-1-6 所示。

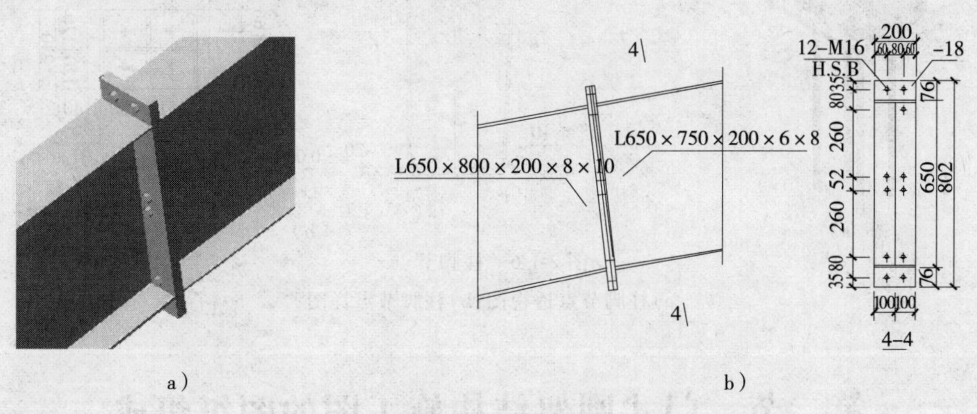

图 2-1-3 梁梁节点

a)梁梁拼接节点透视图;b)梁梁拼接节点详图

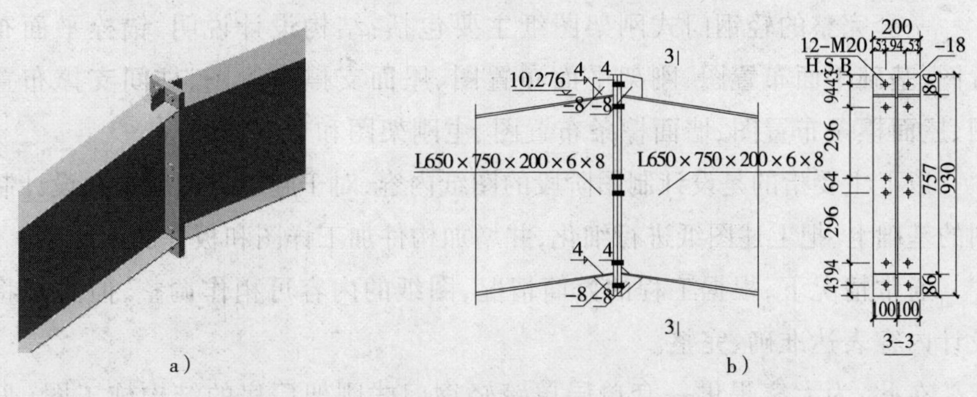

图 2-1-4 屋脊节点

a)梁梁屋脊节点透视图;b)梁梁屋脊节点详图

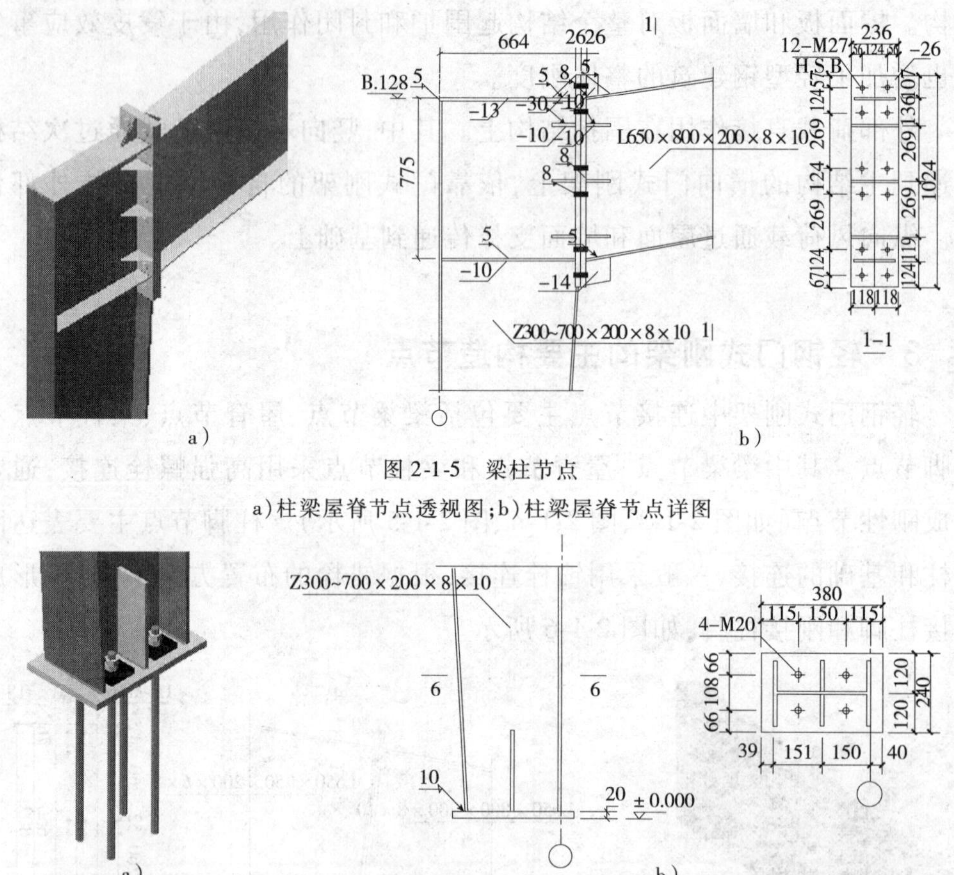

图 2-1-5 梁柱节点

a)柱梁屋脊节点透视图;b)柱梁屋脊节点详图

图 2-1-6 柱脚节点

a)柱脚节点透视图;b)柱脚节点详图

第二节　门式刚架结构施工图的图纸组成

一套完整的轻钢门式刚架图纸主要包括:结构设计说明、锚栓平面布置图、基础平面布置图、刚架平面布置图、屋面支撑布置图、柱间支撑布置图、屋面檩条布置图、墙面檩条布置图、主刚架图和节点详图等。

以上主要指的是设计制图阶段的图纸内容,对于施工详图就是在设计制图的基础上,把上述图纸进行细化,并增加构件加工详图和板件加工详图。

通常情况下,根据工程的繁简情况,图纸的内容可稍作调整,但必须将设计内容表达准确、完整。

在此,为大家提供一套单层单跨轻钢门式刚架厂房的结构施工图(见附图 1),在下一节将和大家一起详细识读。

第三节　门式刚架结构施工图的图示内容及识读方法

本套设计图纸主要包括了以下内容:结构设计说明、基础平面布置图及基础详图、锚栓平面布置图、屋面支撑布置图、柱间支撑布置图、屋面檩条布置图、墙面檩条布置图、主刚架图和节点详图。刚架的安装可以依此进行,但对于刚架构件的加工则还需要加工详图。考虑到适用读者群的宽泛性以及本书的篇幅所限,本书主要为大家讲述设计制图的识读。

1　结构设计说明

结构设计说明主要包括:工程概况、设计依据、设计荷载资料、材料的选用、制作安装等主要内容。一般可根据工程的特点分别进行详细说明,尤其是对于工程中的一些总体要求和图中不能表达清楚的问题要重点说明。由此可以看出,为了能够更好地掌握图纸所表达的信息,“结构设计说明”在读图时是要重点细读的,这也是大多数初学者容易忽视的,下面我们将结合附图1.1,和大家一起来分析“结构设计说明”。

(1)工程概况

结构设计说明中的工程概况主要用来介绍本工程的结构特点。如:建筑物的柱距、跨度、高度等结构布置方案,以及结构的重要性等级等内容。这些内容的识读,一方面有利于了解结构的一些总体信息,另一方面对我们后面的读图提供了一些参考依据。

(2)设计依据

设计依据包括:工程设计合同书有关设计文件、岩土工程报告、设计基础资料及有关设计规范及规程等内容。对于施工人员来讲,有必要了解这些资料,甚至有些资料如岩土工程报告等,还是施工时的重要依据。

(3)设计荷载资料

设计荷载资料主要包括:各种荷载的取值、抗震设防烈度和抗震设防类别等。对于施工人员来讲,尤其要注意各结构部位的设计荷载取值,在施工时千万不能超过这些设计荷载,否则将会造成危险事故。

(4)材料的选用

材料的选用主要是对各部分构件选用的钢材按主次分别提出钢材质量等级和牌号以及性能的要求,以及相应钢材等级性能选用配套的焊条和焊丝的牌号及性能要求、选用高强度螺栓和普通螺栓的性能级别等。这是施工人员尤其要注意的,这对于后期材料的统计与采购都起着至关重要的作用。

(5)制作安装

制作安装主要包括:制作的技术要求及允许偏差;螺栓连接精度和施拧要求;焊缝质量要求和焊缝检验等级要求;防腐和防火措施;运输和安装要求等。此项内容可整体作为一个条目编写,也可像本套图纸一样分条目编写。这一部分内容是设计人员提出的施工指导意见和特殊要求,因此,作为施工人员,必须要在施工过程中认真贯彻本条目的各项技术要求。

对于初学者,在识读"结构设计说明"时,应该做好必要的笔记,主要记录跟工程施工有关的重要信息,如:结构的重要性等级、抗震设防烈度及类别、主要材料的选用和性能要求、制作安装的注意事项等。这样做一方面便于对这些信息的集中掌握,另外,还方便读者对图纸的前后对比。

2 基础平面布置图及基础详图

基础平面布置图主要通过平面图的形式,反映建筑物基础的平面位置关系和平面尺寸。对于轻钢门式刚架结构,在较好的地质情况下,基础形式一般采用柱下独立基础。在平面布置图中,一般标注有基础的类型和平面的相关尺寸,如果需要设置拉梁,也一并在基础平面布置图中标出。

由于门式刚架的结构单一,柱脚类型较少,相应基础的类型也不多,所以往往把基础详图和基础平面布置图放在一张图纸上(如果基础类型较多,可考虑将基础详图单列一张图纸)。基础详图往往采用水平局部剖面图和竖向剖面图来表达,图中主要标明各种类型基础的平面尺寸和基础的竖向尺寸,以及基础中的配筋情况等。

在识读本工程的基础平面布置图(附图 1.2)时,首先可以从基础平面布置图中读出该建筑物的基础为柱下独立基础,共有两种类型,分别为 JC-1和 JC-2,其中 JC-1 共 20 个,JC-2 共 4 个;接着便可以从详图中分别读出 JC-1 和 JC-2 的具体构造做法、尺寸及配筋。对于施工来讲,关键还应从详图中找到每个基础的埋置深度问题。例如图 2-1-7 所示为某基础详图,该基础为钢筋混凝土独立基础,从图 2-1-7a) 中可以读出它的基底尺寸为 2000 × 1700mm,基础底部的配筋双向均为直径 12mm 的二级钢筋间距 150mm,基础上短柱的平面尺寸为 700 × 500mm,短柱的纵筋为 14 根直径为 18mm 的二级钢筋,箍筋为直径 8mm 的一级钢筋间距 150mm;从图 2-1-7b) 中可以读出该基础下部设有 100mm 厚的垫层,基础共分成两阶,每阶高度 300mm,基础的底部标高为 -1.65m(由此可推算基础埋深),短柱上方还设有 50mm 厚的 C30 细石混凝土二次浇筑层。

对于识读基础平面布置图及其详图,还有两点需要特别注意。一,需要注意图中写出的施工说明,这往往是图中不方便表达的或没有具体表达的部分,因此读图者一定要特别注意;二,需要注意观察每一个基础与定位轴线的相对位置关系,此处最好一起看一下柱子与定位轴线的关系,从而确定柱子与基础的位置关系,以保证安装的准确性。

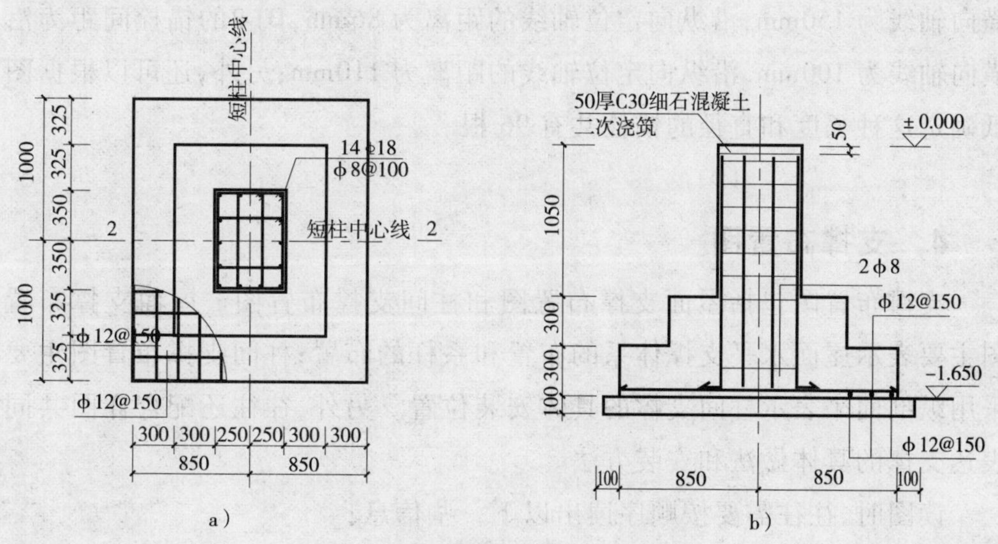

图 2-1-7 基础详图

a)基础平面详图;b)2-2 剖面图

3 柱脚锚栓布置图

柱脚锚栓布置图的形成方法是,先按一定比例绘制柱网平面布置图,再在该图上标注出各个钢柱柱脚锚栓的位置,即相对于纵横轴线的位置尺寸,在基础剖面上标出锚栓空间位置高程,并标明锚栓规格数量及埋设深度。

在识读柱脚锚栓布置图时需要注意以下几个方面的问题:

(1)通过对锚栓平面布置图的识读,根据图纸的标注能够准确地对柱脚锚栓进行水平定位。

(2)通过对锚栓详图的识读,掌握跟锚栓有关的一些竖向尺寸,主要有锚栓的直径、锚栓的锚固长度、柱脚底板的标高等。

(3)通过对锚栓布置图的识读,可以对整个工程的锚栓数量进行统计。

以本工程为例,从锚栓平面布置图(见附图 1.3)中首先可以读出有两种柱脚锚栓形式,分别为刚架柱下的 DJ-1 和抗风柱下的 DJ-2,并且二者的方向是相互垂直的;另外还可以看到纵向轴线和横向轴线都恰好穿过柱脚锚栓群的中心位置,且每个柱脚下都是 4 个锚栓。从锚栓详图中可以看到 DJ-1 和 DJ-2 所用锚栓均为直径 24mm 的锚栓,锚栓的锚固长度都是从二次浇灌层底面以下 500mm,柱脚底板的标高为 ±0.000;DJ-1 的锚栓间距为沿横向轴线为 150mm,沿纵向定位轴线的距离为 86mm,DJ-2的锚栓间距为沿横向轴线为 100mm,沿纵向定位轴线的距离为 110mm;另外,还可以根据图纸确定这种长度和直径的锚栓共有 96 根。

4 支撑布置图

支撑布置图包括屋面支撑布置图和柱间支撑布置图。屋面支撑布置图主要表示屋面水平支撑体系的布置和系杆的布置;柱间支撑布置图主要采用纵剖面来表示柱间支撑的具体安装位置。另外,往往还配合详图共同表达支撑的具体做法和安装方法。

读图时,往往需要按顺序读出以下一些信息:

(1)明确支撑的所处位置和数量。门式刚架结构中,并不是每一个开间都要设置支撑,如果要在某开间内设置,往往将屋面支撑和柱间支撑设置在同一开间,从而形成支撑桁架体系。因此需要首先从图中明确,支撑系统到底设在了哪几个开间,另外需要知道每个开间内共设置了几道支撑。

(2)明确支撑的起始位置。对于柱间支撑需要明确支撑底部的起始高程和上部的结束高程;对于屋面支撑,则需要明确其起始位置与轴线的关系。

(3)支撑的选材和构造做法。支撑系统主要分为柔性支撑和刚性支撑两类,柔性支撑主要指的是圆钢截面,它只能承受拉力;而刚性支撑主要指的是角钢截面,既可以受拉也可以受压。此处可以根据详图来确定支撑截面,它与主刚架的连接做法以及支撑本身的特殊构造。

(4)系杆的位置和截面。

以本工程图(见附图1.3、1.4)为例,屋面支撑(SC-1)和柱间支撑(ZC-1)均设置在两端的第二个开间(即②-③轴线间和⑧-⑨轴线间),在每个开间内柱间支撑只设置了一道,而屋面支撑每个开间内设置了6道支撑,主要是为了能够使支撑的角度接近45°;从柱间支撑详图中可以发现,柱间支撑的下标高为0.300,柱间支撑的顶部标高为6.400,而每道屋面支撑在进深方向的尺寸为3417mm;通过详图和材料表,可以看到支撑截面采用ϕ22的圆钢,与柱子通过半月板和螺栓进行连接,对于屋面支撑还采用了预应力措施;本工程在屋脊和屋檐处通长设置了系杆,另外还在两端的两个开间内在支撑端部设置了刚性系杆(XG-1),系杆截面为2∟90×6。

5 檩条布置图

檩条布置图主要包括:屋面檩条布置图和墙面檩条(墙梁)布置图。屋面檩条布置图主要表明檩条间距和编号以及檩条之间设置的直拉条、斜拉条布置和编号,另外还有隅撑的布置和编号;墙面檩条布置图,往往按墙面所在轴线分类绘制,每个墙面的檩条布置图的内容与屋面檩条布置图内容相似。

在识读檩条布置图时,首先要弄清楚各种构件的编号规则,如本工程图中(见附图1.5和1.6)檩条采用LT-X(X为编号)表示,直拉条和斜拉条都采用AT-X(X为编号)表示,隅撑采用YC-X(X为编号)表示,这也是较为通用的一种做法;其次要清楚每种檩条的所在位置和截面做法,檩条的位置主要根据檩条布置图上标注的间距尺寸和轴线来判断,尤其要注意墙面檩条布置图,由于门窗的开设使得墙梁的间距很不规则,至于截面可以根据编号到材料表中查询;最后,结合详图弄清檩条与刚架的连接(图2-1-8)、檩条与拉条连接(图2-1-9)、隅撑的做法(图2-1-10)等内容。

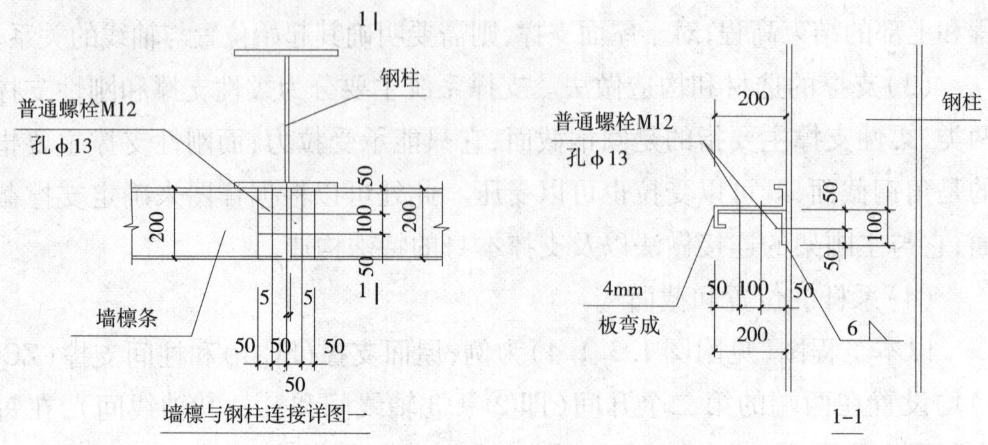

图 2-1-8　檩条与刚架的连接详图

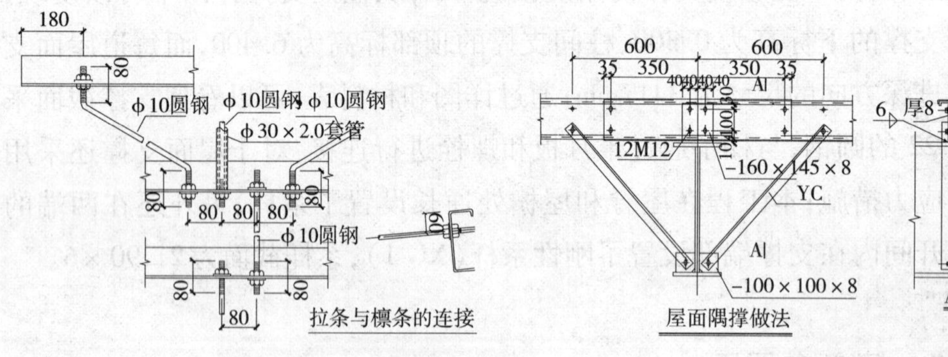

图 2-1-9　拉条与檩条的连接详图　　　　图 2-1-10　隅撑做法详图

从图 2-1-8 中可以读出墙檩与刚架柱的连接做法，该图中反映的檩条为 Z 型檩条，首先在刚架柱上用两颗直径为 12mm 的普通螺栓和 6mm 的角焊缝固定一檩托板，然后再将檩条用 4 颗直径为 12mm 的普通螺栓固定在檩托板上。另外，图中还详细标注了螺栓的数量和间距尺寸。

从图 2-1-9 中可以读出拉条全部采用直径为 10mm 的圆钢，拉条安装在距檩条上翼缘 60mm 处，在靠近檐口处的两道相邻檩条之间还设置了斜拉条和刚性撑杆，刚性撑杆为直径 10mm 的圆钢外套直径 30mm 厚 2mm 的钢套管，同一檩条上两直拉条的间距为 80mm。

从图 2-1-10 中可以读出屋面隅撑的做法。在刚架梁下翼缘处，在梁腹板两侧各焊 100mm × 100mm × 8mm 的两块小钢板，用来连接隅撑和刚架梁，隅撑的另外一侧则与刚架上的檩条连接。

6 主刚架图及节点详图

门式刚架由于通常采用变截面,故要绘制构件图以便通过构件图表达构件外形、几何尺寸及构件中杆件的截面尺寸;门式刚架图可利用对称性绘制,主要标注其变截面柱和变截面斜梁的外形和几何尺寸、定位轴线和标高以及柱截面与定位轴线的相关尺寸等(如图 2-1-11)。一般根据设计的实际情况,不同种类的刚架均应含有此图。

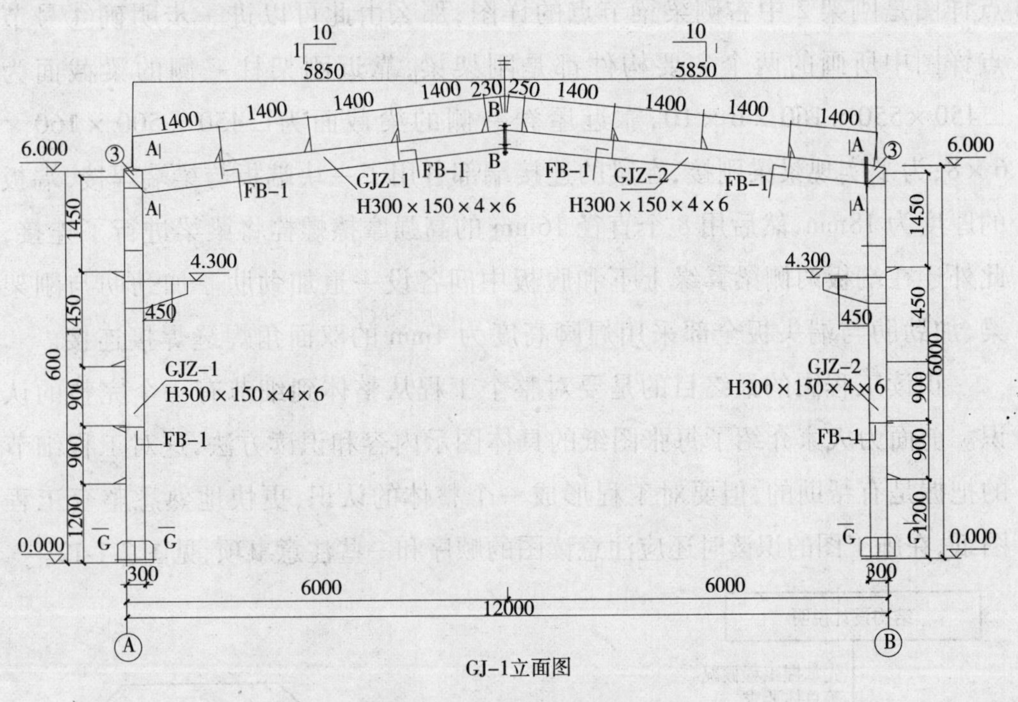

图 2-1-11 某刚架立面图

在相同构件的拼接处、不同构件的连接处、不同结构材料的连接处以及需要特殊交代清楚的部位,往往需要有节点详图来进行详细的说明。节点详图在设计阶段应表示清楚各构件间的相互连接关系及其构造特点,节点上应标明在整个结构上的相关位置,即应标出轴线编号、相关尺寸、主要控制标高、构件编号或截面规格、节点板厚度及加劲肋做法。构件与节点板焊接连接时,应标明焊脚尺寸及焊缝符号。构件采用螺栓连接时,应标明螺栓的种类、直径、数量。

对于一个单层单跨的门式刚架结构它的主要节点详图包括:梁柱节点详图、梁梁节点详图、屋脊节点详图以及柱脚详图等。

在识读详图时,应该先明确详图所在结构的相关位置,往往有两种方法:一是根据详图上所标的轴线和尺寸进行位置的判断;二是利用前面讲过的索引符号和详图符号的对应性来判断详图的位置。明确位置后,紧接着要弄清图中所画构件是什么构件,它的截面尺寸是多少。再接下来,要清楚为了实现连接需加设哪些连接板件或加劲板间。最后,再来了解构件之间的连接方法。

下面以本工程图中的主刚架2图(附图1.8)中④号节点详图为例进行简单的说明。首先通过详图符号和索引符号的对应关系可以找到:④号节点详图是刚架2中右侧梁梁节点的详图;那么由此可以进一步明确④号节点详图中所画的两个主要构件都是刚架梁,靠近刚架柱一侧的梁截面为∟450×550×160×6×10,靠近屋脊一侧的梁截面为∟450×500×160×6×8;为了实现梁梁刚接,在梁的连接端部各用了一块端板与梁端焊接,端板的厚度为18mm,然后用8个直径16mm的高强摩擦螺栓将梁梁进行了连接,此外还在端板两侧梁翼缘上下和腹板中间各设一道加劲肋。加劲肋与刚架梁、加劲肋与端头板全部采用焊脚高度为4mm的双面角焊缝焊接连接。

识读工程图的最终目的是要对整个工程从整体到细节有一个完整的认识。前面为大家介绍了每张图纸的具体图示内容和识读方法,这对工程细节的把握是有帮助的,但要对工程形成一个整体的认识,更快地熟悉整套工程图纸,在施工图的识读时还应注意读图的顺序和一些注意事项,见图2-1-12。

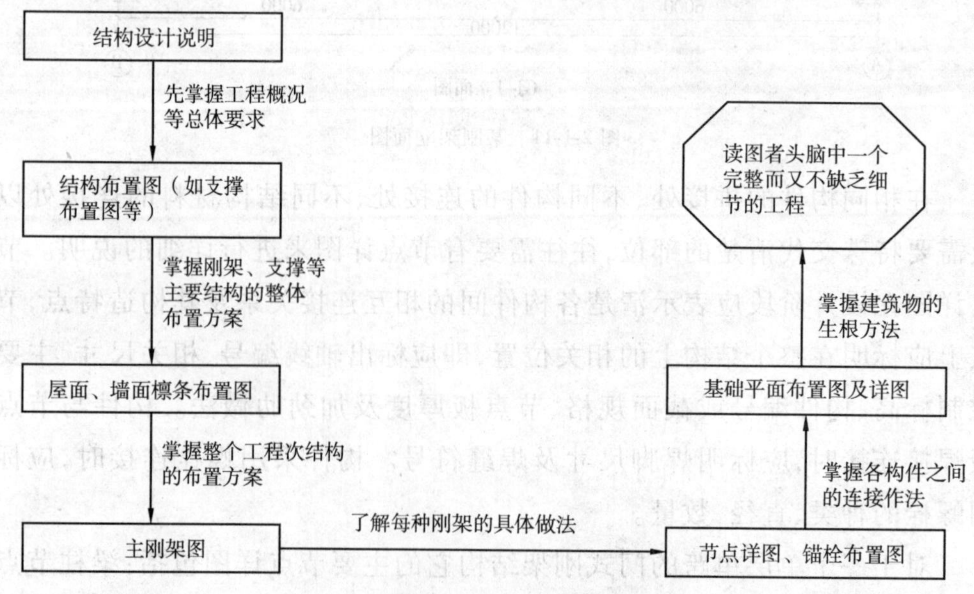

图2-1-12　轻钢门式刚架结构施工图读图流程图

1. 轻钢门式刚架体系主要有哪些部分组成?

2. 一套完整的轻钢门式刚架图纸主要包括哪些内容?

3. 仔细识读附图1,回答下面的问题。

(1)本工程的柱距为多少,主刚架的跨度是多大,主刚架采用何种钢材?

(2)本工程的屋面支撑在图中是如何表示的,它分布在哪几个开间?

(3)本工程的柱间支撑采用的是何种截面,它是如何与柱子进行连接的?

(4)本工程屋面檩条与檩托的连接采用的是何种方法,屋面的隅撑采用的是何种截面?

(5)哪个图能够反映纵横墙交接处的檩条做法,并简单说明其做法。

(6)在附图1.7中,主刚架柱Z2的截面为多少,刚架梁L1的截面为多少,柱脚底板的厚度是多少?

第二章 2

×××网架结构施工图的识读

第一节　网架结构的类型及构造组成

1　网架的类型

网架结构是由很多杆件通过节点，按照一定规律组成的网状空间杆系结构。网架结构根据外形可分为平板网架和曲面网架。通常情况下，平板网架简称为网架；曲面网架简称为网壳，如图 2-2-1 所示。

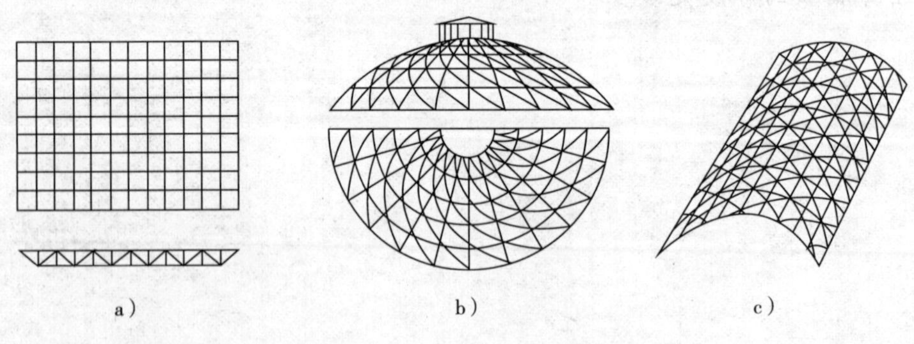

a)　　b)　　c)

图 2-2-1　网架、网壳形式

a）平板型网架（双层）；b）壳型网壳（单层、双曲）；c）壳型网壳（单层、单曲）

通常，网架是由上弦杆、下弦杆两个表层及上下弦面之间的腹杆组成，一般称为双层网架。有时，网架是由上弦、下弦、中弦三个弦杆面及三层弦杆之间的腹杆组成，称为三层网架。

(1)平板网架的分类

平板网架有两大类,一类是由不同方向的平行弦桁架相互交叉组成的,称为交叉桁架体系网架;另一类是由三角锥、四角锥或六角锥等锥体单元(图 2-2-2)组成的空间网架结构,称为角锥体系网架。

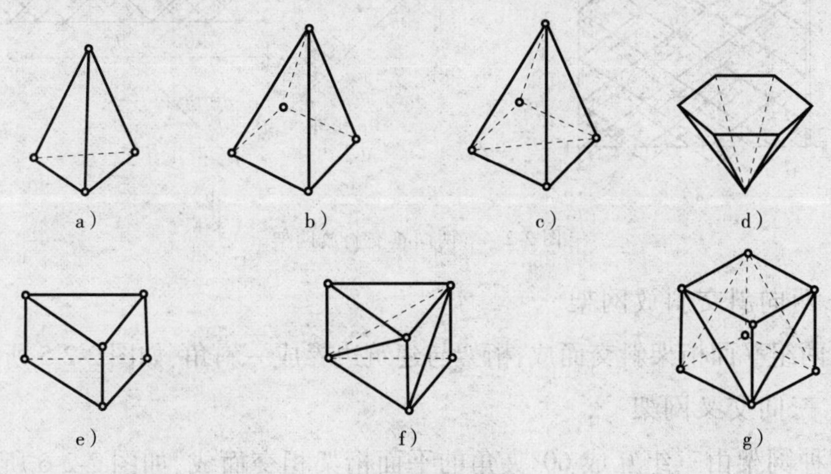

图 2-2-2　角锥单元图

①交叉桁架体系网架

a. 两向正交正放网架

这种网架是由两组相互交叉成 90°的平面桁架组成,且两组桁架分别与其相应的建筑平面边线平行,如图 2-2-3 所示。

b. 两向正交斜放网架

这种网架是由两组相互交叉成 90°的平面桁架组成,且两组桁架分别与建筑平面边线成 45°,如图 2-2-4 所示。

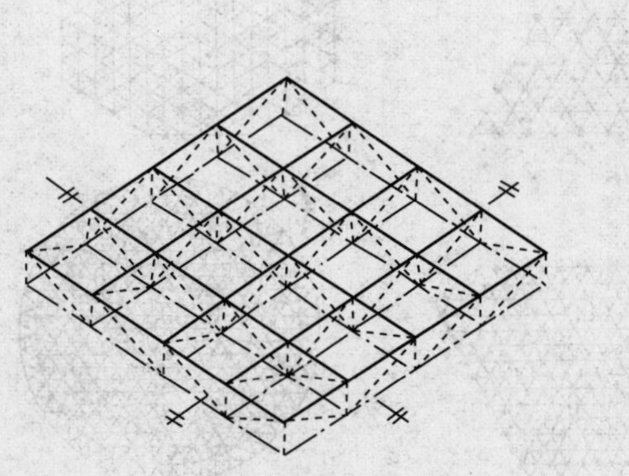

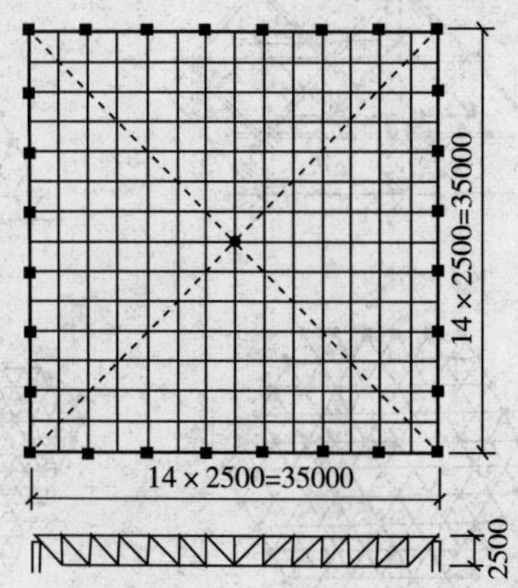

图 2-2-3　两向正交正放网架

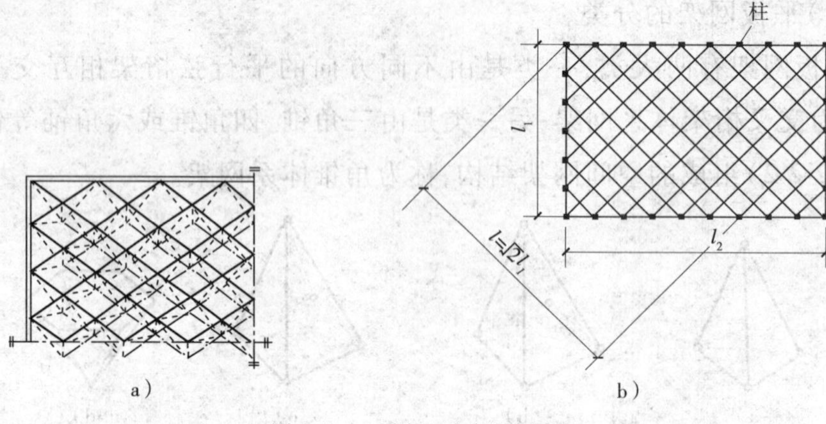

图 2-2-4 两向正交斜放网架

c. 两向斜交斜放网架

由两组平面桁架斜交而成,桁架与建筑边界成一斜角,如图 2-2-5 所示。

d. 三向交叉网架

这种网架由三组互成 60°夹角的平面桁架相交而成,如图 2-2-6 所示。

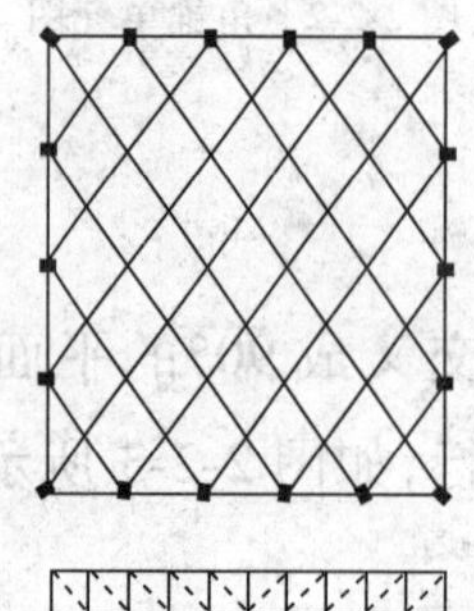

图 2-2-5 两向斜交斜放网架

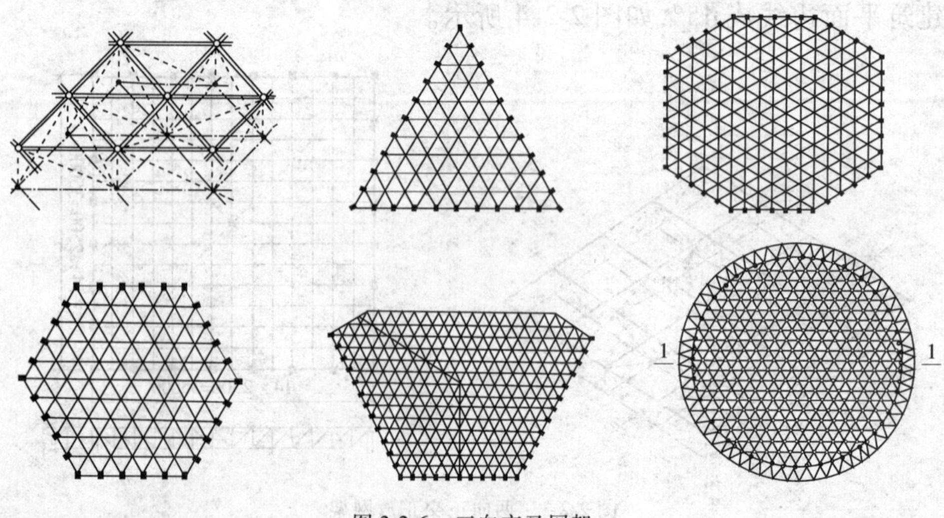

图 2-2-6 三向交叉网架

②角锥体系网架

a. 三角锥体系网架

三角锥体网架的基本组成单元是三角锥体。由于三角锥单元体布置的不同，上下弦网格可为三角形、六边形，从而形成三角锥网架（图 2-2-7）、抽空三角锥网架（图 2-2-8）、蜂窝形三角锥网架等几种不同的三角锥网架。

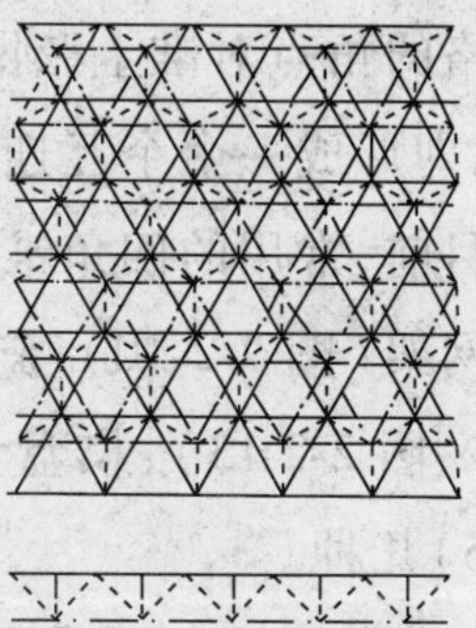

图 2-2-7 三角锥网架

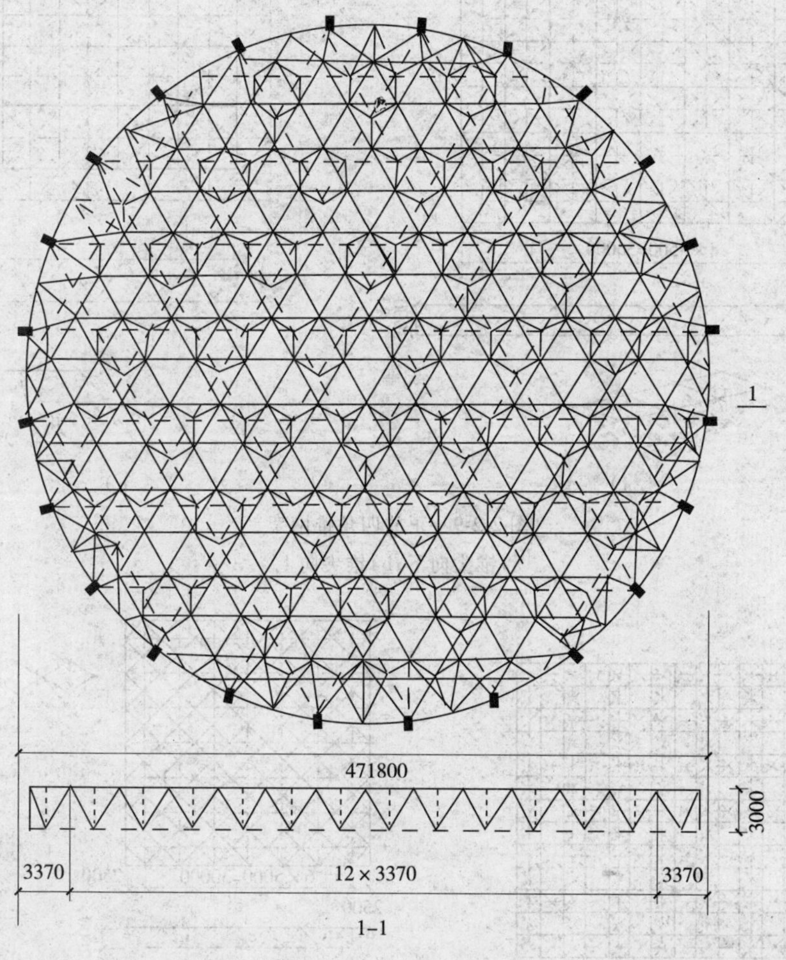

图 2-2-8 抽空三角锥网架

b. 四角锥体网架

四角锥体网架的上下弦平面均为正方形网格，且相互错开半格，使下弦网格的角点对准上弦网格的形心，再用斜腹杆将上下弦的网格节点连接起来，即形成一个个互连的四角锥体。

目前，常用的四角锥体网架有正放四角锥网架(图 2-2-9)、正放抽空四角锥网架(图 2-2-10)、斜放四角锥网架(图 2-2-11)、星形四角锥网架(图 2-2-12、图 2-2-13)、棋盘形四角锥网架(图 2-2-14)、单向折线形网架(图 2-2-15)几种。

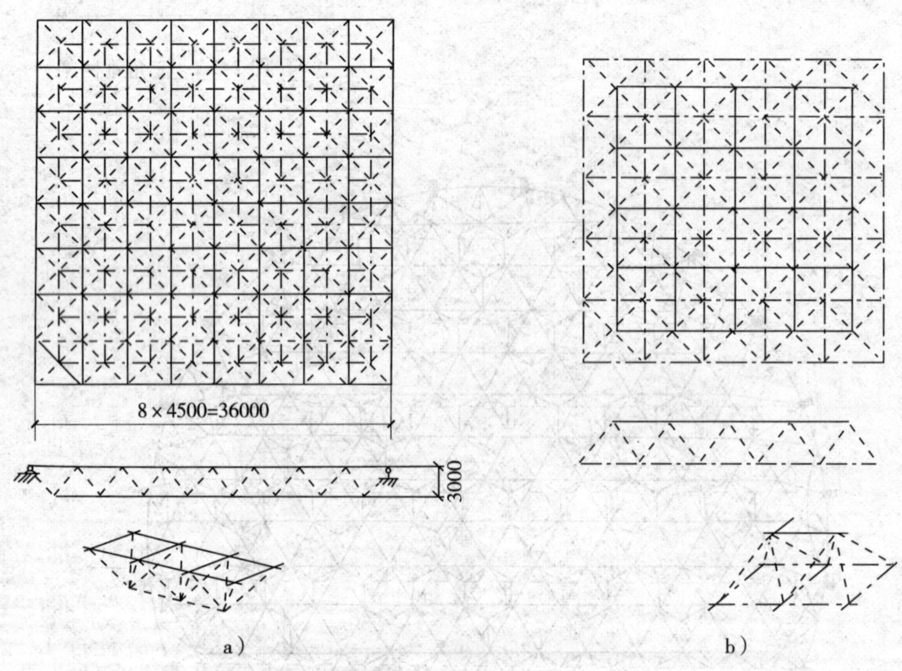

图 2-2-9 正放四角锥网架

a)锥尖向下；b)锥尖向上

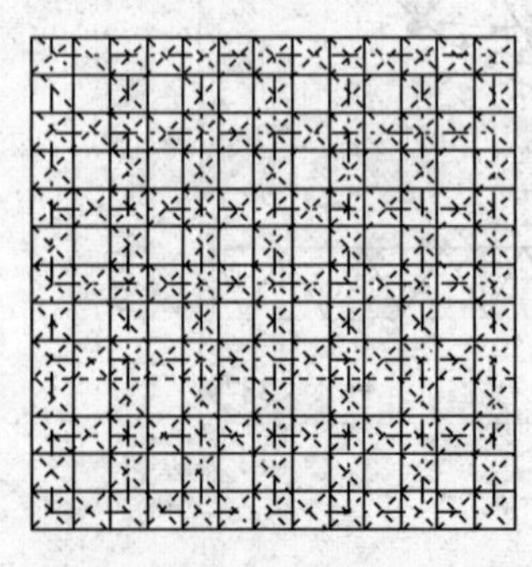

图 2-2-10 正放抽空四角锥网架

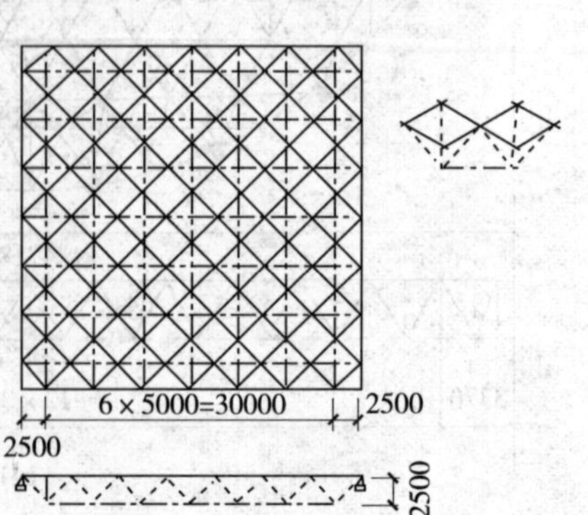

图 2-2-11 斜放四角锥网架

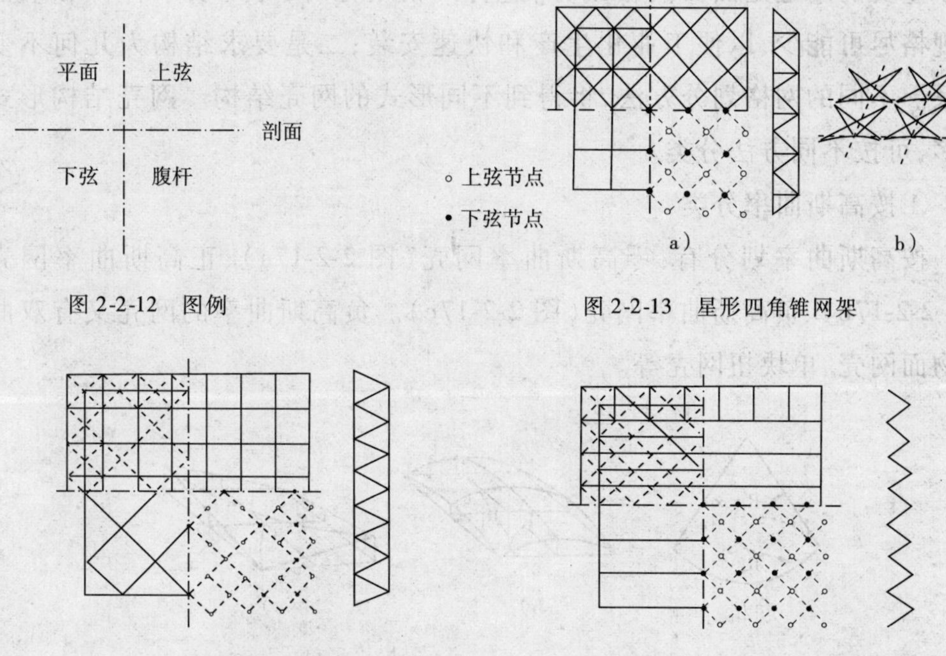

图 2-2-12　图例

图 2-2-13　星形四角锥网架

图 2-2-14　棋盘形四角锥网架

图 2-2-15　单向折线形网架

c. 六角锥体网架

这种网架由六角锥体单元组成，如图 2-2-16 所示。

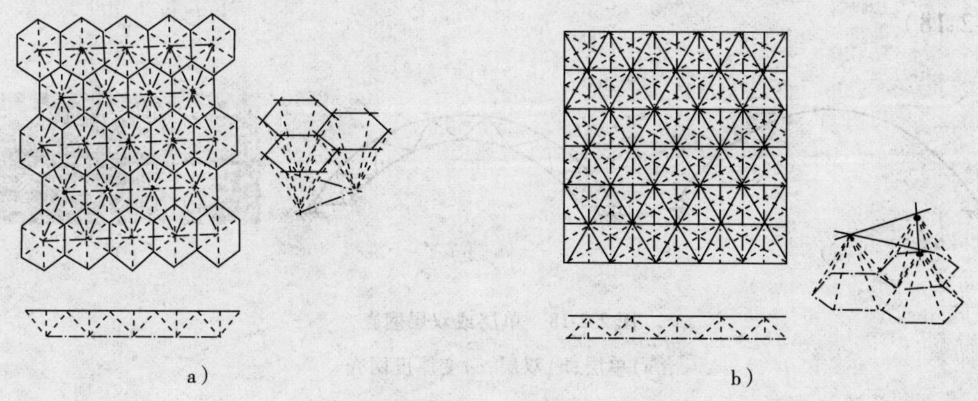

图 2-2-16　六角锥体网架

a)锥尖向下；b)锥尖向上

(2)网壳的分类

当网壳结构的曲面形式确定后，根据曲面结构的特性、支承的数目、位置、形式、杆件材料和节点形式等，便可确定网壳的构造形式和几何构成。

其中重要的问题是曲面网格划分,进行网格划分时,一是要求杆件和节点的规格尽可能少,以便工业化生产和快速安装;二是要求结构为几何不变体系。不同的网格划分方法,将得到不同形式的网壳结构。网壳结构形式较多,可按不同方法分类。

①按高斯曲率分类

按高斯曲率划分有:零高斯曲率网壳(图 2-2-17a)、正高斯曲率网壳(图 2-2-17b)、负高斯曲率网壳(图 2-2-17c)。负高斯曲率的网壳又有双曲抛物面网壳、单块扭网壳等。

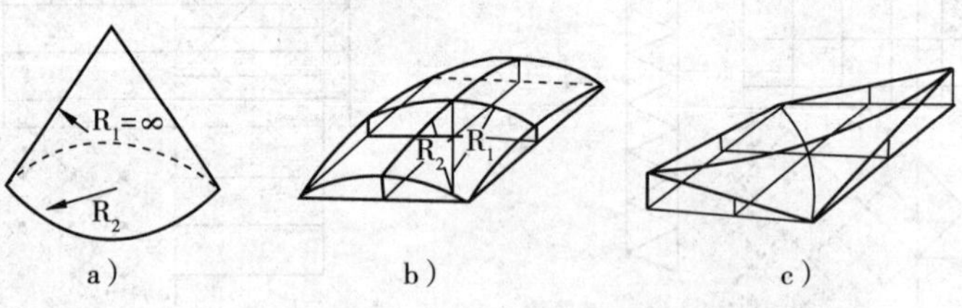

图 2-2-17　高斯曲率网壳

a)圆锥网壳;b)双曲扁网壳;c)单块扭网壳

②按层数分类

网壳结构按层数可分为单层壳网、双层网壳和变厚度网壳三种。(图 2-2-18)

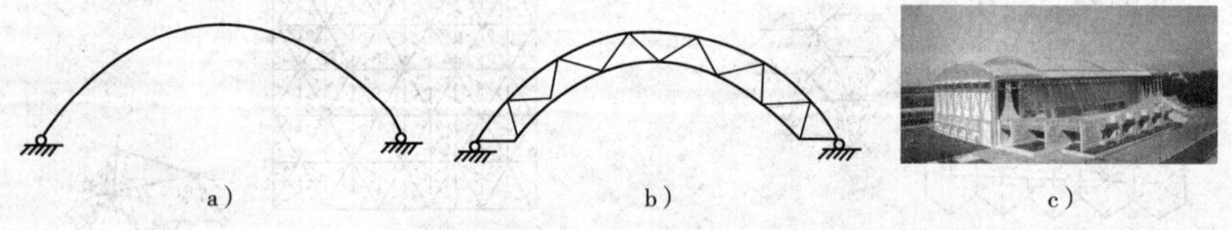

图 2-2-18　单层或双层网壳

a)单层;b)双层;c)变厚度网壳

a. 单层网壳

单层网壳的曲面形式有柱面和球面之分。

◆单层柱面网壳

单层柱面网壳形式有单斜杆柱面网壳(图 2-2-19a)、双斜杆柱面网壳(图 2-2-19b)和三向网格型柱面网壳(图 2-2-20)。

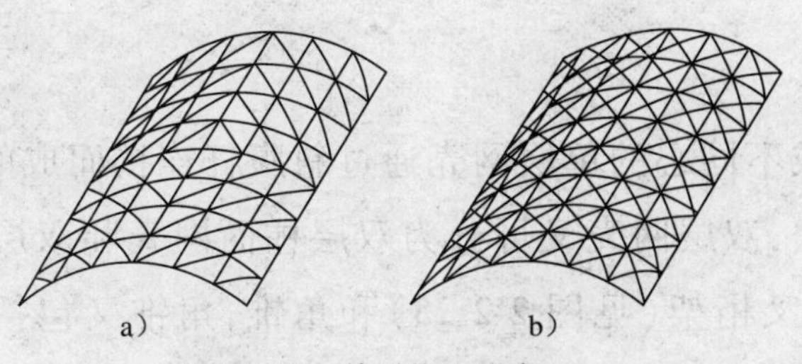

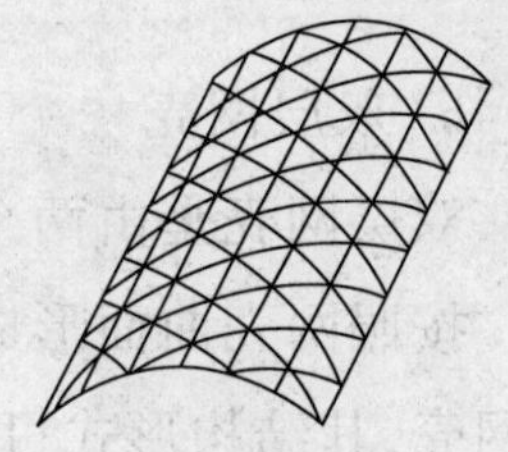

图 2-2-19　单层柱面网壳

a)单斜杆柱面网壳;b)双斜杆柱面网壳

图 2-2-20　三向网格型柱面网壳

◆单层球面网壳

球面网壳的网格形状有正方形、梯形(如肋环型网壳,图 2-2-21)、菱形(如无纬向杆的联方型网壳,图 2-2-22)、三角形(如有纬向杆联方型,图 2-2-23;施威德勒型,图 2-2-24)和六角形等。从受力性能考虑,最好选用三角形网格。

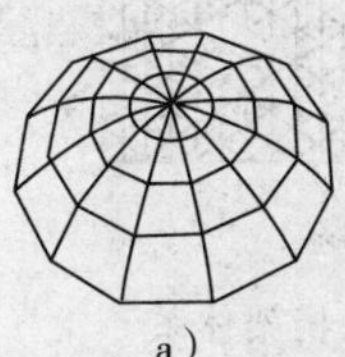

图 2-2-21　肋环型球面网壳

a)侧视图;b)俯视图

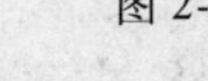

图 2-2-22　无纬向杆联方型球面网壳

图 2-2-23　有纬向杆联方型球面网壳

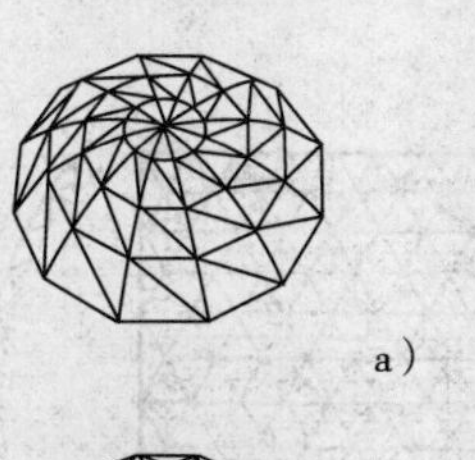

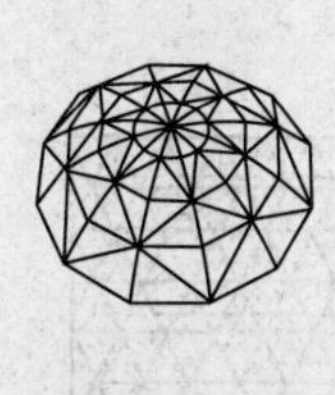

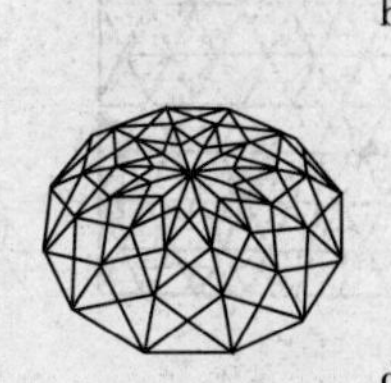

图 2-2-24　施威德勒型球面网壳

a)左斜单斜杆;b)左右斜单斜杆;c)双斜杆;d)无纬向杆的双斜杆

b. 双层网壳

双层网壳是由两个同心或不同心的单层网壳通过斜腹杆连接而成的。

按照网壳曲面形成的方法，双层网壳又可分为双层柱面网壳和双层球面网壳，其结构形式可分为交叉桁架（见图 2-2-25）和角锥，角锥又包括三角锥（图 2-2-26）、四角锥（图 2-2-27）、六角锥，抽空的（图 2-2-28b），图 2-2-29b）、不抽空的两大体系。

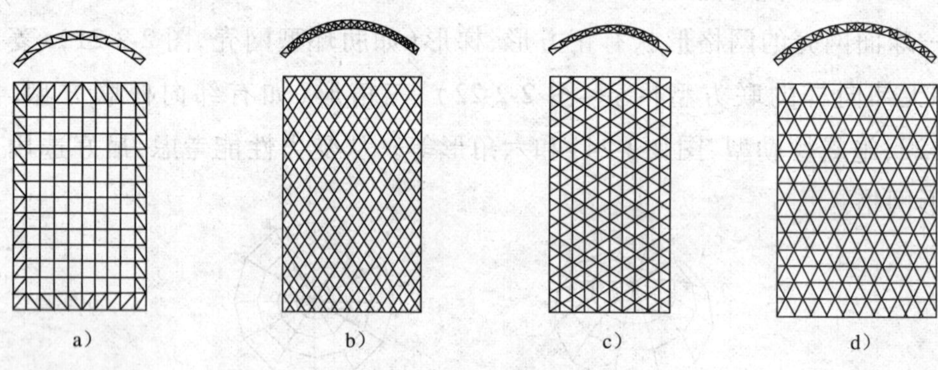

图 2-2-25　双层柱面交叉桁架体系

a）两向正交正放柱面网壳；b）两向正交斜放柱面网壳；c）三向柱面网壳一；d）三向柱面网壳二

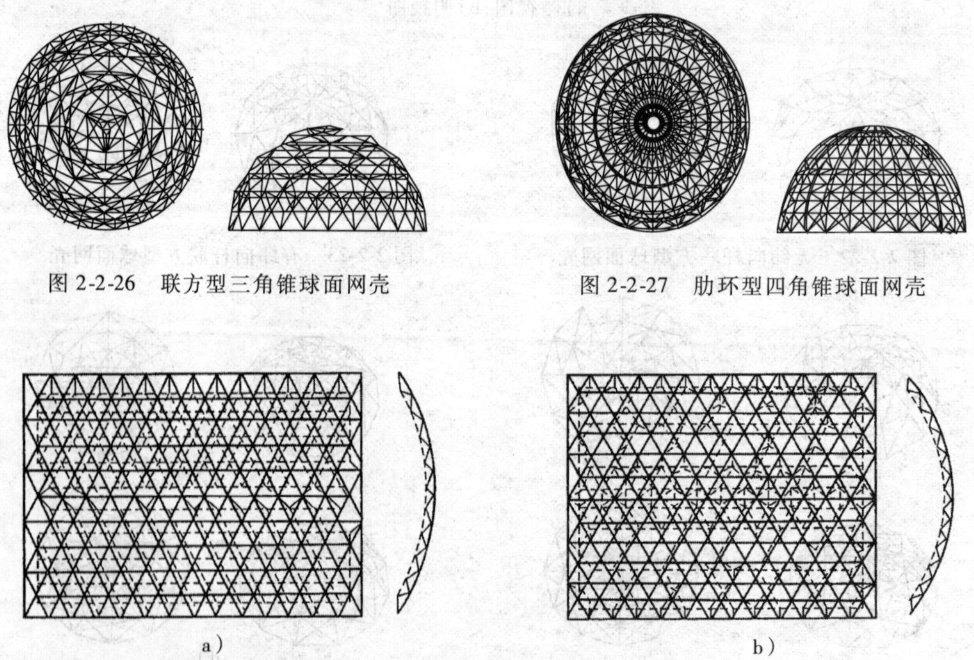

图 2-2-26　联方型三角锥球面网壳

图 2-2-27　肋环型四角锥球面网壳

图 2-2-28　由三角锥构成的双层柱面网壳

a）三角锥柱面网壳；b）抽空三角锥柱面网壳

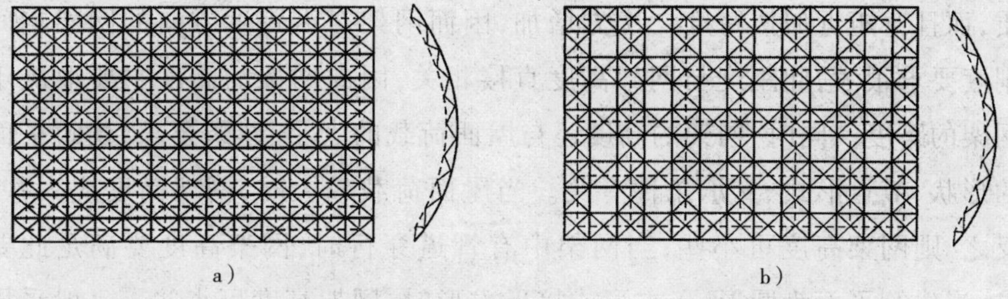
a）　　b）

图 2-2-29　由四角锥构成的双层柱面网壳

a）正放四角锥柱面网壳；b）正放抽空四角锥柱面网壳

c. 变厚度网壳

变厚度双层球面网壳的形式很多，常见的有从支承周边到顶部，网壳的厚度均匀地减少（图 2-2-30），大部分为单层，仅在支承区域内为双层（图 2-2-31）和在双层等厚度网壳上大面积抽空等。

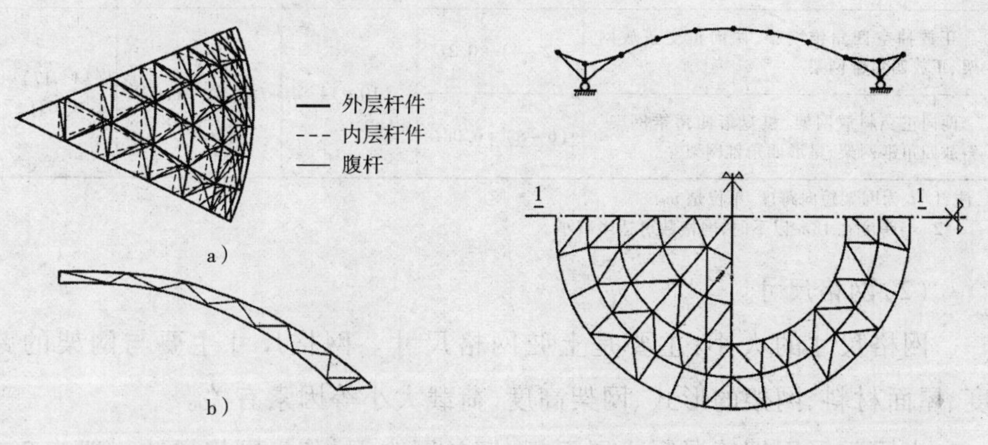

图 2-2-30　变厚度球面网壳

图 2-2-31　仅支承区域内为双层的球面网壳

2　网架、网壳的主要尺寸及构造

网架的主要尺寸有网格尺寸和网架高度。网架高度和网格尺寸对网架的经济效益影响很大。

（1）网架的高度

平板网架受力性质从整体上来说是一个受弯构件，网架高度越大，弦杆内力就越小，弦杆用钢量减少，但腹杆长度增长，腹杆用钢量增多，并且围护结构材料增多，因此网架高度应适当。由于网架属于受弯构件受力性质,而且弯矩近似按跨度二次方增加,因而网架对沿跨度方向的网架空间刚度要求很大,此刚度与网架高度直接相关,因此网架的高度主要取决于网架的跨度。同时,网架的高度还与屋面荷载的大小、建筑要求、建筑平面的形状、节点形式、支承条件有关。当屋面荷载较大时,网架高度应大些;反之,则网架高度可小些;当网架中有管道穿行时,网架高度要满足此要求;当建筑平面为圆形、正方形或接近方形时,网架高度可小些。一般采用螺栓球节点的网架高度可比采用焊接空心球节点的网架高度小些。周边支承时,网架高度可取小些;点支承时,网架高度应取大些。合理的网架高度可按表 2-2-1 中的跨高比来确定。

网架的上弦网格数和跨高比 表 2-2-1

<table>
<tr><th rowspan="2">网架形式</th><th colspan="2">钢筋混凝土屋面体系</th><th colspan="2">钢檩条屋面体系</th></tr>
<tr><th>网格数</th><th>跨高比</th><th>网格数</th><th>跨高比</th></tr>
<tr><td>正放抽空四角锥网架、两向正交正放网架、正放四角锥网架</td><td>(2 ~ 4) + 0.2L</td><td rowspan="2">10 ~ 14</td><td rowspan="2">(6 ~ 8) + 0.07L</td><td rowspan="2">(13 ~ 17) + 0.03L</td></tr>
<tr><td>两向正交斜放网架、棋盘形四角锥网架、斜放四角锥网架、星形四角锥网架</td><td>(6 ~ 8) + 0.08L</td></tr>
</table>

注:1. L 为网架短向跨度,单位是 m。
2. 当跨度在 18m 以下时,网格数可适当减小。

(2)网格尺寸

网格尺寸的大小:主要是上弦网格尺寸。网格尺寸主要与网架的跨度、屋面材料、网架的形式、网架高度、荷载大小等因素有关。

当屋面采用钢筋混凝土屋面板、钢丝网水泥板时,网格尺寸一般为 2 ~ 4m;当采用轻型屋面材料时,网格尺寸一般可取 3 ~ 6m。

通常斜腹杆与弦杆的夹角为 45° ~ 60°,否则,节点构造麻烦,因此网格尺寸与网架高度应有合适的比例关系。

对于周边支承的各类网架,可按表 2-2-1 确定网架沿短跨方向的网格数,进而确定网格尺寸。

(3)腹杆布置

腹杆布置原则是尽量使压杆短,拉杆长,使网架受力合理。对交叉桁架体系网架,腹杆倾角一般在 40° ~ 55°之间,角锥体系网架,斜腹杆的倾角宜采用 60°,可以使杆件标准化,便于制作,如图 2-2-32 所示。

当网架跨度较大时,造成网格尺寸较大,上弦一般受压,需减小上弦长度,宜采用再分式腹杆,如图 2-2-32b)所示。

a)

b)

图 2-2-32　腹杆布置

a)一般式;b)再分式

(4)网架的杆件

网架常采用圆钢管、角钢、薄壁型钢作为杆件。圆钢管截面封闭,且各向同性,抗弯刚度各向都相同,回转半径大,抗扭刚度大,因此受力性能较好,承载力高。杆件优先选用圆钢管,且最好是薄壁钢管,但圆钢管的价格较高。因而对于中小跨度且荷载较小的网架,也可采用角钢或薄壁型钢。

杆件的材料一般用 Q235 钢和 Q345 钢。Q345 钢强度高,塑性好,当荷载较大或跨度较大时,宜采用 Q345 钢,可以减轻网架自重和节约钢材。

(5)网架的节点

网架中的节点起着连接各方向的汇交杆件并传递杆件内力的作用。网架结构是空间结构,节点上汇交的杆件多,最少也有 6 根,最多可达 13 根,而且呈空间汇交关系。节点的种类很多,常用的节点有下列几种:

①钢板节点(图 2-2-33)

当网架的杆件采用角钢或薄壁型钢时,应采用此种节点。此种节点刚度大,整体性好,制作加工简单。当网架的杆件采用圆钢管时,采用钢板节点就不合理,不但节点构造复杂,而且不能充分发挥钢管的优越性能。

②焊接空心球节点(图 2-2-34)

它是用两块圆钢板经热压或冷压成的两个半球,然后对焊成整体。为了加强球的强度和刚度,可先在一半球中加焊一加劲肋,因而焊接空心球节点又分为加肋与不加肋两种,如图 2-2-34b)、c)所示。

焊接空心球节点适用于连接圆钢管,只要钢管沿垂直于本身轴线切断,杆件就能自然对准球心,且可与任意方向的杆件相连,它的适应性强,传力明确,造型美观。目前,网架多采用此种节点,但其焊接质量要求高,焊接量大,易产生焊接变形,并且要求杆件下料正确。

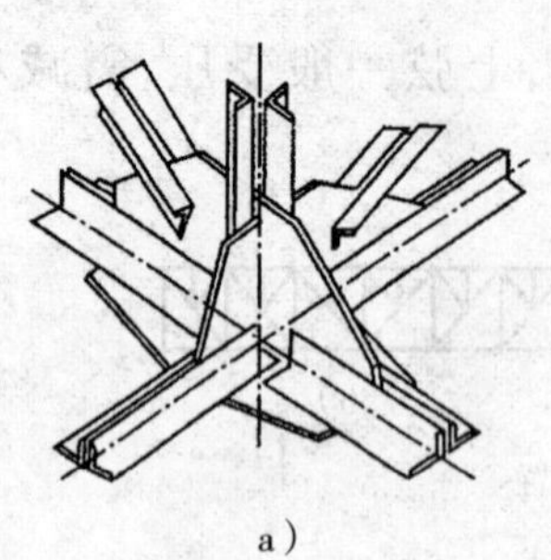
a)

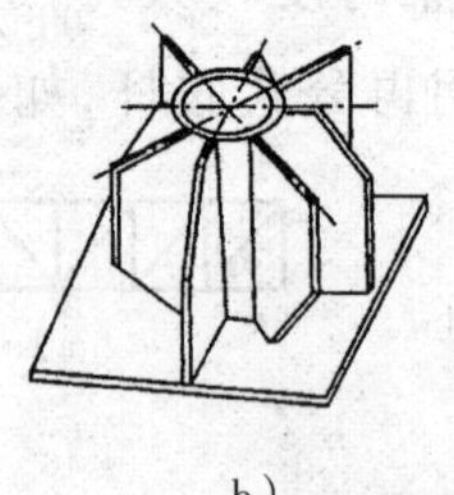
b)

图 2-2-33　钢板节点

a)角钢钢板节点;b)管筒米字型板节点

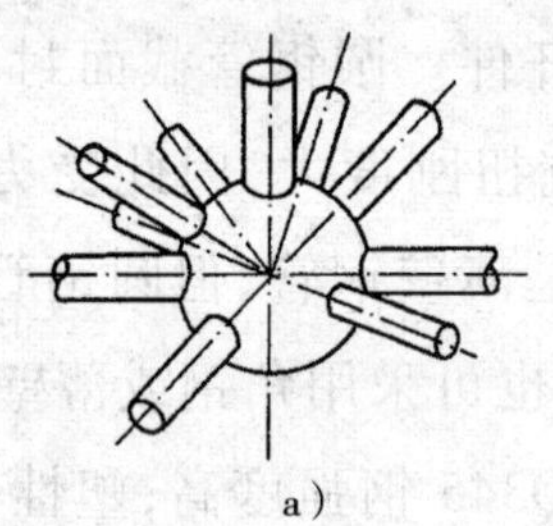
a)

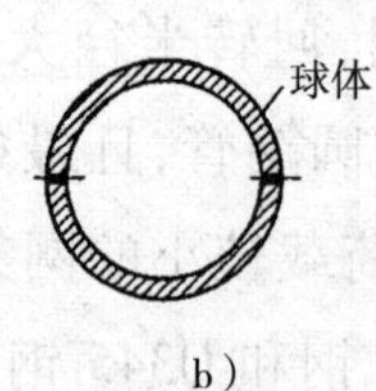

b)

c)

图 2-2-34　焊接空心球

a)焊接空心球;b)无肋空心球;c)有肋空心球

③螺栓球节点(图 2-2-35)

这种节点是在实心钢球上钻出螺丝孔,然后用高强螺栓将汇交于节点处的焊有锥头或封板的圆钢管杆件连接而成的。

这种节点具有焊接空心球节点的优点,同时又不用焊接,能加快安装速度,缩短工期。但这种节点构造复杂,机械加工量大。

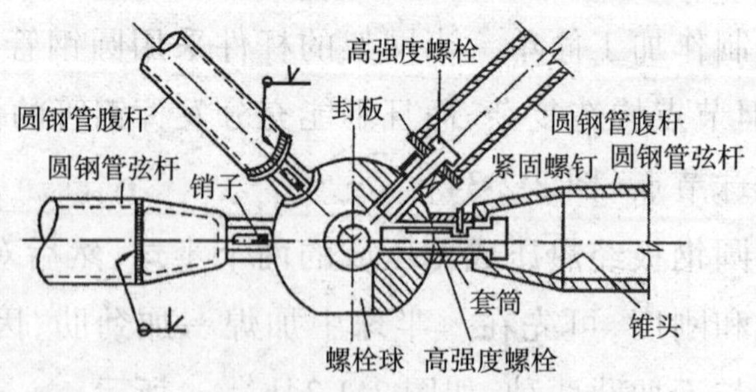

图 2-2-35　螺栓球节点

3　网架的支承方式、屋面材料与坡度的设置

(1)网架的支承方式

网架的支承方式与建筑功能要求有直接关系,具体选择何种支承方

式，应结合建筑功能要求和平立面设计来确定。目前常用的支承方式有以下几种。

①周边支承

这种支承方式如图 2-2-36 所示。如图 2-2-36a），所有边界节点都支承在周边柱上时，虽柱子布置较多，但传力直接明确，网架受力均匀，适用于大、中跨度的网架。如图 2-2-36b），所有边界节点支承于梁上，这种支承方式，柱子数量较少，而且柱距布置灵活，从而便于建筑设计，且网架受力均匀，它一般适用于中小跨度的网架。

以上两种周边支承都不需要设边桁架。

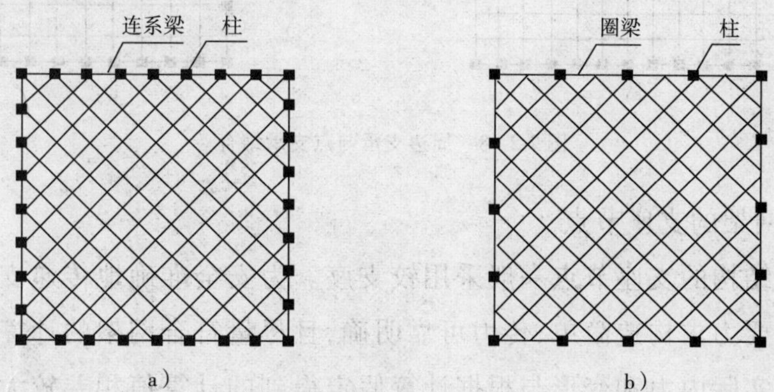

图 2-2-36 周边支承

②点支承

这种支承方式一般将网架支承在四个支点或多个支点上，柱子数量少，建筑平面布置灵活，建筑使用方便，特别对于大柱距的厂房和仓库较适用，如图 2-2-37a）所示。

为了减少网架跨中的内力或挠度，网架周边宜设置悬挑，而且建筑外形轻巧美观，如图 2-2-37b）所示。

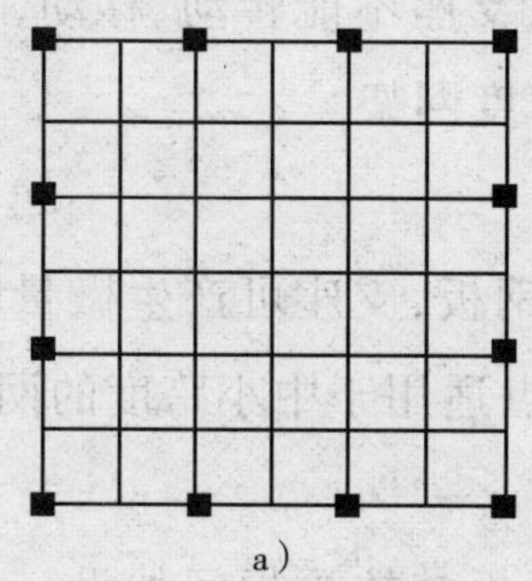

a）

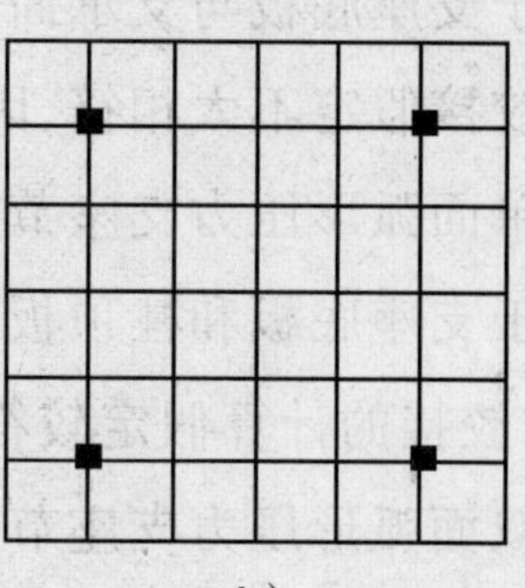

b）

图 2-2-37 点支承

③周边支承与点支承结合

由于建筑平面布置以及使用的要求，有时要采用边点混合支承，或三边支承一边开口，或两边支承两边开口等情况，如图 2-2-38所示。此时，开口边应设置边梁或边桁架梁。

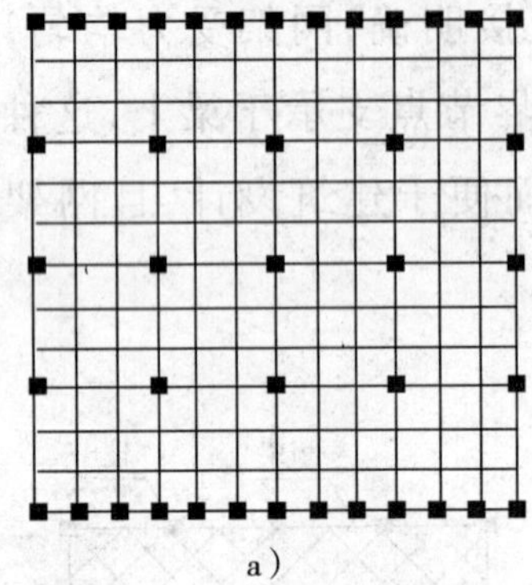
a)

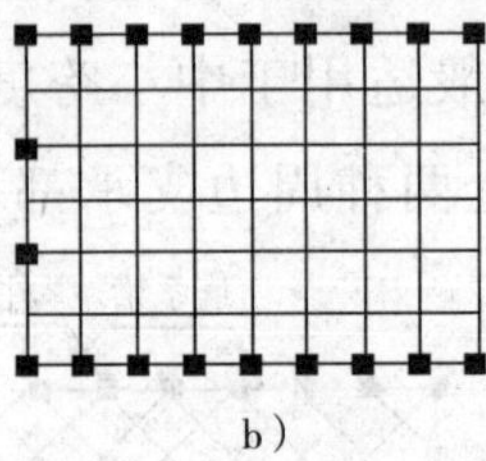
b)

图 2-2-38　周边支承与点支承结合

(2)网架的支座节点

网架结构的支座节点一般采用铰支座。为安全准确地传递支座反力，支座节点要力求构造简单，传力可靠明确，且尽量符合网架的计算假定，以免网架的实际内力和变形与根据计算假定得到的计算值相差较大，造成危及结构安全的隐患。

网架的支座节点类型较多，具体选择哪种，应根据网架的跨度的大小、支座受力特点、制造安装方法以及温度等因素综合考虑。根据支座受力特点，网架的支座节点分为压力支座节点和拉力支座节点两大类。以下介绍几种常用的网架支座节点形式。

①平板压力支座节点(图 2-2-39)

由于支座底板与支承面间的摩擦力较大，支座不能转动、移动，与计算假定中铰接假定不太相符，因此只适用于小跨度网架。

②单面弧形压力支座节点(图 2-2-40)

由于支座底板和柱顶板之间加设一弧形钢板，支座可产生微量转动和移动，与铰接的计算假定较符合，这种支座节点适用于中小跨度的网架。

③双面弧形压力支座节点(图 2-2-41)

这种支座又称为摇摆支座，它是在支座底板与柱顶板间加设一块上下两面为弧形的铸钢块，因而支座可以沿钢块的上下两弧形面作一定的转动和侧移。

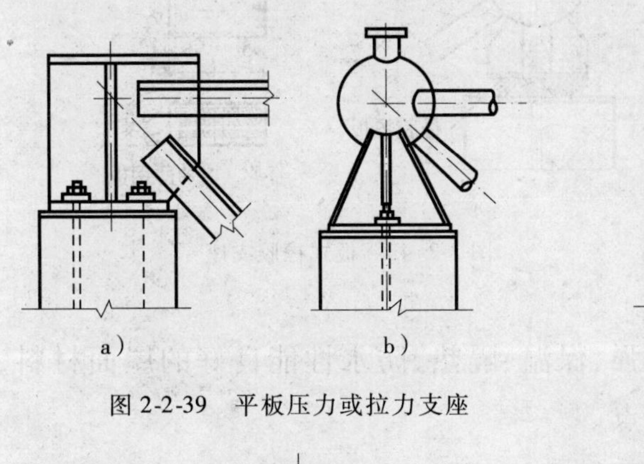

图 2-2-39 平板压力或拉力支座

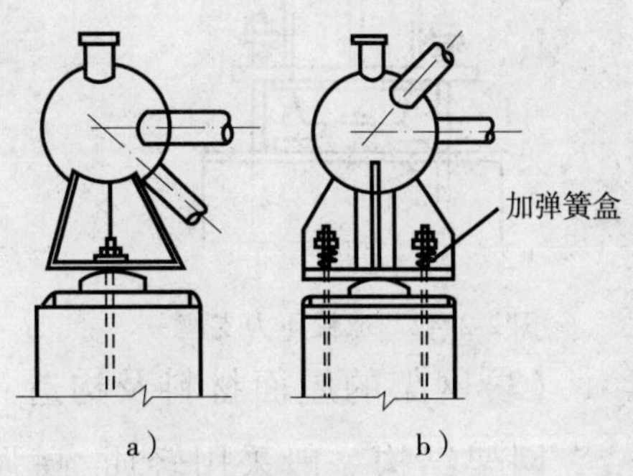

图 2-2-40 单面弧形压力支座

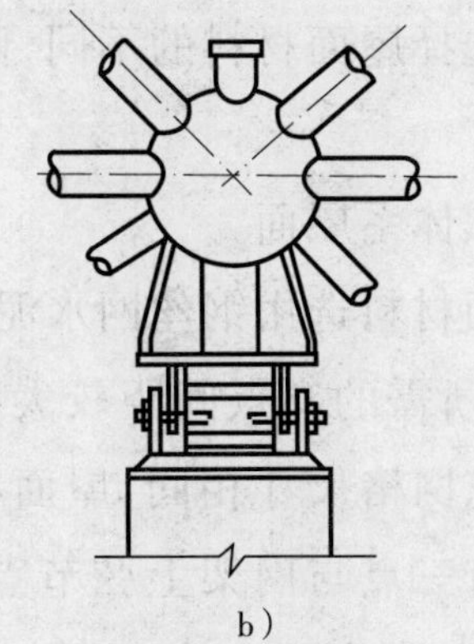

图 2-2-41 双面弧形压力支座

④球铰压力支座节点（图 2-2-42）

这种支座节点是以一个凸出的实心半球嵌合在一个凹进半球内，在任意方向都能转动，不产生弯矩，并在 z、y、z 三个方向都不产生线位移，因而此种支座节点有利于抗震。

⑤板式橡胶支座节点（图 2-2-43）

这种支座节点是在支座底板和柱顶板间加设一块板式橡胶支座垫板，它是由多层橡胶与薄钢板制成的。这种支座不仅可沿切向及法向移动，还可绕 N 向转动。其构造简单，造价较低，安装方便，适用于大中跨度网架。

通常考虑到网架在不同方向自由伸缩和转动约束的不同，一个网架可以采用多种支座节点形式。

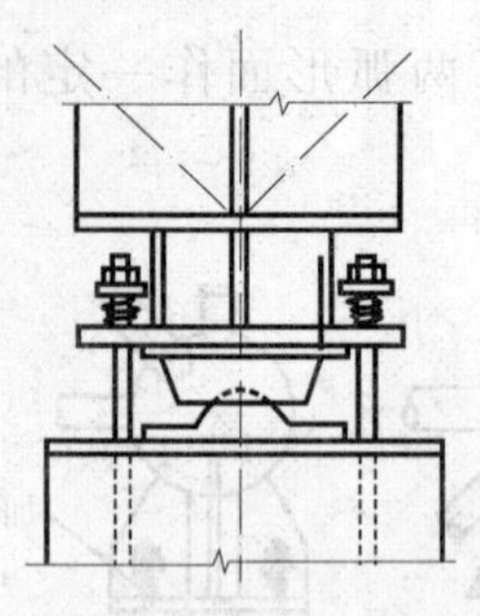
图 2-2-42　球铰压力支座

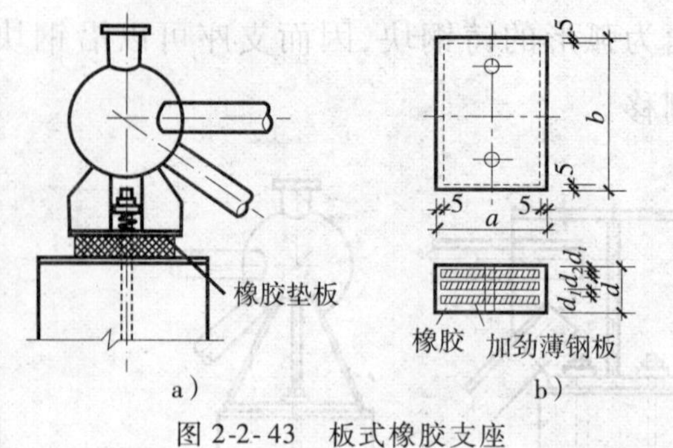

图 2-2-43　板式橡胶支座

（3）网架的屋面材料及构造

网架结构一般采用轻质、高强、保温、隔热、防水性能良好的屋面材料，以实现网架结构经济、省钢的优点。

由于选择屋面材料的不同，网架结构的屋面有无檩体系和有檩体系屋面两种。

①无檩体系屋面

当屋面材料选用钢丝网水泥板或预应力混凝土屋面板时，一般它们的尺寸较大，所需的支点间距较大，因而采用无檩体系屋面。通常屋面板的尺寸与上弦网格尺寸相同，屋面板可直接放置在上弦网格节点的支托上，并且至少有三点与网架上弦节点的支托焊牢。此种做法即为无檩体系屋面，如图 2-2-44 所示。

②有檩体系屋面

当屋面材料选用木板、水泥波形瓦、纤维水泥板或各种压型钢板时，此类屋面材料的支点距离较小，因而采用有檩体系屋面。有檩体系屋面通常做法如图 2-2-45 所示。

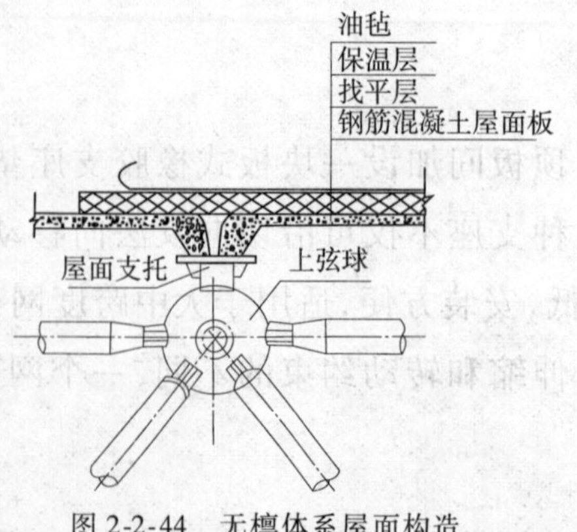

图 2-2-44　无檩体系屋面构造

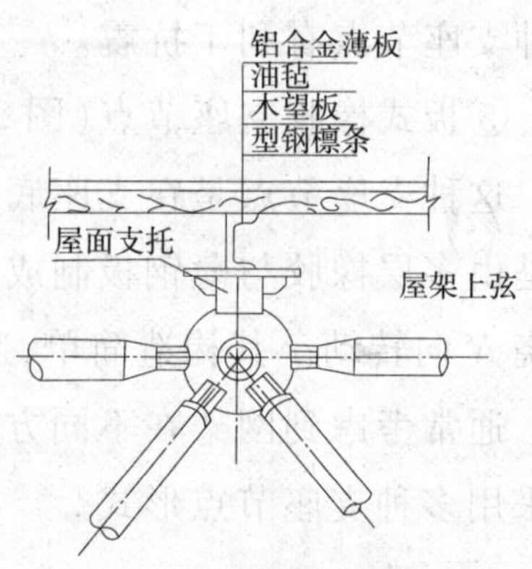

图 2-2-45　有檩体系屋面构造

近年来,压型钢板作为新型屋面材料,得到较广泛的应用。由于这种屋面材料轻质高强、美观耐用,且可直接铺在檩条上,因而加工、安装已达标准化、工厂化,施工周期短,但价格较高。

(4)屋面坡度

网架结构屋面的排水坡度较平缓,一般取1% ~4%。屋面的坡度一般可采用下面几种办法:

①上弦节点上加小立柱找坡;

②网架变高;

③整个网架起坡;

④支承柱变高。

第二节　网架结构施工图的图纸组成

网架结构的类型虽然很多,但是它们施工图的表示方法都大致相同,主要的区别就在于节点球的做法。下面我们将分成“螺栓节点球”和“焊接节点球”两种情况来分别说明。

螺栓节点球的网架施工图主要包括:螺栓节点球网架结构设计说明、螺栓节点球预埋件平面布置图、螺栓节点球网架平面布置图、螺栓节点球网架节点图、螺栓节点球网架内力图、螺栓节点球网架杆件布置图、螺栓节点球球节点安装详图及其他节点详图等。

焊接节点球的网架施工图主要包括:焊接节点球网架结构设计说明、焊接节点球预埋件平面布置图、焊接节点球网架平面布置图、焊接节点球网架节点图、焊接节点球网架内力图、焊接节点球网架杆件布置图等。

以上是网架结构设计制图阶段的图纸内容,对于施工详图阶段螺栓球网架结构的施工图主要包括:网架施工详图说明、网架找坡支托平面图、网架节点安装图、网架构件编号图、网架支座详图、网架支托详图、网架杆件详图、球详图、封板详图、锥头和螺栓机构详图以及网架零件图。

而焊接球节点网架的施工详图与螺栓节点球网架相比,没有封板详图、锥头和螺栓机构详图以及网架零件图,其他图纸内容只是结合构造差异有相应的调整。

在设计过程中，设计人员往往根据工程的实际情况，对图纸内容和数量作相应的调整（如网架内力图主要是为施工详图中设计节点提供依据的，如果设计图中已给出相应的详细节点，则可不必绘制此图），有时甚至将几个内容的图合并在一起绘制。但是不会超出前面所述及的内容，总的原则还是要将工程实际情况用图纸反映完整、准确、清晰。在下面一节，我们将结合一些实际工程的图纸，与大家一起来研究网架施工图的识读方法。

第三节　网架结构施工图的图示内容及识读方法

在目前的网架工程中，螺栓节点球网架以其施工方法简便、连接质量容易控制、工期短的优点占据了市场的主导地位。因此本节以一套螺栓节点球网架的工程图纸（见附图2）为例，和大家一起来研究网架施工图的识读。

该工程是“某教学楼多功能大厅的网架设计”，网架类型为正方四角锥，双层螺栓球网架。该工程的设计图纸主要包括：网架结构设计说明、网架平面布置图、网架安装图、球加工图1、球加工图2、支座详图、支托详图、材料表。下面和大家一起就每张图纸进行详细的阅读。

1　网架结构设计说明

在本设计说明（见附图2.1）主要包括：工程概况、设计依据、网架结构设计和计算、材料、制作、安装、验收、表面处理、主要计算结果等九项内容。在设计说明中有些内容是适应于大多数工程的，为了提高识图的效率，要学会从中找到本工程所特有的信息和针对本工程所提出的一些特殊要求。

(1)工程概况

在识读本工程概况时，关键要注意的有以下三点：一是“工程名称”，了解工程的具体用途，从而便于一些信息的查阅，例如该工程的防火等级的确定，就需要考虑到它的具体用途；二要注意“工程地点”，许多设计参数的选取和施工组织设计的考虑都与工程地点有着紧密的联系；三是“网架结构荷载”,这里给出了设计中考虑的网架使用阶段各部分受荷情况,要切忌在施工阶段使网架受力超过此值。

(2)设计依据

设计依据列出的往往都是一些设计标准、规范、规程以及甲方的设计任务书等。对于这些内容,施工人员要注意两点:一是要注意其中的地方标准或行业标准,这些内容往往有一定的特殊性;二是要注意与施工有关的标准和规范。另外,施工人员也应该了解甲方的设计任务书。

(3)网架结构设计和计算

本条主要介绍了设计所采用的软件程序和一些设计原理及设计参数,对于施工人员尤其要注意本条款的第4、5两条,以便于后面图纸的识读。

(4)材料

本条主要对网架中各杆件和零件的材性提出了要求。施工人员在识读时,要特别注意,在材料采购或加工选材时必须要符合本条款的要求。

(5)制作

钢结构工程的施工主要包括构件和零件的加工制作(在加工厂完成),以及现场的安装、拼装两个阶段。网架工程也不例外。本条主要针对网架杆件、螺栓球以及其他零件的加工制作从设计人员的角度提出了要求。不管是负责现场安装的施工人员,还是加工人员,都要以此来判断加工好的构件是否合格,因此本条款要重点阅读。

(6)安装

由于钢结构工程的特殊性,其施工阶段与使用阶段的受力情况有较大差异,因此设计人员往往会提出相应的施工方案,正如本说明中提到的采用“高空散装”法。如果施工人员要改变安装施工方案,应征得设计人员的同意。

(7)验收

本条主要提出了对本工程的验收标准。虽然验收是安装完以后才做的事情,但对于施工人员来讲,应在加工安装之前就要熟悉验收的标准,只有这样才能确保工程的质量。

(8)表面处理

钢结构的防腐和防火是钢结构施工的两个重要环节。本条款主要从设计角度出发,对结构的防腐和防火提出了要求,这也是施工人员要特别注意的,尤其是当本条款数值不按标准中底限取值时,施工中必须满足本条款的要求。

(9)主要计算结果

施工人员在识读本条时应特别注意,本条款给出的值均为使用阶段的,也就是说当使用荷载全部加上后产生的结果。在安装施工时要避免单根构件的力超过此最大值,以免安装过程中造成杆件的损坏;另外,施工过程中还要控制好结构整体的挠度。

2 网架平面布置图

网架平面布置图主要是用来对网架的主要构件(支座、节点球、杆件)进行定位的,一般还配合纵、横两个方向剖面图共同表达。支座的布置往往还需要有预埋件布置图(图2-2-46)配合,本工程支座全部安装在钢筋混凝土柱顶上,因此未单画出预埋件布置图,只需结合土建图纸中柱子布置图和预埋件详图即可。

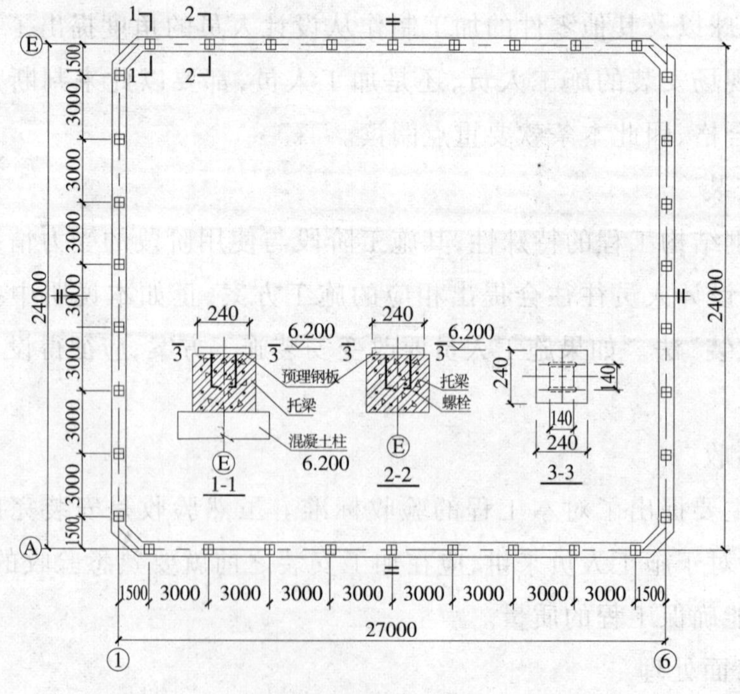

图 2-2-46 预埋件平面布置图

节点球的定位主要还是通过两个方向的剖面图控制的。对于本图，首先明确平面图中哪些属于上弦节点球，哪些是下弦节点球，然后再安排、列或者定位轴线逐一进行位置的确定。在附图 2.2 中通过平面图和剖面图的联合识读可以判断，平面图中在实线交点上的球均为上弦节点球，而在虚线交点上的球为下弦节点球；每个节点球的位置可以由两个方向的尺寸共同确定。例如附图 2.2 中最下方的一个支座上（该支座内力为 $Ry=1, Rz=-44$）的节点球，由于它处于实线的交点上，因此它属于上弦节点球，它的平面位置：东西方向可以从平面图下方的剖面图中读出，处于距最西边 12m 的位置；南北方向可以从其右侧的剖面图中读出，处于最南边的位置。

另外，从附图 2.2 中还可以读出网架的类型为正方四角锥双层平板网架、网架的矢高为 1.5m（由剖面图可以读出）以及每个网架支座的内力。

3　网架安装图

本图主要对各杆件和节点球上按次序进行编号，编号原则如下。

节点球的编号一般用大写英文字母开头，后边跟一个阿拉伯数字，标注在节点球内，如图 2-2-47 中的 A2、D8 等。图中节点球的编号有几种大写字母开头，表明有几种球径的球，即开头字母不同的球的直径是不同的；即使直径相同的球，由于所处位置不同，球上开孔数量和位置也不尽相同，因此在用字母后边的数字来表示不同的编号。这样一来，就可以从图中分析出本图中螺栓球的种类，以及每一种螺栓球的个数和它所处的位置。

杆件的编号一般采用阿拉伯数字开头，后边跟一个大写英文字母或什么都不跟，标注在杆件的上方或左侧，如图 2-2-47 中 1AK、2AD、3G 等。图中杆件的编号有几种数字开头，表明有几种横断面不同的杆件；另外，对于同种断面尺寸的杆件其长度未必相同，因此在数字后加上字母以区别杆件类型的不同。由此就可以得知图中杆件的类型数、每个类型杆件的具体数量，以及它们分别位于何位置。

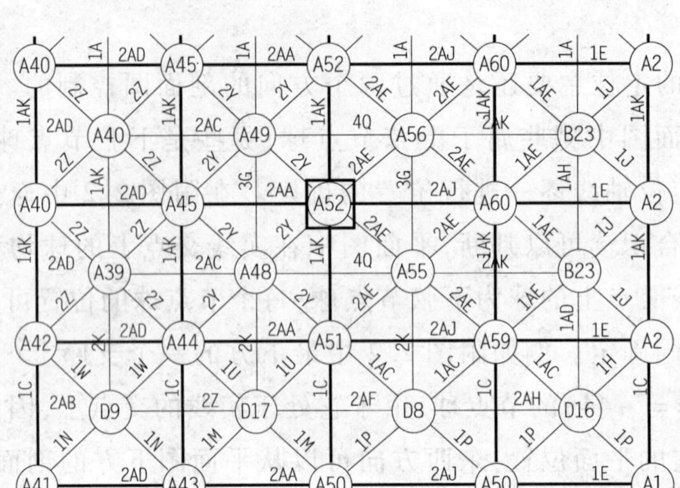

图 2-2-47　某网架安装图(节选部分)

如在附图 2.3 中,共有 3 种球径的螺栓球,分别用 A、B、C 表示,其中 A 类球又分为 14 种类型,其中除了 A8 节点球有 81 个外,其他都只有 4 个;B 类节点球又有 7 种形式,每种都是 4 个;C 类节点球又分成了 4 类,每一类球也是 4 个。

另外,本工程共有 3 种断面的杆件,其中第一种断面类型的杆件根据其长度不同又分了 22 类,第二种断面尺寸的杆件根据其长度不同分为 6 类,第三种断面的杆件又分成了 2 类,总共有 30 种编号的杆件,合计 668 根杆件。

但对于初学者来说,读这张图的最大难点在于如何来判断哪些是上层的节点球,哪些是下层的节点球,哪些是上弦杆,哪些是下弦杆? 这里需要特别强调一种识图的方法,那就是把两张图纸或多张图纸对应起来看。这也是初学者经常容易忽视的一种方法。对于这张图要想搞清上面所说的问题,就必须采用这一方法。为了弄清楚各种编号的杆件和球的准确位置,就必须与“网架平面布置图”结合起来看。在平面布置图中粗实线一般表示上弦杆,细实线一般表达腹杆,而下弦杆则用虚线来表达,与上弦杆连接在一起的球自然就是上层的球,而与下弦杆连在一起的球则为下层的球。而网架平面布置图中的构件和网架安装图的构件又是一一对应的,为了施工的方便可以考虑将安装图上的构件编号直接在平面布置图上标出,这样一来就可以做到一目了然了。

4　球加工图

球加工图主要表达各种类型的螺栓球的开孔要求，以及各孔的螺栓直径等。由于螺栓球是一个立体造型复杂、开孔位置多样化的构件，因此在绘制时，往往选择能够尽量多的反映出开孔情况的球面进行投影绘制，然后将图上绘制出来的各孔孔径中心之间的角度标注出来。图名以构件编号命名，另外注明该球总共的开孔数、球直径和该编号球的数量。如图 2-2-48 所示，为编号 A33 的节点球的加工图，该球共 9 个孔，球直径为 100mm，此类型的球共有 3 个。

对于从事网架安装的施工人员来讲，该图纸的作用主要是用来校核由加工厂运来的螺栓球的编号是否与图纸一致，以免在安装过程中出现错误，重新返工。这个问题尤其在高空散装法的初期要特别注意。

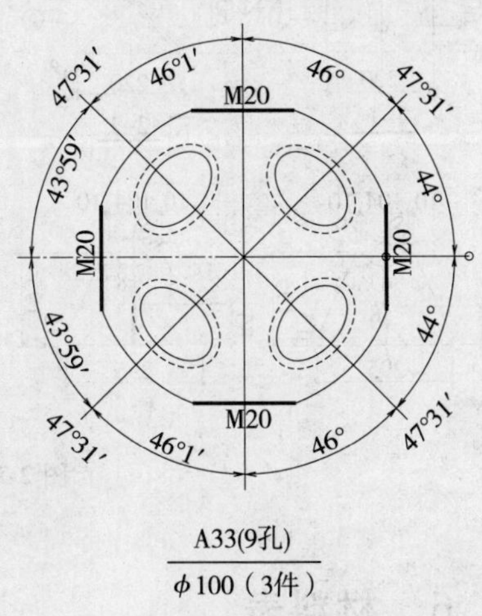

图 2-2-48　某螺栓球加工图

5　支座详图与支托详图

支座详图和支托详图都是来表达局部辅助构件的大样详图，虽然两张图表达的是两个不同的构件，但从制图或者识图的角度来讲是相同的。这种图的识读顺序一般都是先看整个构件的立面图，掌握组成这个构件的各零件的相对位置关系，例如支座详图中，通过立面可以知道螺栓球、十字板和底板之间的相对位置关系；然后根据立面图中的断面符号找到相应的断面图，进一步明确各零件之间在平面上的位置关系和连接做法；最后，根据立面图中的板件编号（带圆圈的数字）查明组成这一构件的每一种板件的具体尺寸和形状。另外，还需要仔细阅读图纸中的说明，可以进一步帮助大家更好地明确该详图。图 2-2-49 是某网架的一个支座详图，读者可以试着采用上面的方法，进行识读。

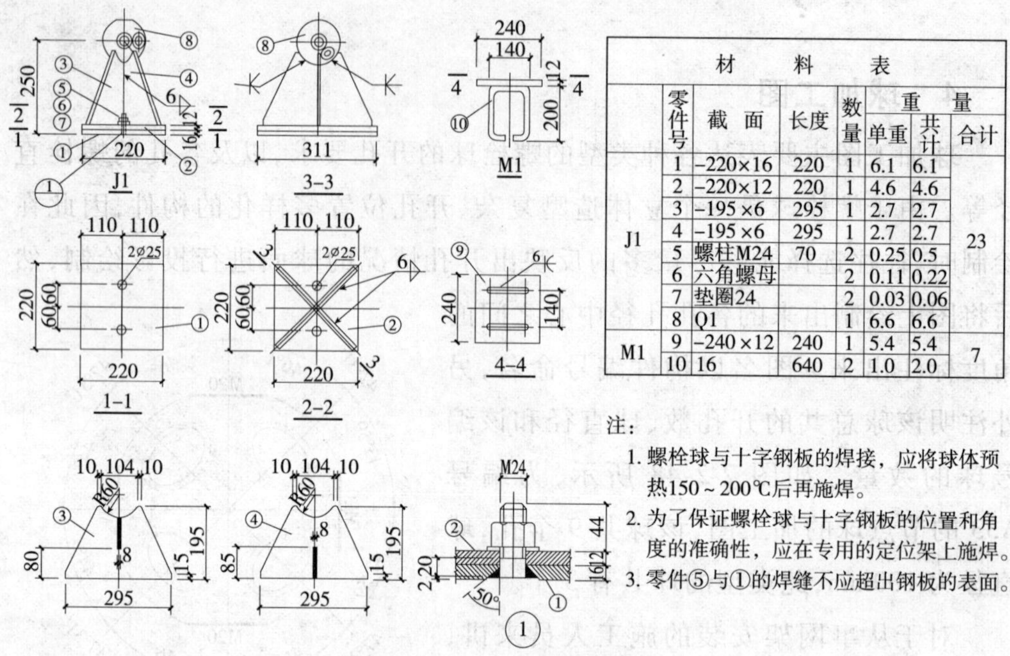

零件号		截面	长度	数量	重量 单重	重量 共计	合计
J1	1	-220×16	220	1	6.1	6.1	23
	2	-220×12	220	1	4.6	4.6	
	3	-195×6	295	1	2.7	2.7	
	4	-195×6	295	1	2.7	2.7	
	5	螺柱M24	70	2	0.25	0.5	
	6	六角螺母		2	0.11	0.22	
	7	垫圈24		2	0.03	0.06	
	8	Q1		1	6.6	6.6	
M1	9	-240×12	240	1	5.4	5.4	7
	10	16	640	2	1.0	2.0	

注：

1. 螺栓球与十字钢板的焊接，应将球体预热150～200℃后再施焊。
2. 为了保证螺栓球与十字钢板的位置和角度的准确性，应在专用的定位架上施焊。
3. 零件⑤与①的焊缝不应超出钢板的表面。

图 2-2-49　某网架支座详图

6　材料表

材料表把该网架工程中所涉及的所有构件的详细情况分类进行了汇总。此图可以作为材料采购、工程量计算的一个重要依据。另外在识读其他图纸时，如有参数标注不全的，也可以结合本张图纸来校验或查询。

为了能够使初学者学会，如何快速地掌握一套网架结构施工图的图示内容，编者对识图方法进行了总结，形成了如图 2-2-50 所示的读图流程。

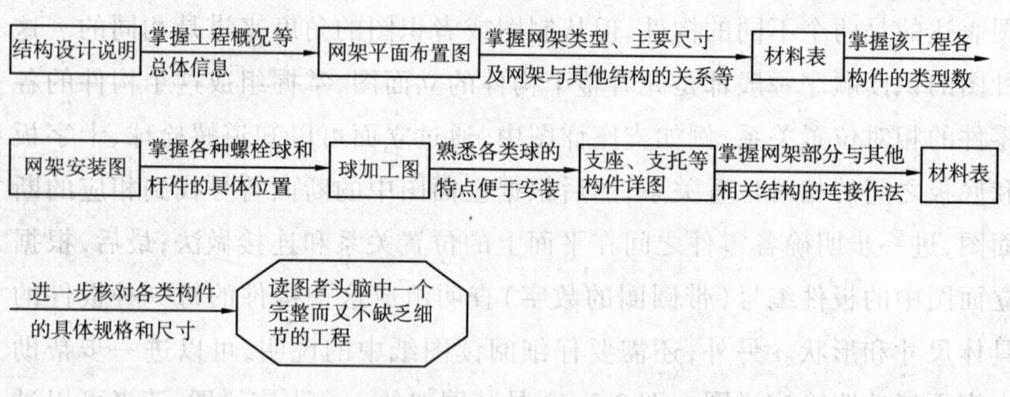

图 2-2-50　网架结构施工图的读图流程图

1. 网架结构根据外形可分为哪两种形式，网架是由哪些杆件组成的？

2. 请简述网架的节点种类有哪几种？

3. 请简述网架的支撑方式有哪几种，支座节点形式有哪几种做法？

4. 螺栓节点球的网架施工图主要包括哪些内容？

5. 请仔细阅读附图2，回答下面的问题。

(1)该网架的杆件和螺栓球分别采用何种钢材？

(2)该网架为何种结构类型，它的平面尺寸是多大，它的矢高是多少？

(3)该网架的支撑方式属于哪一种？

(4)该网架节点球A1的直径为多大，整个网架体系中共有几个这样的球，该球上需要连接哪些杆件？

(5)与节点球A3相连的杆件中，2A和1G两根杆件的夹角是多少？

(6)该网架的支座节点类型属于哪一种？该支座的十字钢板厚度为多少，它与螺栓球如何连接的？

(7)本工程中，共有几种规格的杆件，它们的规格分别是多少；共有几种规格的螺栓球？

第三章

×××钢框架结构施工图的识读

第一节　钢框架结构的构造组成

1　钢框架的主要组成构件

钢框架结构的主要组成构件与钢筋混凝土的框架结构构件类似，也是由楼板、梁、柱子、基础、围护墙体、楼梯等组成，只是构件的材料不同。另外，由于钢结构本身自重小的特点，结构体系的水平位移往往较大，为控制其水平位移或其整体刚度，有时还需加设支撑，如图2-3-1所示。

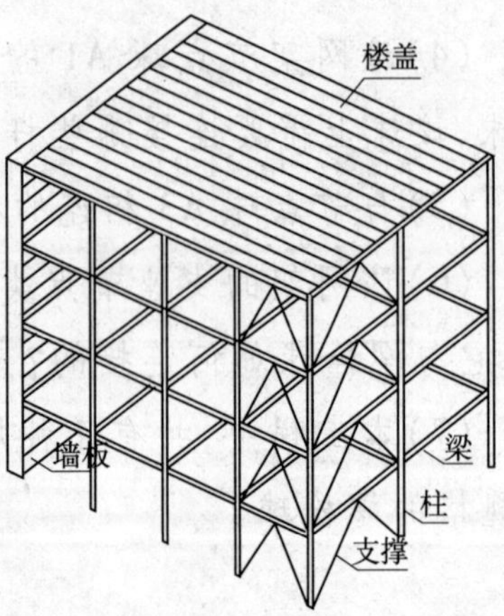

图2-3-1　钢框架结构的构件组成

(1)楼板

在钢筋混凝土结构中，楼板材料往往都选择钢筋混凝土材料。但在钢结构中，由于楼板下方的支撑构件变成了钢梁，因此可以用来做楼板的材料也多样化了，可以选择钢平板、压型钢板组合楼板、钢筋混凝土板或者密肋OSB板等，往往根据建筑的需求和结构尺寸的布置来选择合适的做法。

钢平板厚度一般在10mm以下，但刚度较小，因此一般只用于工业建筑中的操作平台。

压型钢板组合楼板（如图2-3-2）是目前多高层钢框架结构楼板的最常

用的一种做法。它主要由压型钢板、抗剪栓钉和钢筋混凝土板三部分共同组成。压型钢板在施工阶段承担其上方的所有施工荷载,并兼起模板的作用,在实用阶段与混凝土板共同承重。栓钉主要是用来将钢梁、压型钢板、混凝土楼板三者组合在一起,使三者能够更好的共同受力。钢筋混凝土板的作用主要是提供一个合理的刚度,并参与楼板的受力。这种板的总厚度往往较大,在120mm左右,在保证净高的情况下,层高较大。

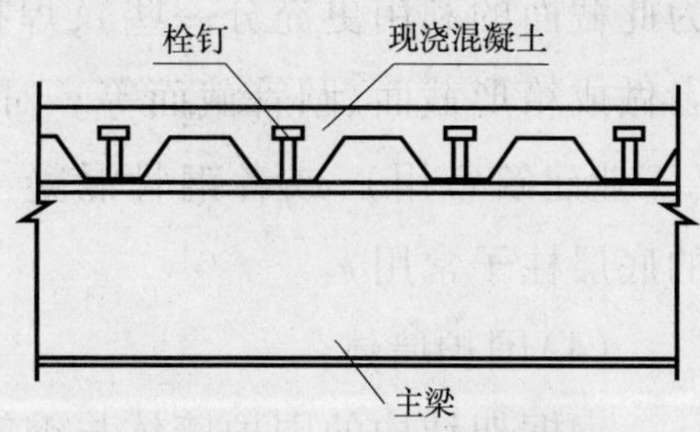

图 2-3-2 压型钢板组合楼板构造图

钢筋混凝土楼板(如图2-3-3)直接在钢梁上支模板,绑扎钢筋,浇筑混凝土。为了增加钢梁与混凝土板之间的联系,需在钢梁上焊一定的抗剪栓钉。这种做法往往考虑板与梁共同作用,形成钢—混凝土组合梁,从而减小钢梁的截面,增加净空高度。

图 2-3-3 钢筋混凝土楼板

(2)梁

钢框架结构中的梁根据其跨度和受荷情况的不同,可采用型钢截面或者钢板组合截面,分别称为型钢梁和钢板组合梁。一般情况下对于跨度较小的次梁常选择型钢截面的梁,如H型钢;对于跨度较大或受荷较大的主梁往往选择钢板组合梁,如焊接H形截面、箱形截面等。另外,也可以考虑采用图2-3-3的做法,形成钢—混凝土组合梁。

(3)柱子

钢框架结构中的柱子,根据受力情况不同可分为轴心受压柱和偏心受压柱(或称压弯柱子)两类。柱子常选用的截面主要有轧制型钢截面柱、焊接型钢截面柱和格构式组合截面柱。对于荷载较小的柱子一般选择轧制型钢柱和焊接型钢截面柱,对轧制型钢截面主要选择宽翼缘H型钢柱(因为此截面的利用更充分一些),焊接型钢截面柱一般也制作成H形截面或者做成箱形截面、圆管截面等。对于荷载较大的柱子可以选择格构式截面(工业建筑常用),或者钢骨混凝土、钢管混凝土柱等截面(高层民用建筑的底层柱子常用)。

(4)围护墙体

钢框架结构的围护墙体与钢筋混凝土框架结构的墙体一样,是不承担竖向荷载的填充墙,但是要考虑到不影响整体结构的自重,因此常用一些轻质墙体作为钢框架结构围护墙体。目前墙体的常用做法有蒸压加气混凝土板(ALC板)(图2-3-4a)、空心混凝土砌块(图2-3-4c)、轻钢龙骨板材隔墙(图2-3-4b)等,其中空心混凝土砌块主要用于外墙的施工,而ALC板和轻钢龙骨隔墙主要用于内墙。

a)

b)

c)

图2-3-4 钢框架围护墙体

a)ALC板;b)轻钢龙骨板材隔墙;c)空心混凝土砌块

(5)支撑系统

钢框架结构的支撑系统包括水平支撑和竖向支撑两类。楼盖水平刚度不足时往往布置水平支撑,水平支撑又可分为纵向水平支撑和横向水平支撑,如图 2-3-5 所示。

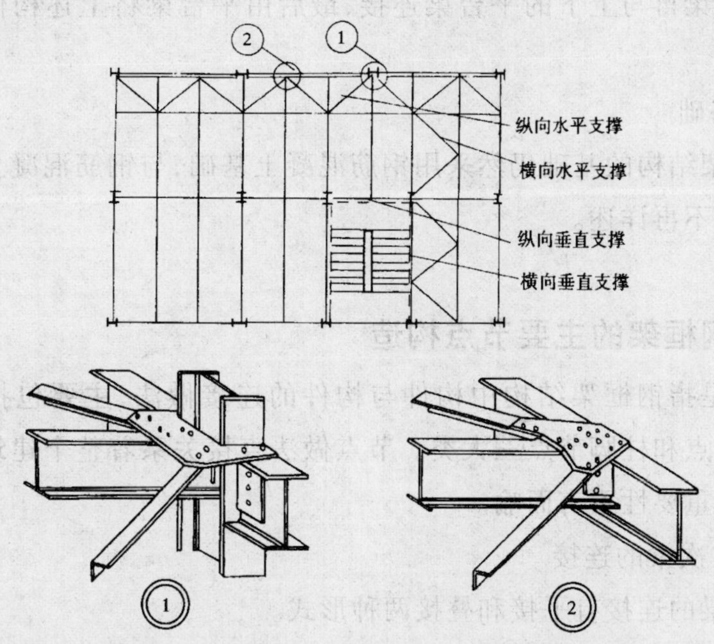

图 2-3-5 水平支撑布置图

竖向支撑包括中心支撑和偏心支撑两类。竖向支撑可在建筑物纵向的一部分柱间布置,也可在横向或纵横两项布置;在平面上可沿外墙布置,也可沿内墙布置。柱间支撑多采用中心支撑,常用的支撑形式有:十字交叉斜杆(图 2-3-6a)、单斜杆(图 2-3-6b)、人字形斜杆(图 2-3-6c)、K 形斜杆(图 2-3-6d)和跨层跨柱设置的支撑(图 2-3-6e)等。

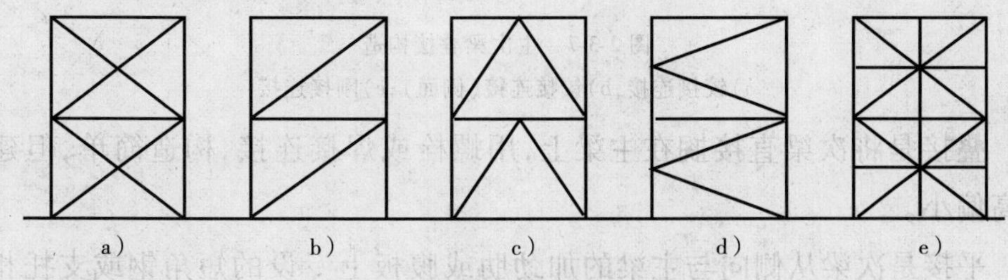

图 2-3-6 竖向支撑形式

a)十字交叉斜杆;b)单斜杆;c)人字形斜杆;d)K 形斜杆;e)跨层跨柱设置的支撑

(6)楼梯

钢框架结构中的楼梯可以采用钢筋混凝土楼梯,也可以采用钢楼梯。钢筋混凝土楼梯在此无需多讲,主要来说一下钢楼梯的构造。采用钢楼梯只能形成梁板式楼梯的构造做法,即花纹钢板的踏步板与两侧钢制梯斜梁连接,梯斜梁再与上下的平台梁连接,最后由平台梁将上述构件荷载传给柱子。

(7)基础

钢框架结构的基础仍然采用钢筋混凝土基础,与钢筋混凝土结构完全一样,此处不再详述。

2 钢框架的主要节点构造

节点是指钢框架结构中构件与构件的连接做法,主要包括主次梁节点、梁柱节点和柱脚节点三大类。节点做法直接关系着整个建筑物的安全与否,它的重要性不言而喻。

(1)主次梁的连接

主次梁的连接有平接和叠接两种形式。

从主次梁节点受力看可分为刚接和铰接两类。次梁为简支梁与主梁为铰接连接,如图2-3-7a)。次梁为连续梁时,与主梁为刚接连接(图2-3-7b)。

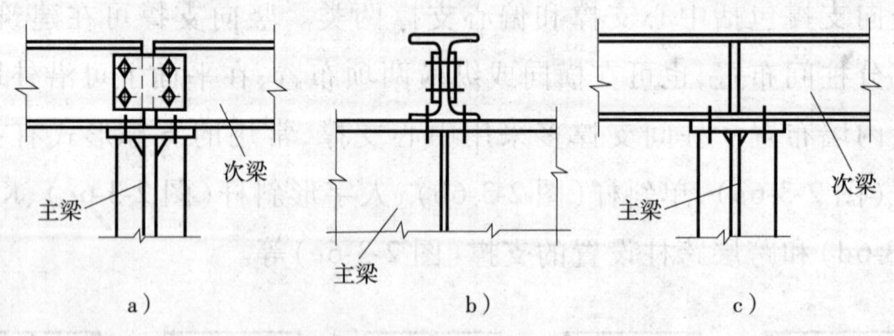

图2-3-7 主次梁叠接构造

a)铰接连接;b)铰接连接(侧面);c)刚接连接

叠接是将次梁直接搁在主梁上,用螺栓或焊接连接,构造简单,但建筑净高偏小。

平接是次梁从侧向与主梁的加劲肋或腹板上专设的短角钢或支托相连接,平接构造较复杂,但建筑净高大,在实际工程中应用得较多,如图2-3-8。

次梁传给主梁的支座压力就是梁的剪力，而梁剪力主要由腹板承担。次梁的腹板通过角钢连于主梁腹板上，或连接在与主梁腹板垂直的加劲肋或支托板上。

对于刚接连接需传递支座弯矩。若次梁本身是连续的，则不必计算；如果次梁是断开的，支座弯矩通过次梁的上翼缘盖板焊缝，下翼缘支托顶板传递。连接盖板的截面及其焊缝承受水平力偶，支托顶板与主梁腹板的连接焊缝承受水平力。

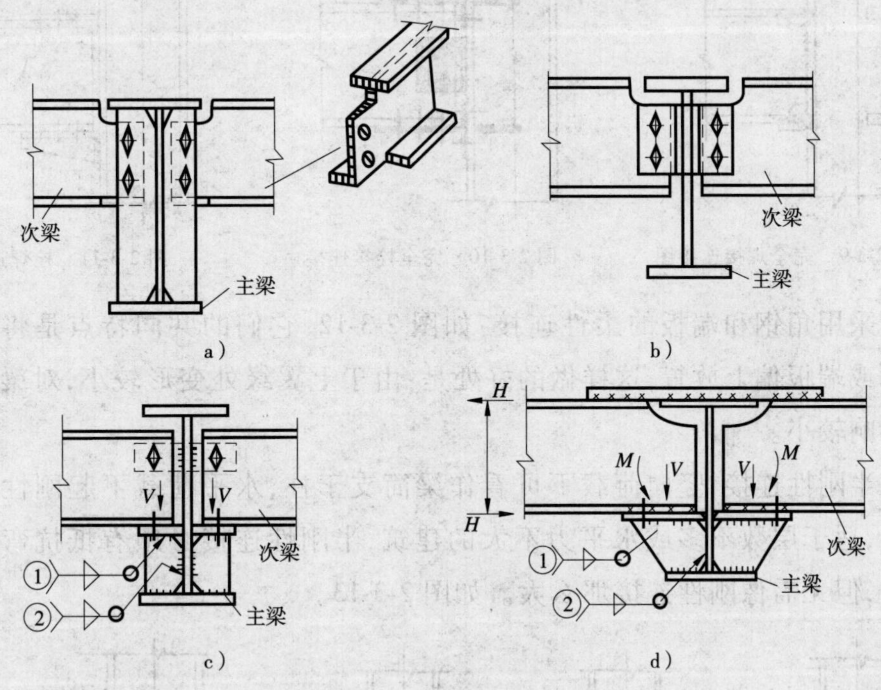

图 2-3-8　主次梁平接构造

a）通过加劲肋连接；b）通过腹板连接；c）通过支托连接；d）通过托顶板连接

（2）梁与柱的连接

①按连接转动刚度的不同分类：刚性连接、柔性连接、半刚性连接。

②刚性连接形式：完全焊接、完全栓接、栓焊混合连接；柔性连接：采用角钢、端板、支托。

完全焊接，如图 2-3-9，梁翼缘与柱翼缘间采用全熔透坡口焊缝，并按规定设置衬板，由于框架梁端垂直于工字形柱腹板，柱在梁翼缘对应位置设置横向加劲肋，要求加劲肋厚度不应小于梁翼缘厚度。

完全栓接，如图 2-3-10，所有的螺栓都采用高强摩擦型螺栓连接；当梁翼缘提供的塑性截面模量小于梁全截面塑性截面模量的 70% 时，梁腹板与柱的连接螺栓不得少于两列；即便计算只需一列时，仍应布置两列，且此时螺栓总数不得小于计算值的 1.5 倍。

栓焊连接，如图 2-3-11，可认为是半刚接，连接钢板足够厚时作为刚接，支托传递剪力。

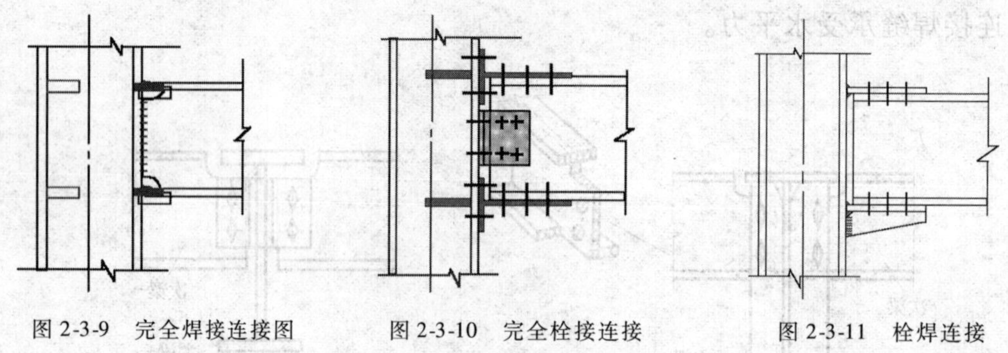

图 2-3-9　完全焊接连接图　　图 2-3-10　完全栓接连接　　图 2-3-11　栓焊连接

采用角钢和端板的柔性连接：如图 2-3-12，它们的共同特点是将连接角钢或端板偏上放置，这样做的好处是：由于上翼缘处变形较小，对梁上楼板影响较小。

半刚性连接，竖向荷载下可看作梁简支于柱，水平荷载下起刚性节点作用，适于层数不多或水平力不大的建筑，半刚性连接必须有抵抗弯矩的能力，但无需像刚性连接那么大。如图 2-3-13。

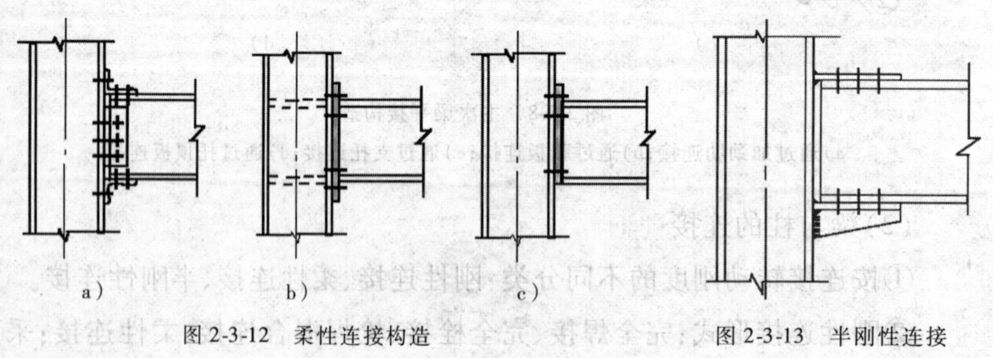

图 2-3-12　柔性连接构造　　图 2-3-13　半刚性连接

（3）柱脚节点

柱脚的主要作用是将柱子的压力传给基础，并和基础牢固的连接。柱脚与基础连接分铰接和刚接两类，轴心受压柱一般用铰接，偏心受压柱一般用刚接。

第二节　钢框架结构施工图的图纸组成

通常情况下,一套完整的钢框架结构施工图包括:结构设计说明、基础平面布置图及其详图、柱子平面布置图、各层结构平面布置图、各横轴竖向支撑立面布置图、各纵轴竖向支撑立面布置图、梁柱截面选用表、梁柱节点详图、梁节点详图、柱脚节点详图和支撑节点详图等。

在实际工程中,以上图纸内容可以根据工程的繁简程度,将某几项内容合并在一张图纸上或将某一项内容拆分成几张图纸。例如:对于基础类型较多的工程,其基础详图往往单列一张图纸,不与基础平面布置图合在一张图纸上;梁柱截面选用表,在构件截面类型不是很多时,可在各层结构平面布置图中一并标出;对于小型工程,还可以将各构件的节点详图合并在一张图纸上表达。

在高层钢框架结构施工图中,由于其柱子往往采用组合柱子,构造较为复杂,所以需要单独出一张“柱子设计图”用来表达其详细的构造做法。对于高层钢框架结构,若有结构转换层,还需将结构转换层的信息用图纸表达清楚。

另外,在钢框架结构的施工详图中,往往还需要有各层梁构件的详图、各种支撑的构件详图、各种柱的构件详图以及某些构件的现场拼装图等。

第三节　钢框架结构施工图的图示内容及识读方法

为了初学者能够更好的入门,本节特意安排了一套简单的钢框架别墅施工图(见附图3)和大家一起识读,以便掌握识读钢结构施工图的方法。

本工程施工图主要包括了:结构设计说明、底层柱子平面布置图、二层结构平面布置图、三层结构平面布置图、屋面结构布置图及其详图、屋面檩条平面布置图、楼梯施工详图、节点详图1、节点详图2。

1 结构设计说明

钢框架结构的结构设计说明,往往根据工程的繁简情况不同,说明中所列的条文也不尽相同。本工程较为简单,因此结构设计说明的内容也比较简单,但是本工程结构设计说明中所列条文都是钢框架结构工程中所必须涉及的内容。主要包括:设计依据,设计荷载,材料要求,构件制作、运输、安装要求,施工验收,后面图中相关图例的规定,主要构件材料表等。

从附图 3.1 中不难发现,虽然是钢框架结构的设计说明,但是它包括的基本内容与轻钢门式刚架结构和网架结构的设计说明中包括的内容基本一致,只是由于结构体系和构件的不同,存在一些细微的差别。对于轻钢门式刚架结构和网架结构大多数读者比较陌生,因此本书作了详细的介绍,而对于钢框架这种绝大多数读者都很熟悉的结构形式,本书就不再详细分析它的结构设计说明了,读者可以结合前两章介绍的识读结构设计的方法来识读本设计说明。

2 底层柱子平面布置图

柱子平面布置图是反映结构柱在建筑平面中的位置,用粗实线反映柱子的截面形式,根据柱子断面尺寸的不同,给柱进行不同的编号,并且标出柱子断面中心线与轴线的关系尺寸,给柱子定位。对于柱截面中板件尺寸选用往往另外用列表方式表示。

附图 3.2 主要表达了本工程底层柱的布置情况。在读图时,首先明确图中一共有几种类型的柱子,每一种类型的柱子的截面形式如何,各有多少个。如本图中共有两种类型的柱子,即未在图中注明的柱子 C1,和图中注明的柱子 C2;对照设计说明中的材料表可以知道,柱 C1 的截面为 H100 × 100 × 6 × 8 的焊接 H 型钢,柱 C2 的截面为 2 个 H100 × 100 × 4.5 × 6 的焊接 H 型钢将翼缘对接焊接组合起来的;另外可以从图中查出本层各类柱子的数量分别为柱 C1 共 29 个,柱 C2 共有 14 个。

在了解了上述这些信息之后,接下来的读图任务就是弄清楚每一个柱子的具体位置、摆放方向以及它与轴线的关系。对于钢结构的安装尺寸必须要精确，因此在识读时必须要准确掌握柱子的位置，否则将会影响其他构件的安装；另外还要注意柱子的摆放方向，因为这与柱子的受力，以及整个结构体系的稳定性都有直接的关系。如本图中最西南角上的柱子 C2，它位于 1 轴线和 B 轴线相交的位置处，柱子的长边沿着 1 轴线放置，且柱中与 1 轴线重合；柱子的短边沿 B 轴线布置，且柱的南侧外边缘在 B 轴线以南 50mm。

3　结构平面布置图

结构平面布置图是确定建筑物各构件在建筑平面上的位置图，具体绘制内容主要有：

(1)根据建筑物的宽度和长度，绘出柱网平面图；

(2)用粗实线绘出建筑物的外轮廓线及柱的位置和截面示意；

(3)用粗实线绘出梁及各构件的平面位置，并标注构件定位尺寸；

(4)在平面图的适当位置处标注所需的剖面，以反映结构楼板、梁等不同构件的竖向标高关系；

(5)在平面图上对梁构件编号；

(6)表示出楼梯间、结构留洞等的位置。对于结构平面布置图的绘制数量，与确定绘制建筑平面图的数量原则相似，只要各层结构平面布置相同，可以只画某一层的平面布置图来表达这相同各层的结构平面布置图。

本工程共有三张结构平面布置图，即二层结构平面置图（见附图 3.3）、三层结构平面布置图（见附图 3.4）和屋面结构平面布置图（见附图 3.5）。根据绘制结构平面布置图的原则，在识读各层结构平面布置图时，先就某一层结构平面图进行详细识读，然后对于其他各层，重点查找与读过的第一张结构平面布置图的差异在哪里？这样不仅可以明显地提高识图速度，还可以避免出现各层之间信息的混乱。

在对某一层结构平面布置图详细识读时，往往采取如下的步骤：

(1)明确本层梁的信息。前面提到结构平面布置图是在柱网平面上绘制出来的，而在识读结构平面布置图之前，已经识读了柱子平面布置图，所以在此图上的识读重点就首先落到了梁上。这里提到的梁的信息主要包括梁的类型数、各类梁的截面形式、梁的跨度、梁的标高以及梁柱的连接形式等信息。

(2)掌握其他构件的布置情况。这里其他构件主要是指梁之间的水平支撑、隅撑以及楼板层的布置。水平支撑和隅撑并不是所有的工程中都有,如果有的话也将在结构平面布置图中一起表示出来;楼板层的布置主要是指采用钢筋混凝土楼板时,应将钢筋的布置方案在平面图中表示出来,有时也会将板的布置方案单列一张图纸。

(3)查找图中的洞口位置。楼板层中的洞口主要包括楼梯间和配合设备管道安装的洞口,在平面图中主要明确它们的位置和尺寸大小。

下面以二层结构平面布置图(见附图3.3)为例,和大家一起详细识读。按照上面介绍的步骤,首先来识读本层梁的信息。本图中一共给出了五种型号的梁,编号为B1、B2、B3、B4、B5,每种梁的截面尺寸可以到结构设计说明中的主要材料表查询,与查询柱子截面类似,此处不再详述;从图上看,所有梁的标高相等,梁与柱的连接参照图例可以发现绝大多数梁柱节点均为刚性连接,只有边梁和阳台梁与柱的连接采用了铰接连接。对于其他构件的布置情况,由于本工程梁的跨度和梁的间距均不大,因此没有水平支撑和隅撑的布置;本图的楼板是用局部剖面图表示的,为压型钢板楼板。本图的洞口主要有两处,一个在H轴线与1轴线相交处附近,另外一个则是4轴、9轴、A轴、D轴四条轴线围合的区域加上楼梯间。

三层结构平面布置图的识读可与二层结构平面布置图对比识读,重点识读二者有差异的地方,读者不妨尝试一下,自己将其识读完成。

由于本工程为坡屋顶,因此屋面结构平面布置图主要绘制了坡屋面中支撑檩条的斜梁和屋脊梁的布置方案。本图的识读也可以仿照二层结构平面布置图识读方法,但由于坡屋顶是一个三维空间结构,对于初学者不太容易理解,因此需要参考相关的剖面和节点详图一同来理解,为此,特地将这些图放在了一张图纸上,有助于大家的比较。

4 屋面檩条平面布置图

屋面檩条平面布置图主要表达檩条的平面布置位置,檩条的间距以及檩条的标高。在识读时可以参考轻钢门式刚架的屋面檩条图的识读方法,阅读其要表达的信息。

5 楼梯施工详图

本工程的楼梯为别墅室内楼梯,所以坡度较大、受力较小,而且还是一部旋转楼梯。对于楼梯施工图,首先要弄清楚各构件之间的位置关系,其次要明确各构件之间的连接问题。前面提到,对于钢结构楼梯,往往做成梁板式楼梯,因此它的主要构件有:踏步板、梯斜梁、平台梁、平台柱等。

楼梯施工图主要包括:楼梯平面布置图、楼梯剖面图、平台梁与梯斜梁的连接详图、踏步板详图、平台梁与平台柱的连接详图、楼梯底部基础详图等。

对于楼梯图的识读步骤一般为:先读楼梯平面图,掌握楼梯的具体位置和楼梯的具体平面尺寸;再读楼梯剖面度,掌握楼梯在竖向上的尺寸关系和楼梯本身的构造形式及结构组成;最后就是阅读钢楼梯的节点详图,从而掌握组成楼梯的各构件之间的连接作法。

6 节点详图

节点详图在设计阶段应表示清楚各构件间的相互连接关系及其构造特点,节点上应标明整个结构物的相关位置,即应标出轴线编号、相关尺寸、主要控制标高、构件编号和截面规格、节点板厚度及加劲肋做法。构件与节点板采用焊接连接时,应标明焊脚尺寸及焊缝符号。构件采用螺栓连接时,应标明螺栓是什么螺栓、螺栓直径、数量。

本套图纸共有两张节点详图,绝大多数的节点详图是用来表达,梁与梁之间各种连接、梁与柱子的各种连接和柱脚的各种做法。往往采用2~3个投影方向的断面图来表达节点的构造做法。对于节点详图的识读,首先要判断清楚该详图对应于整体结构的什么位置(可以利用定位轴线或索引符号等),其次判断该连接的连接特点(即两构件之间在何处连接,是铰接连接还是刚接等),最后才是识读图上的标注。

图2-3-14为某梁柱节点详图,以此为例与读者一起识读。

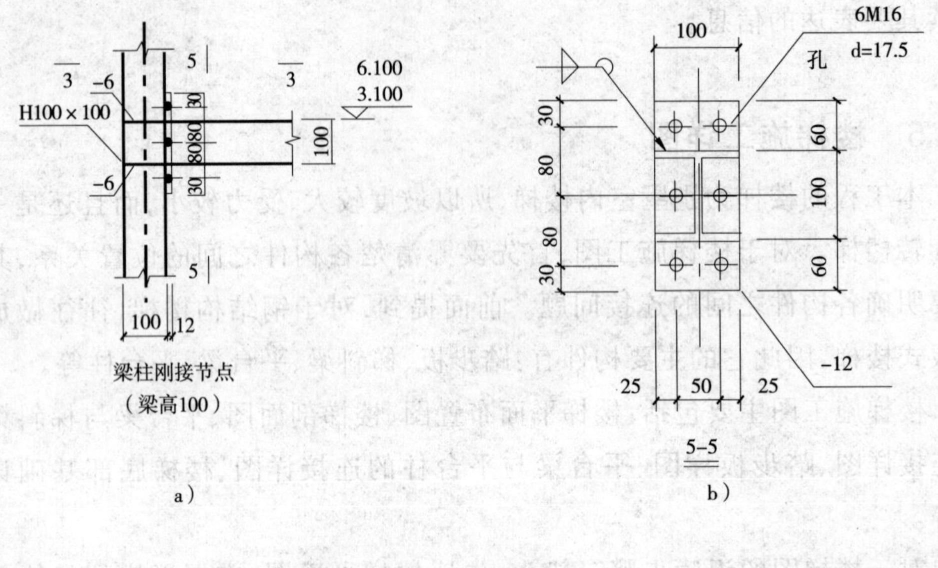

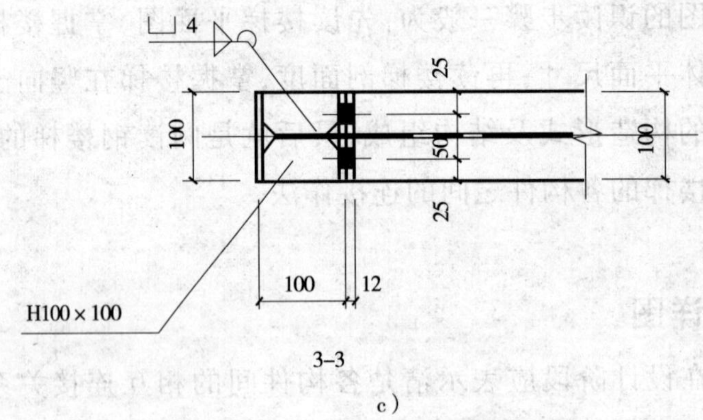

图 2-3-14　梁柱节点详图

由图 2-3-14a) 可以知道该节点是截面为 H100 × 100 柱与截面高为 100mm 的梁在 3. 100m 和 6. 100m 标高处的一个刚接节点；通过对三个投影方向图的综合阅读，可以知道梁柱的连接方法为：在梁端头焊接一块 100mm × 220mm × 12mm 钢板作为连接板，然后用 6 个直径为 16mm 的螺栓将连接板与柱翼缘板连接，为加强节点，还需在柱子腹板两侧沿梁上下翼缘板的高度各设置一道加劲肋，加劲肋厚度为 6mm。

对于钢框架施工图的识读，可以按照如下流程进行（图 2-3-15），这样对整个工程从整体到细节都能有一个清晰的认识。

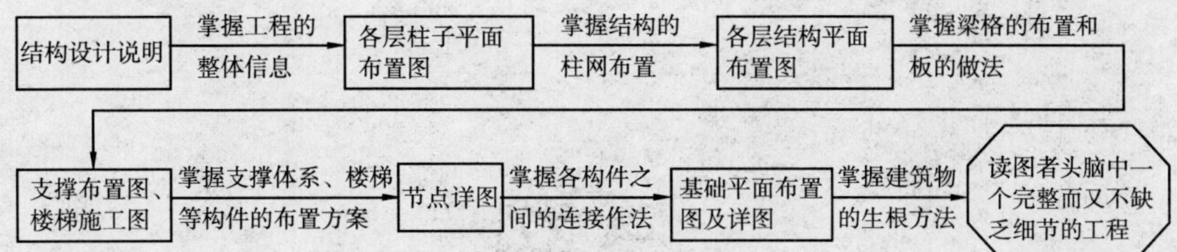

图 2-3-15　钢框架结构施工图的读图流程图

1. 压型钢板组合楼板主要有哪些部分共同组成，各部分的作用是什么？

2. 试简述钢框架结构的支撑系统包括哪些类型，它们各自的作用是什么？

3. 钢框架结构中，主次梁的连接形式根据相对位置关系不同可分为哪几类，根据受力特点不同又可以分为哪几类？

4. 一套完整的钢框架结构施工图包括哪些内容。

5. 请仔细阅读附图 3，回答下面的问题。

(1) 结构主体构件所用材料是什么，节点连接所用螺栓为何种类型？

(2) 在附图 3.2 中柱子 C2 的断面尺寸是多少？

(3) 在附图 3.3 中 9 轴与 K 轴相交位置处的柱子，柱子翼缘与梁的连接形式和柱子腹板与梁的连接形式分别为何种连接，该图中梁与梁的连接又属于哪种形式？

(4) 在附图 3.5 中，“屋面汇交杆节点一”、“屋面汇交杆节点二”和“屋面汇交杆节点三”分别指的是屋面什么部位的详图？

(5) 该建筑物楼梯的梯斜梁、平台梁和平台梁下方的立柱的断面尺寸分别为多少？

附　件

第一篇　练习题答案

第　一　章

1. 答：钢结构的优点包括：(1)建筑钢材强度高，塑性和韧性好；(2)钢结构的重量轻；(3)材质均匀，和力学计算的假定比较符合；(4)工业化程度高，工期短；(5)密封性好；(6)抗震性能好；(7)耐热性较好。

钢结构的下列缺点有时会影响钢结构的应用：(1)耐腐蚀性差；(2)耐火性差；(3)钢结构在低温条件下可能发生脆性断裂。

2. 答：(1)多层钢结构民用建筑中常用框架结构；

(2)在一些钢结构的高层建筑中，为了控制较大的水平位移，常采用框架一支撑结构；

(3)在高层和超高层中，框筒、筒中筒、束筒等筒体结构施工经常采用的结构形式。

3. 答：首先，从发展钢结构的主要物质基础来看，我国钢的总产值已居世界首位，钢结构配套的新型建材也得到了迅速发展。其次，从发展钢结构的技术基础来看，在普通钢结构、薄壁轻钢结构、高层民用建筑钢结构、门式刚架轻型房屋钢结构、网架结构、钢结构焊接和高强度螺栓连接、钢与混凝土组合楼盖、钢管混凝土结构及钢骨(型钢)混凝土结构等方面的设计、施工、验收规范规程及行业标准已发行20余本。有关钢结构的规范规程的不断完善为钢结构体系的应用奠定了必要的技术基础，为设计提供了依据。第三，从发展钢结构的人才素质来看，经过几年来的发展，专业钢结构设计人员已经形成一定的规模，而且他们的专业素质在实践中得到不断提高。而随着计算机在工程设计中的普遍应用，国内外钢结构设计软件发展迅猛，软件功能日臻完善，为协助设计人员完成结构分析设计，施工图绘制提供了极大的便利条件。

第　二　章

1. 答:应选用 A3 加长的图纸比较合适,如果还要放置其他图,也可选择 A2 的图纸。

2. 答:图样上的尺寸应包括尺寸线、尺寸界线、尺寸起止符号和尺寸数字等四要素。

尺寸线、尺寸界线用细实线绘制。尺寸界线一般应与被注长度垂直,一端离开图样轮廓线不小于 2mm,另一端超出尺寸界线2~3mm。必要时,图样轮廓线可用作尺寸界线。尺寸线应与被注线段平行,不能用其他图线代替或与其他图线重合。尺寸起止符号一般用中实线的斜短画线绘制,其倾斜的方向应与尺寸界线成顺时针 45°角,长度为 2~3mm。

3. 答:见图。

4. 答:见图。

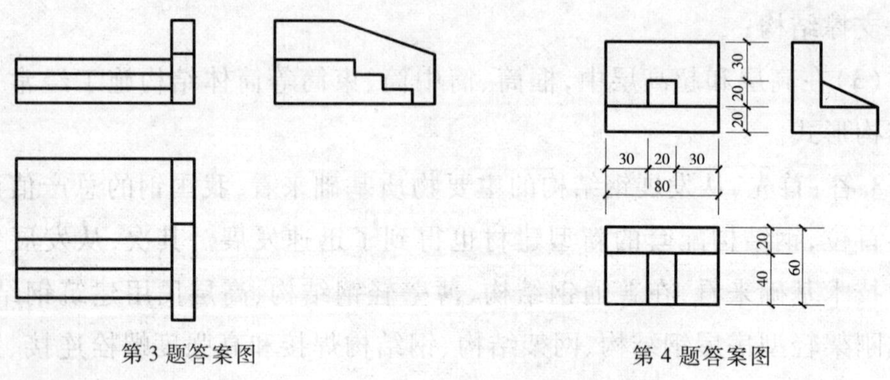

第 3 题答案图　　第 4 题答案图

第　三　章

1. 答:钢材的力学性能通常指钢材出厂时,所提供的强度、伸长率、冷弯性能和冲击韧性等。

2. 答:碳是各种钢中重要元素之一,在碳素结构钢中则是铁以外的最主要元素。碳是形成钢材强度的主要成分,随着含碳量的提高,钢的强度逐渐增高,而塑性和韧性下降,冷弯性能、焊接性能和抗锈蚀性能等也变差。按碳的含量区分，小于 0.25% 的为低碳钢，大于 0.25% 而小于 0.6% 的为中碳钢，大于 0.6% 的为高碳钢。钢结构的用钢含碳量一般不大于 0.22%，对于焊接结构，为了获得良好的可焊性，以不大于 0.2% 为好。所以，建筑钢结构用的钢材基本上都是低碳钢。

3. 答：影响钢材性能的因素主要有：化学成分的影响；成材过程中的影响；残余应力的影响；应力集中的影响；钢材的冷作硬化和时效；温度的影响；钢材的疲劳

4. 答：Q460E 表示：屈服强度为 460MPa 的 E 级特殊镇静钢。

5. 答：选择钢材的目的是要做到结构安全可靠，同时用材经济合理。

在选择钢材时应考虑下列各因素：

1. 结构或构件的重要性。

2. 荷载性质（静载或动载）。

3. 连接方法（焊接、铆接或螺栓连接）。

4. 工作条件（温度及腐蚀介质）。

对于重要结构、直接承受动载的结构、处于低温条件下的结构及焊接结构，应选用质量较高的钢材。

第 四 章

1. 答：高强度螺栓分高强度螺栓摩擦型连接、高强度螺栓承压型连接两种，均用强度较高的钢材制作，安装时通过特制的扳手，以较大的扭矩上紧螺帽，使螺杆产生很大的预应力，预应力把被连接的部件夹紧，使部件的接触面间产生很大的摩擦力，外力可通过摩擦力来传递。当仅考虑以部件接触面间的摩擦力传递外力时称为高强度螺栓摩擦型连接；而同时考虑依靠螺杆和螺孔之间的承压来传递外力时称为高强度螺栓承压型连接。

2. 答：$h_{f\max} \leqslant 1.2t_1 = 1.2 \times 6 = 7.2\text{mm}$

$h_{f\min} \geqslant 1.5\sqrt{t_2} = 1.5 \times \sqrt{10} = 4.7\text{mm}$

因此，图中的焊缝焊脚尺寸应取 6mm。

3. 答：见下图

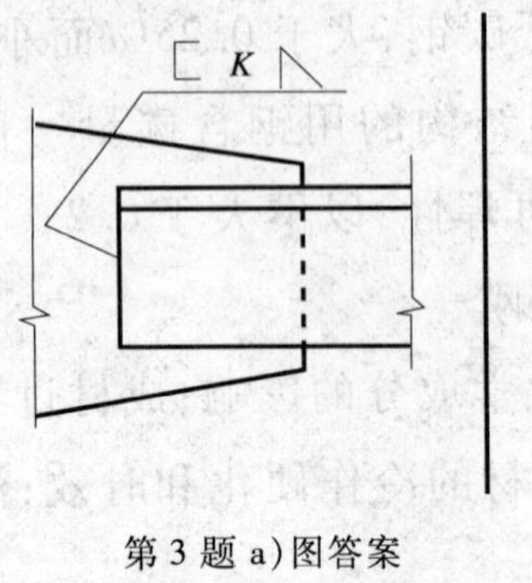

第 3 题 a)图答案

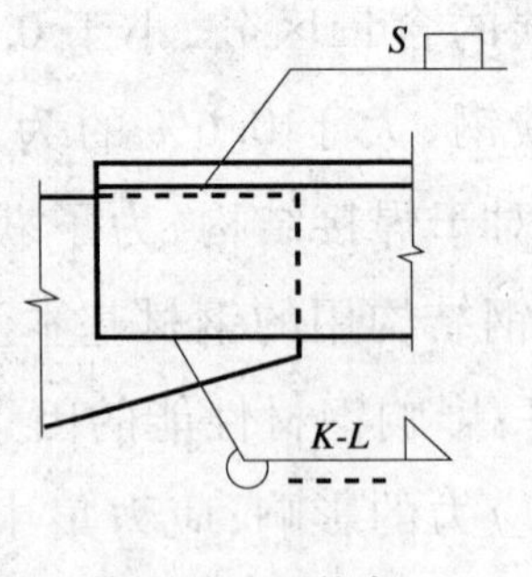

第 3 题 b)图答案

第 五 章

1. 答:建筑平面图是由一个沿窗台高度的假想水平剖切面剖切建筑物得到的水平剖面图。它主要反映建筑物各层的平面布置情况,如:每层房间的数量、每个房间的大小、房间与房间之间的相对位置关系、门窗的位置及开启方向、楼梯间的位置、平面的交通组织等。

2. 答:(1)注意每张图纸上的说明。

(2)注意图纸之间的联系和对照。

(3)注意构件种类的汇总。

(4)注意考虑其施工方法的可行性和难易程度。

第二篇 练习题答案

第 一 章

1. 答:轻型门式刚架的结构体系包括以下组成部分:

(1)主结构:横向刚架(包括中部和端部刚架)、楼面梁、托梁、支撑体系等。

(2)次结构:屋面檩条和墙面檩条等。

(3)围护结构:屋面板和墙板。

(4)辅助结构:楼梯、平台、扶栏等。

(5)基础。

2. 答:一套完整的轻钢门式刚架图纸主要包括:结构设计说明、锚栓平面布置图、基础平面布置图、刚架平面布置图、屋面支撑布置图、柱间支撑布置图、屋面檩条布置图、墙面檩条布置图、主刚架图和节点详图等。

3. 答:(1)本工程的柱距为6m,主刚架的跨度是24m,主刚架采用的钢材级别为Q235B。

(2)本工程的屋面支撑在图中是用SC-1表示的,它分布在②~③轴的开间和⑧~⑨轴的开间内。

(3)本工程的柱间支撑采用的是Φ22的圆钢,它与柱子之间是采用半月板和预紧螺栓连接的。

(4)本工程檩条与檩托的连接采用的螺栓连接,螺栓直径为12mm,两根檩条共用4个螺栓;屋面隅撑采用的是∟56×5的等边角钢。

(5)在附图1.6中的3号详图表达纵横墙交接处檩条的做法,具体做法为:纵墙檩条伸出柱中线300mm,伸到横墙内皮,横墙檩条伸至纵墙檩条。

(6)Z2的截面为:翼缘宽度为160mm、厚度为8mm,腹板厚度为6mm、高度为300~450mm下小上大的变截面H型钢;L1的截面为350~450mm×160mm×6mm×8mm的变截面H型钢,左小右大;柱脚底板厚度为20mm。

第 二 章

1. 答:网架结构根据外形可分为平板网架和曲面网架。通常情况下,平板网架简称为网架;曲面网架简称为网壳。

通常,网架是由上弦杆、下弦杆两个表面及上下弦面之间的腹杆组成。

2. 答:网架的节点连接形式有:钢板节点、焊接空心球节点、螺栓球节点。

3. 答:网架的支撑方式有:周边支撑、点支撑、周边支撑与点支撑结合;支座节点做法有:(1)平板压力支座节点。(2)单面弧形压力支座节点。(3)双面弧形压力支座节点。(4)球铰压力支座节点。(5)板式橡胶支座节点。

4.答:螺栓节点球的网架施工图主要包括:螺栓节点球网架结构设计说明、螺栓节点球预埋件平面布置图、螺栓节点球网架平面布置图、螺栓节点球网架节点图、螺栓节点球网架内力图、螺栓节点球网架杆件布置图、螺栓节点球球节点安装详图及其他节点详图等。

5.答:(1)杆件采用的是Q235AF钢,螺栓球采用的是45号钢。

(2)该网架为双层平板正放四角锥网架,它的平面尺寸是直径为24m的圆形,它的矢高是1.5m。

(3)该网架的支撑方式属于周边支撑的方式。

(4)螺栓球A1的直径为100mm,该结构体系中共有4个这样的球,该球上共连有5根杆件,分别为:2根2A、2根1K和1根1P。

(5)这两根杆件的夹角为44°22′。

(6)该支座节点类型为平板压力支座节点;十字钢板的厚度为16mm,它与螺栓球采用焊脚尺寸为12mm的焊缝焊接的。

(7)本工程中共有3种规格的杆件,分别为Φ48×3.5、Φ60×3.5、Φ75.5×3.75;螺栓球也有3种规格。

第 三 章

1.答:压型钢板组合楼板主要有压型钢板、抗剪栓钉和钢筋混凝土板三部分共同组成。压型钢板在施工阶段承担其上方的所有施工荷载,并兼起模板的作用,在实用阶段与混凝土板共同承重。栓钉主要是用来将钢梁、压型钢板、混凝土楼板三者组合在一起的,使三者能够更好的共同受力。钢筋混凝土板的作用主要是提供一个合理的刚度,并参与楼板的受力。

2.答:钢框架结构的支撑系统包括水平支撑和竖向支撑两类。楼盖水平刚度不足时往往布置水平支撑,水平支撑又可分为纵向水平支撑和横向水平支撑。竖向支撑包括中心支撑和偏心支撑两类。竖向支撑可在建筑物纵向的一部分柱间布置,也可在横向或纵横两项布置;在平面上可沿外墙布置,也可沿内墙布置。柱间支撑多采用中心支撑,常用的支撑形式有:十字交叉斜杆、单斜杆、人字形斜杆、K形斜杆和跨层跨柱设置的支撑等。

3. 答:主次梁的连接根据相对位置关系不同有平接和叠接两种形式;从主次梁节点受力看可分为刚接和铰接两类。

4. 答:一套完整的钢框架结构施工图包括:结构设计说明、基础平面布置图及其详图、柱子平面布置图、各层结构平面布置图、各横轴竖向支撑立面布置图、各纵轴竖向支撑立面布置图、梁柱截面选用表、梁柱节点详图、梁梁节点详图、柱脚节点详图和支撑节点详图等。

5. 答:(1)结构主体构件所用材料为 Q235 钢,节点连接所用螺栓为 8.8 级承压型高强螺栓。

(2)柱子 C2 的断面为 2H100 × 100 × 4.5 × 6 拼接焊接组成的。

(3)柱子翼缘与梁的连接为刚接,柱子腹板与梁的连接为铰接,梁梁连接全部为铰接。

(4)分别为下图中标一、二、三的位置。

(5)梯斜梁:10 厚钢板;平台梁:H250 × 150 × 4.5 × 6;立柱:H100 × 100 × 6 × 8。

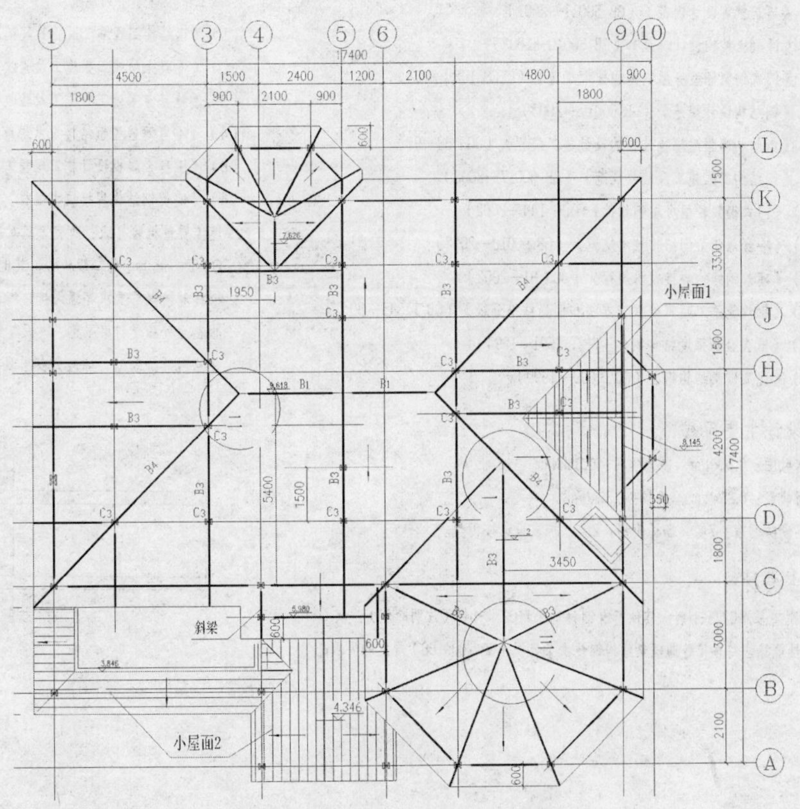

图 2-1-12　轻钢门式刚架结构施工图读图流程图

附图1：某轻钢门式刚架厂房结构施工图

附图1.1 结构设计总说明

结构设计总说明

一、工程概况

1. 本工程柱距6m，跨度向总长24m，檐口高度7m，防火等级为2级，结构重要性2级。
2. 檩条、墙梁均采用冷弯薄壁型钢。
3. 沿建筑物长度方向设3道柱间支撑和屋面横向水平支撑。
4. 所有钢柱在地坪以上120部分沿外型轮廓以细石混凝土（C15）包覆保护。

二、设计依据

1. 甲方提供的设计条件
2. 本设计按抗震设防烈度7度设计
3. 设计中采用的规范

（1）《建筑结构可靠度设计统计标准》（GB 50068—2001）

（2）《建筑地基基础设计规范》（GB 50007—2002）

（3）《建筑结构荷载规范》（GB 50009—2001）

（4）《建筑抗震设计规范》（GB 50011—2001）

（5）《混凝土结构设计规范》（GB 50010—2002）

（6）《门式钢架轻型房屋钢结构技术规范》（CECS 102：2002）

（7）《钢结构设计规范》（GB 50017—2003）

（8）《钢结构高强度螺栓连接的设计施工规程》（JGJ 82—91）

（9）《钢结构工程施工及验收规范》（GB 50017—2003）

（10）《门式钢架轻型房屋钢构件》（JG 144—2002）

（11）《冷弯薄壁型钢结构技术规范》（GB 50018—2002）

（12）《建筑钢结构焊接技术规程》（JGJ 81—2002）

（13）《钢焊缝手工超声波探伤方法和探伤结果分级》（GB 11345—89）

（14）《低合金高强度结构钢》（GB/T 1591—1994）

（15）《优质碳素结构钢》（GB/T 699—1999）

三、设计主要荷载

基本风压：0.35kN/m² 基本雪压：0.35kN/m²

屋面静载：0.25kN/m²，活载：0.35kN/m²

抗震设防烈度：7度，场地类别：2类，抗震设计按丙类。

四、主要材料

1. 刚架采用Q235-b钢，其他所有钢材均采用Q235-b钢（注明除外）。其性能除应符合《普通碳素结构钢技术条件》（GB 700—88）规定的要求外，尚应保证屈服点、碳、磷、硫的含量，墙梁和檩条采用的冷弯型钢还应保证冷弯实验合格。
2. 手工焊接时，Q235钢材之间焊接，采用E4301～E4312系列焊条，其技术条件应符合《碳钢焊条》（GB 5117—85）的规定，自动焊或半自动焊的焊丝和焊剂应与主体金属强度相应，焊丝采用H08A，焊丝应符合《焊接用钢丝》（GB 1300—77）的规定。
3. 普通螺栓：C级螺栓、螺帽和垫圈，采用Q325钢高强螺栓：10.9级螺栓，扭剪型高强螺栓。
4. 基础采用混凝土标号C20，垫层采用C10
5. 砖墙均为240厚，砖标号为MU10，采用M7.5水泥砂浆
6. 钢材、连接材料、焊条、焊丝、焊剂及螺栓、涂料底漆、面漆均应附有质量证明书

五、施工

1. 施工中应遵守下列规范

（1）《钢结构工程施工及验收规范》（GB 50205—2001）

（2）《混凝土结构工程施工及验收规范》（GBJ 204—2002）

（3）《地基与基础工程施工及验收规范》（GBJ 202—2002）

（4）《冷弯薄壁型钢结构技术规范》（GBJ 18—2002）

（5）《压型金属板设计施工规程》（YBJ 216—88）

（6）《建筑钢结构焊接技术规程》（JGJ 81—2002）

2. 焊接质量检验等级：所有工厂对接焊缝以及坡口焊缝按照（GB 50205—95）中的二级检验，其他焊缝按三级检验。
3. 板材对接接头要求等强焊接，焊透全截面，并用引弧板施焊，引弧板割去处应予打磨平整，腹板与翼缘对接接头应错开200mm以上，并注意避开加劲肋。应避免在屋面梁跨中1/3跨长范围内拼接。

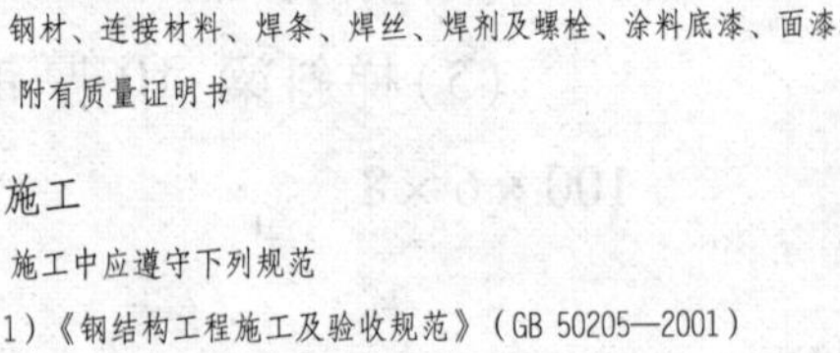

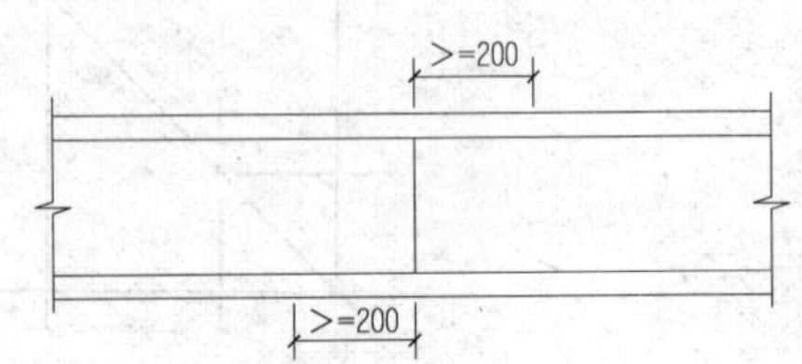

4. 未注明焊缝高度6mm，满焊。

5. 所有节点零件以现场放样为准。

6. 屋面梁拼接、梁柱连接要求在工厂预拼接。

7. 构件在运输吊装时，应采取加固措施防止变形和损坏。

8. 柱脚锚栓采用双螺母，待柱子安装、校正、定位后，将垫板与柱底板及螺母焊牢，防止松动，在柱底板下灌C40膨胀细石混凝土。

9. 钢结构安装完成受力后，不得在主要受力构件上施焊。

六、钢结构涂装

1. 除锈

钢结构在制作前，表面应彻底除锈，除锈等级达到ST2级。

2. 涂装

构件完成后涂两道红丹底漆，工厂和现场各涂一道醇酸漆，漆膜总厚度不小于125微米。构件除锈完成后，应在8h（湿度较大时2～4h）内，涂第一道红丹漆，底漆充分干燥后，才容许次层涂装。但连接接头的接触面和工地焊缝两侧50mm范围内安装前不涂漆，待安装后补漆。安装完毕后未刷底漆的部分及补焊、擦伤、脱漆处均应补刷底漆两度，然后刷面漆一度，面漆颜色由业主定。在使用过程中应定期进行涂漆保护。

七、防火

钢构件防火应按建筑专业的要求，达到其耐火极限。

八、其他

1. 除注明者外，设计图中所注尺寸均以mm计，高程以m计，均为相对高程。

2. 图例

图纸目录

目录表

序号	图纸名称	图号	规格	备注
1	结构设计总说明～图纸目录		A1	
2	基础平面布置图	结施01	A1	
3	结构平面布置图～锚栓平面图	结施02	A1	
4	柱间支撑布置图	结施03	A1	
5	屋面檩条布置图	结施04	A1	
6	墙梁布置图	结施05	A1	
7	主刚架1	结施06	A1	
8	主刚架2	结施07	A1	

建筑构造说明

序号	名称	做法	使用部位
1	屋面	轻钢屋面，820型压型彩钢板屋面面板颜色海蓝色。	
2	内地台		
3	外墙	900型压型彩钢板墙面板，面板颜色象牙白。详立面	
4	内墙		
5	门窗		

				工程总称	徐州某加工厂	
审定				项目		
审核				结构设计总说明～图纸目录		
设计负责人		设计				
工种负责人		制图		工程编号		图号
证书编号		日期		比例		

附图1.2　基础平面布置图及基础详图

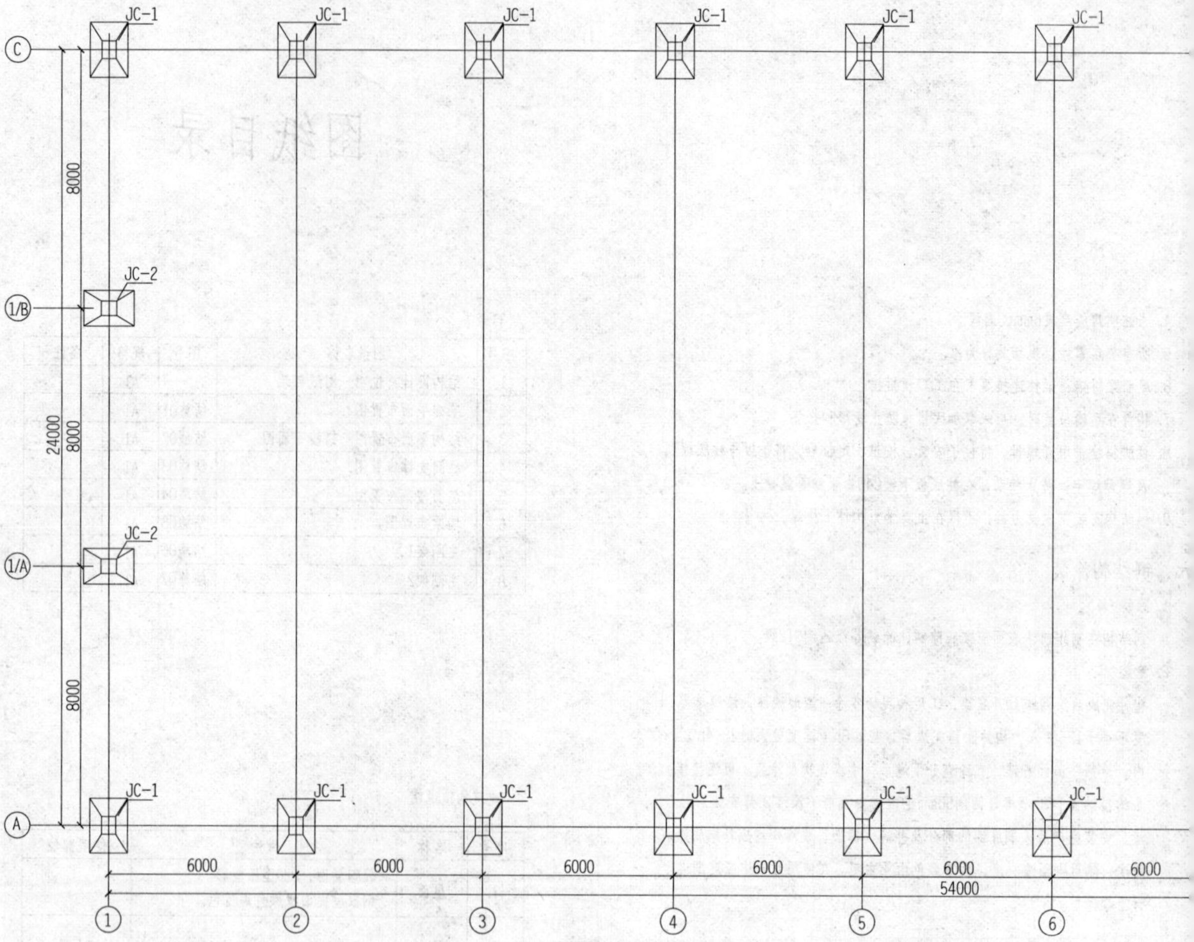

基础平面布置图1:100

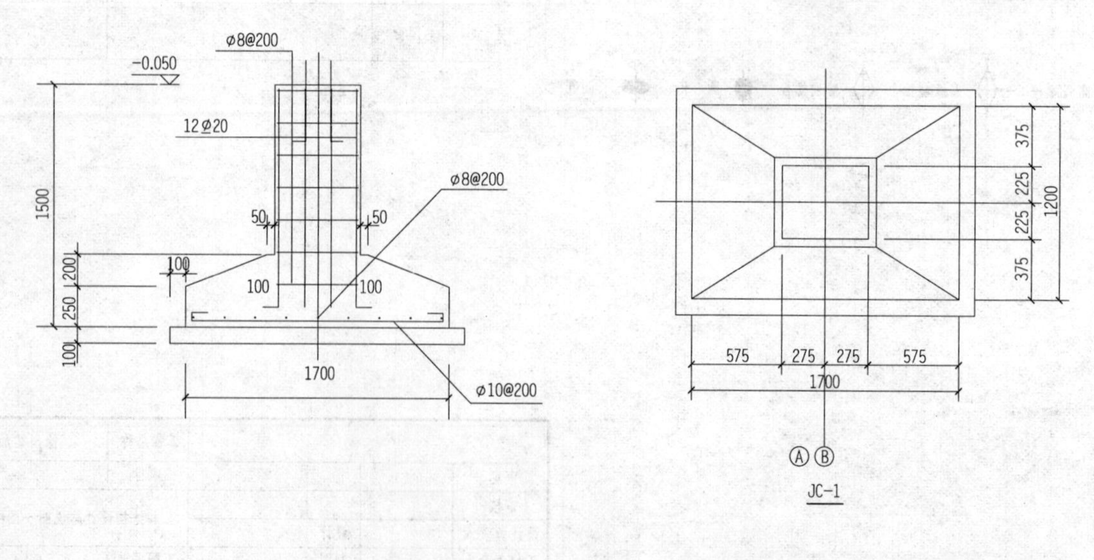

JC-1

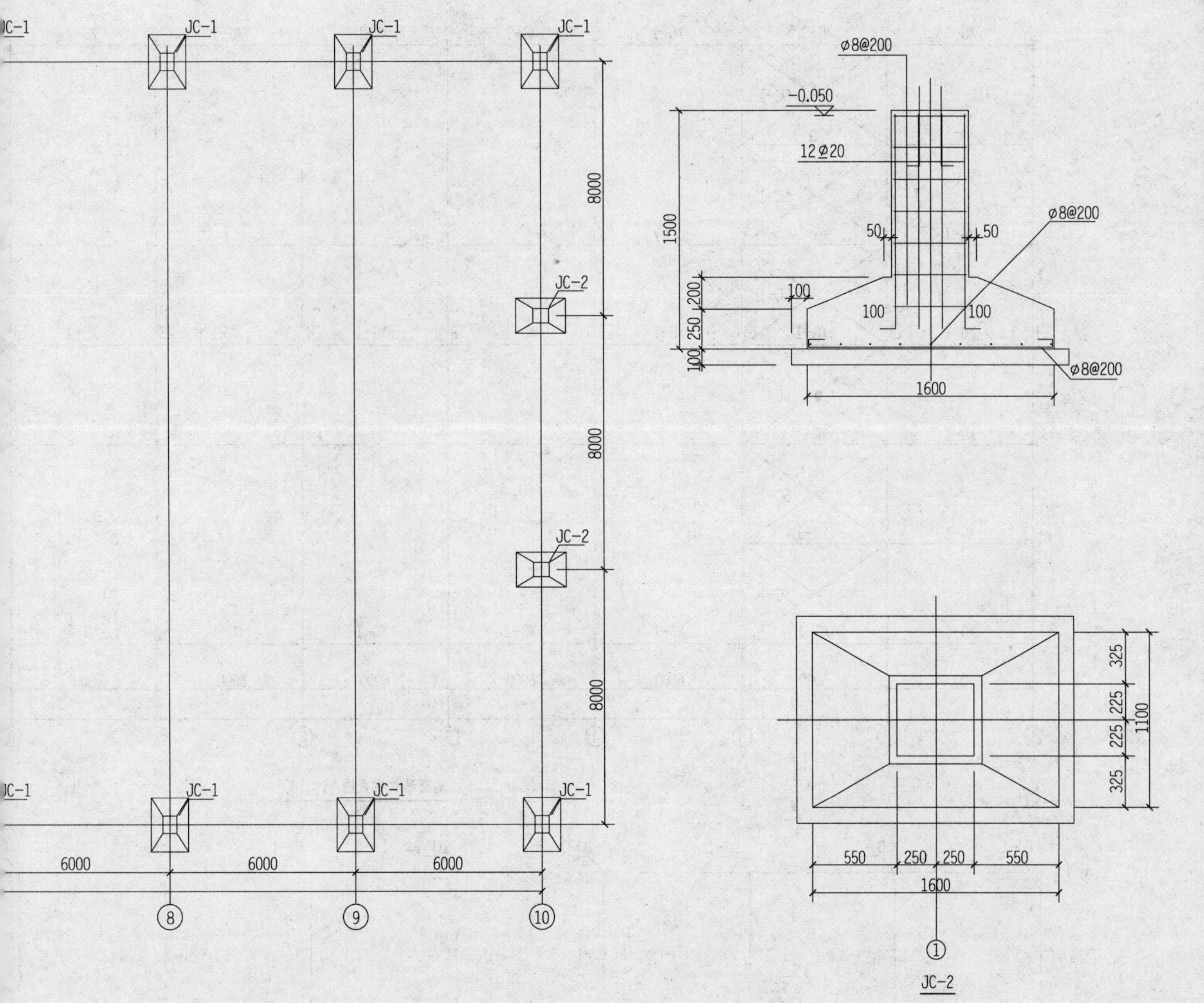

说明：

1. 保护层厚：35mm。
2. 垫层采用C10素混凝土，厚100。

				工程总称	徐州某加工厂		
审定				项目			
审核				基础平面布置图			
设计负责人		设计					
工种负责人		制图		工程编号		图号	结施01
证书编号		日期		比例			

附图1.3 屋面结构布置图及锚栓布置图

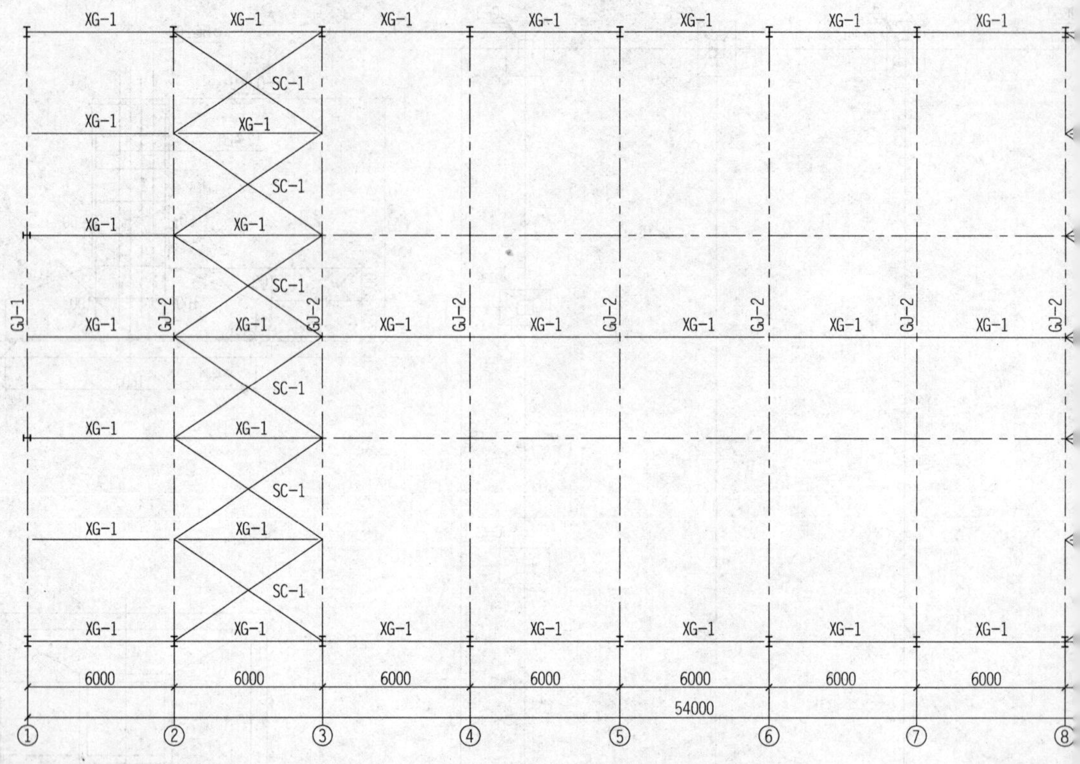

屋面结构布置图 1：100

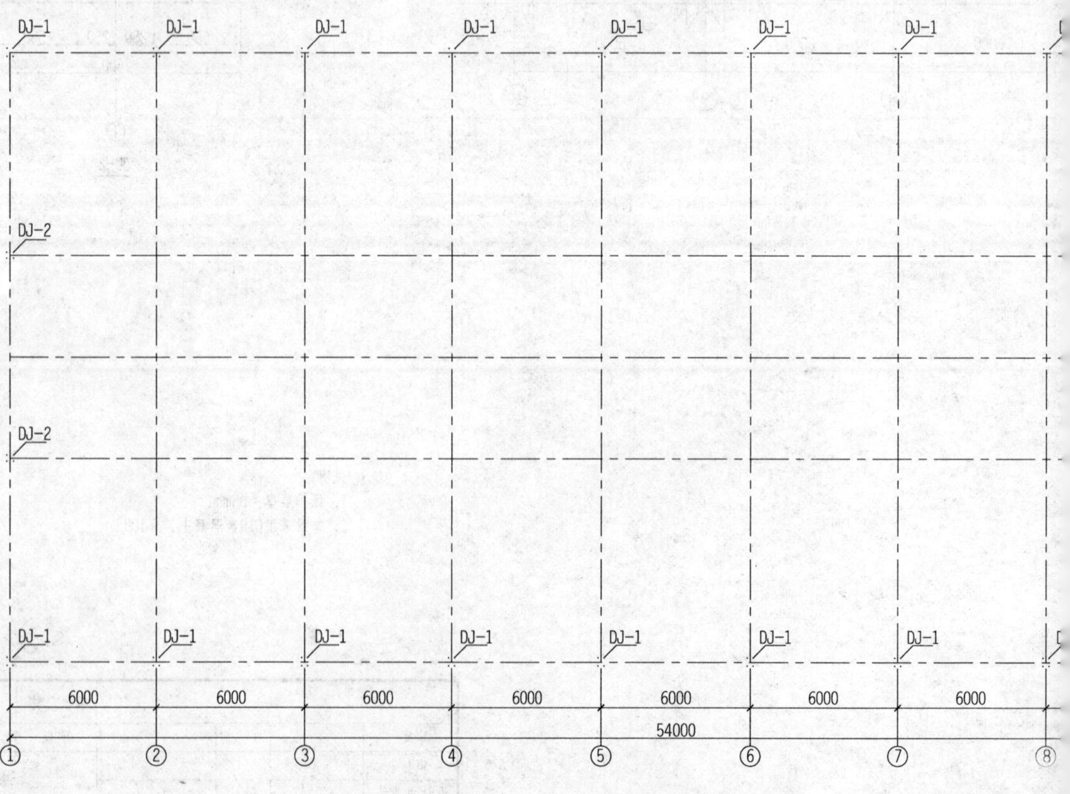

锚栓平面布置图 1：100

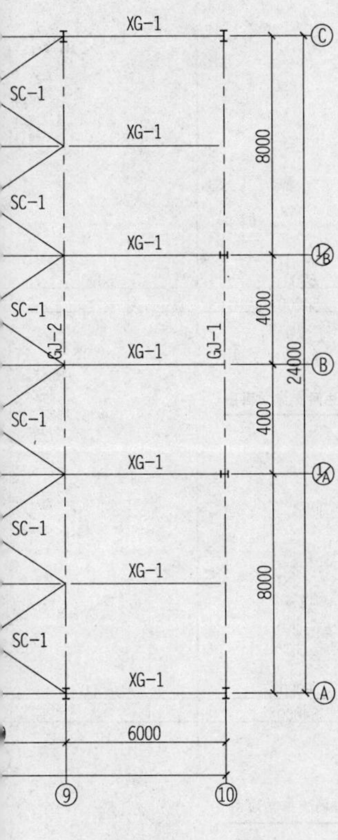

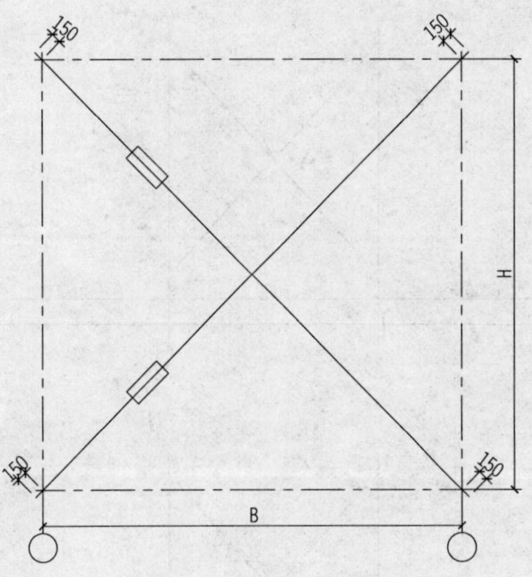

SC-1 (B=6000, H=3417)

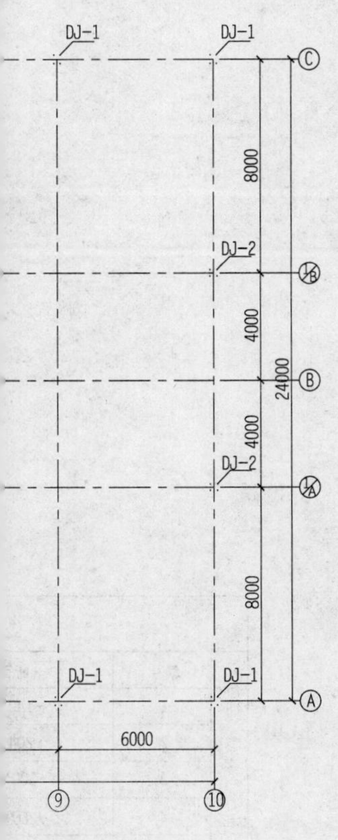

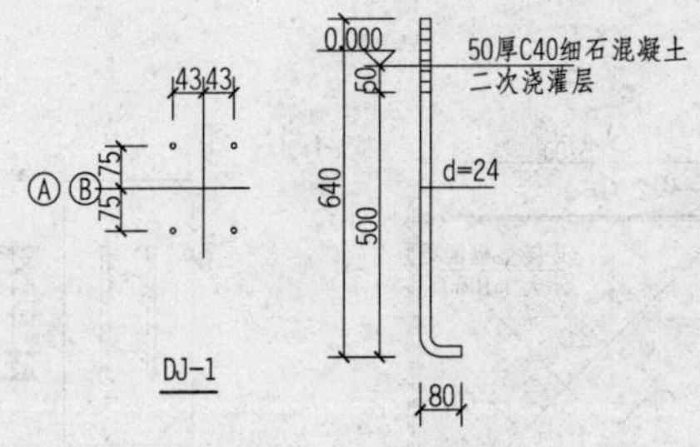

DJ-1

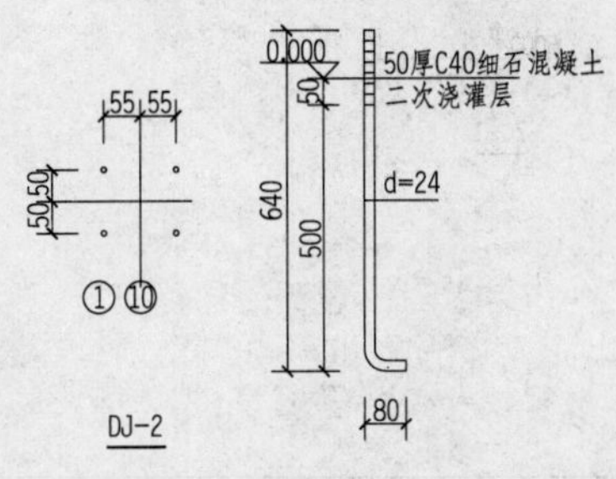

DJ-2

				工程总称	徐州某加工厂	
审定				项目		
审核				屋面结构布置图～锚栓平面布置图		
设计负责人		设计				
工种负责人		制图		工程编号	图号	结施02
证书编号		日期		比例		

附图1.4　柱间支撑布置图及杭风柱布置

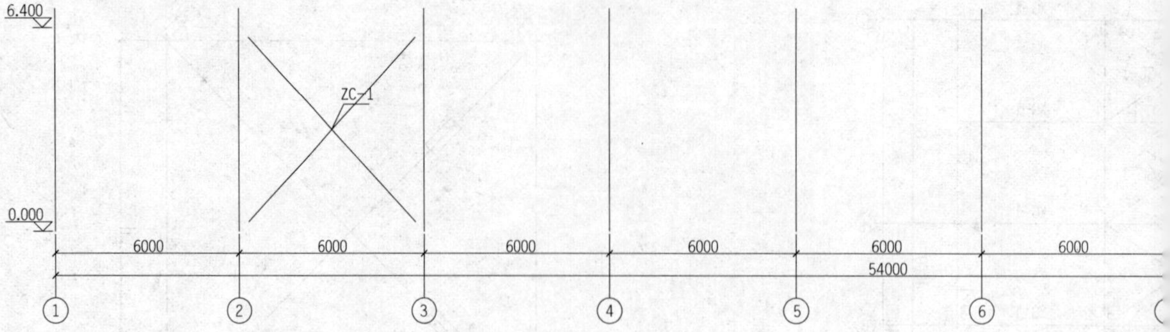

6.400
0.000
ZC-1
6000
6000
6000
6000
6000
6000
54000
1
2
3
4
5
6

C轴柱间支撑立面图

6.400
0.000
ZC-1
6000
6000
6000
6000
6000
6000
54000
1
2
3
4
5
6

A轴柱间支撑立面图

96
240
100
5700
6.100
30
130
336
连接垫板间距
不大于1080
0.300
6000

ZC-1

5
50
20
60
20
50
100
200
29
30
29
100
4
6
250

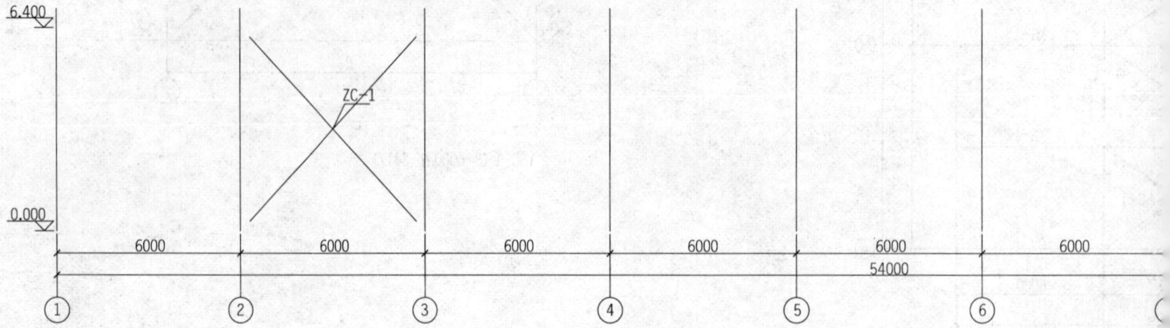

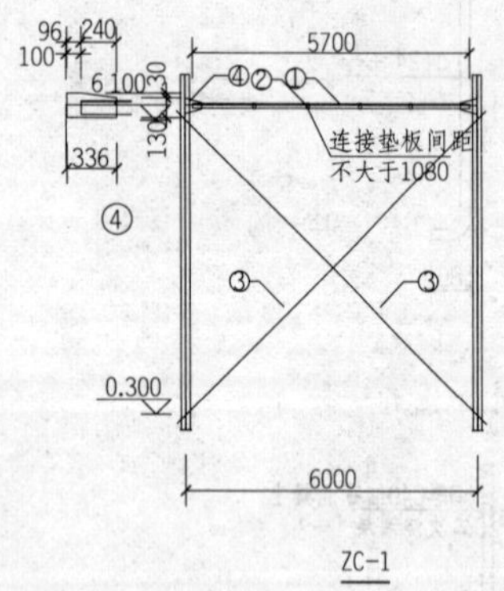

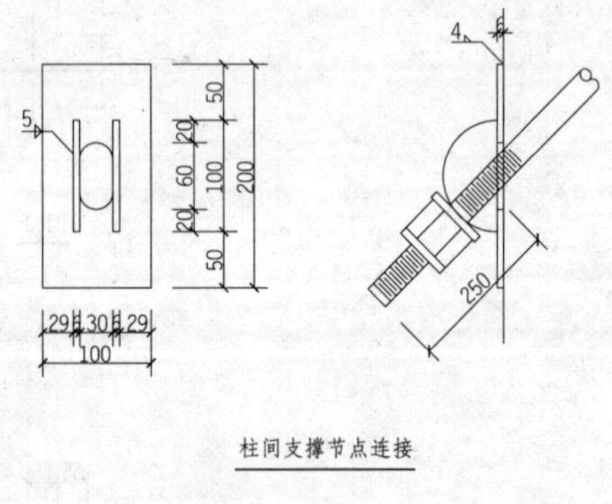

柱间支撑节点连接

材　料　表						
	编号	断面	长度	数量	单重	总重
ZC-1	1	2L90×6	5700	1	95.2	95.2
	2	−60×10	110	8	0.5	4.1
	3	⌀22	8845	2	26.4	52.7
	4	−160×10	336	2	4.2	8.4
						160

	编号	断面
KFZ	1	−140
	2	−204
	3	−300×
	4	−260×

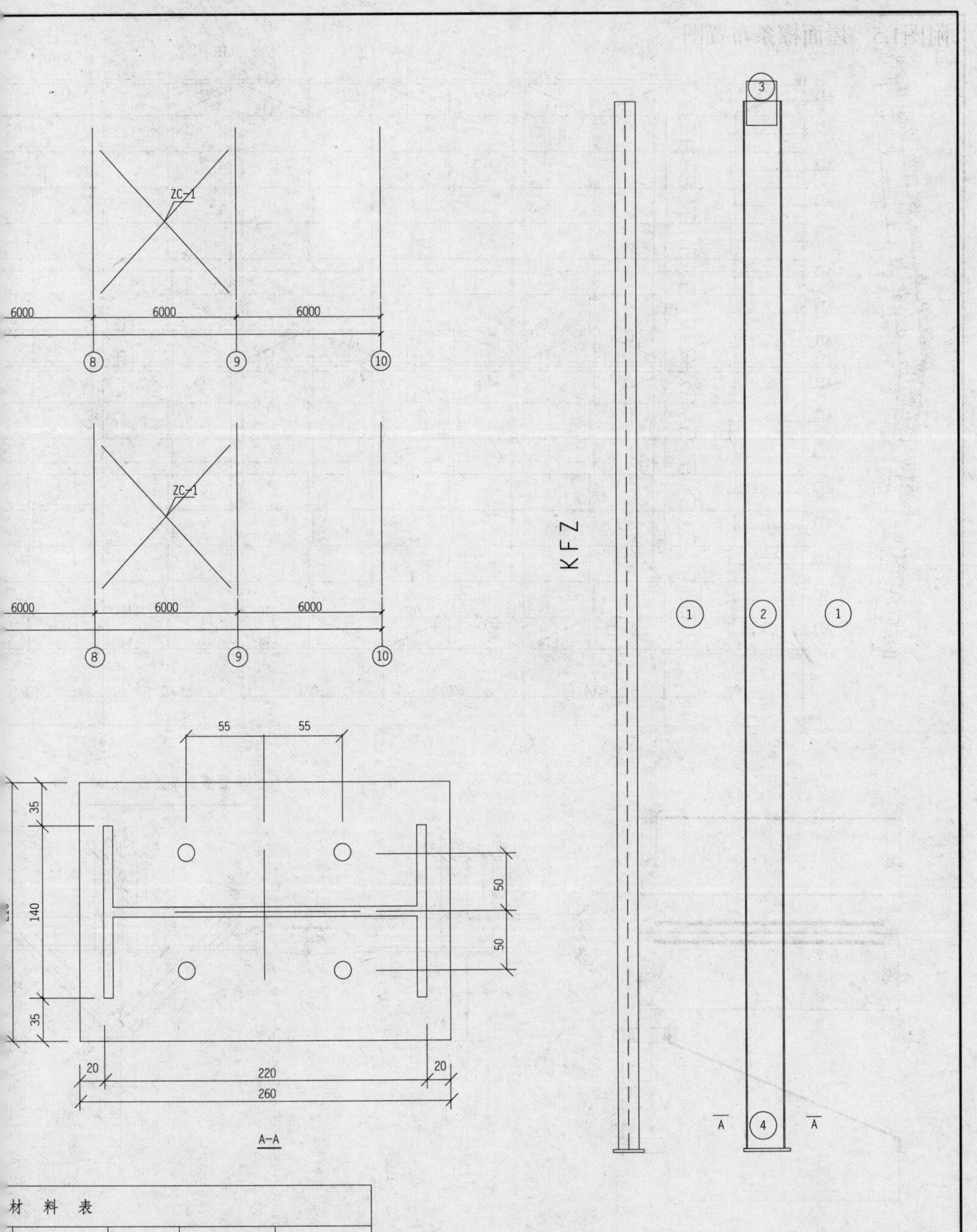

材 料 表

长度	数量	单重（毛）	总重（毛）
7274	8	63.95	511.62
7274	4	69.89	279.57
200	4	7.54	30.14
210	4	8.57	34.29
			855.62

			工程总称	徐州某加工厂	
审定			项目		
审核			柱间支撑布置图～抗风柱施工图		
设计负责人	设计				
工种负责人	制图		工程编号	图号	结施03
证书编号	日期		比例		

附图1.5 屋面檩条布置图

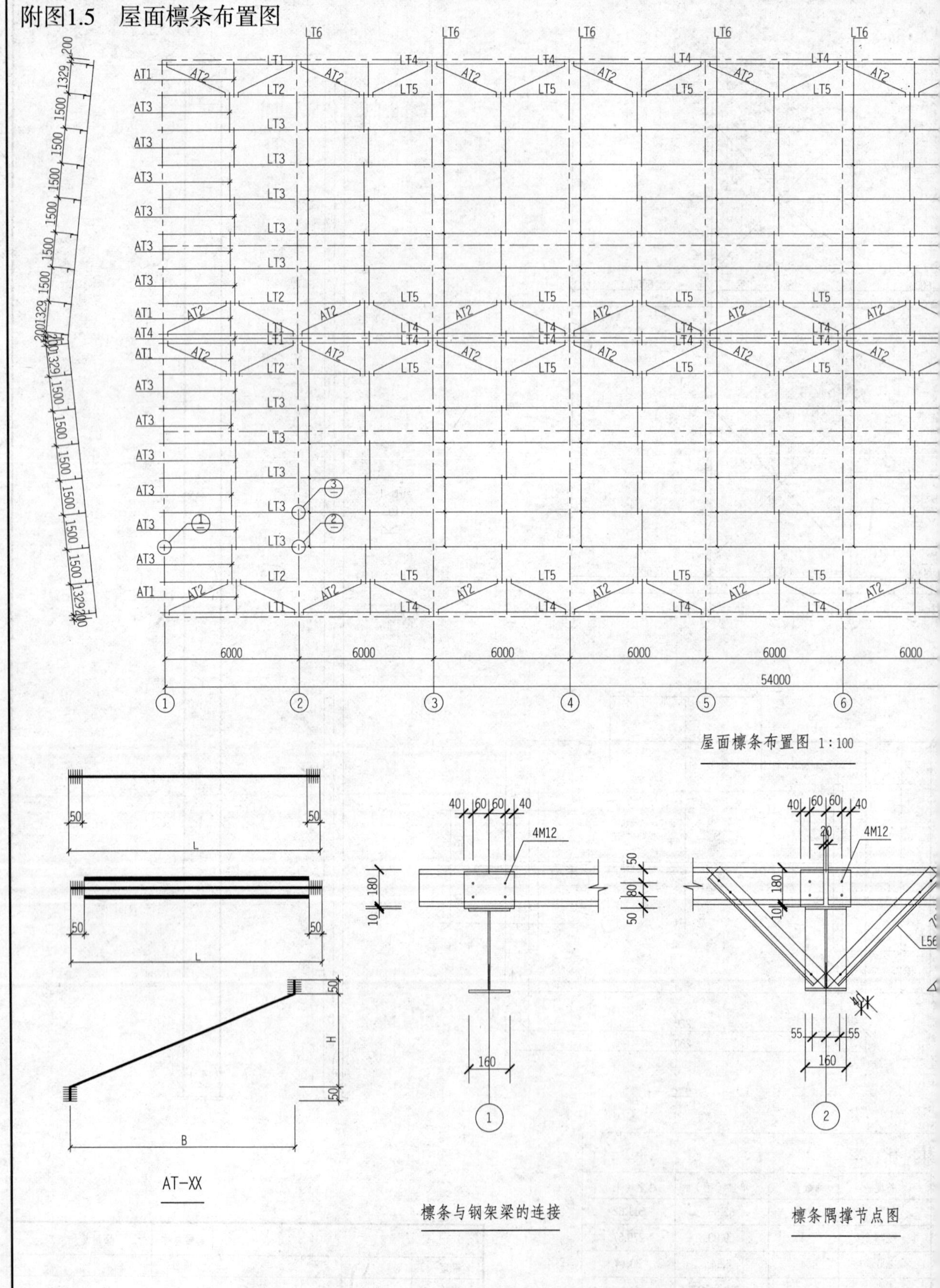

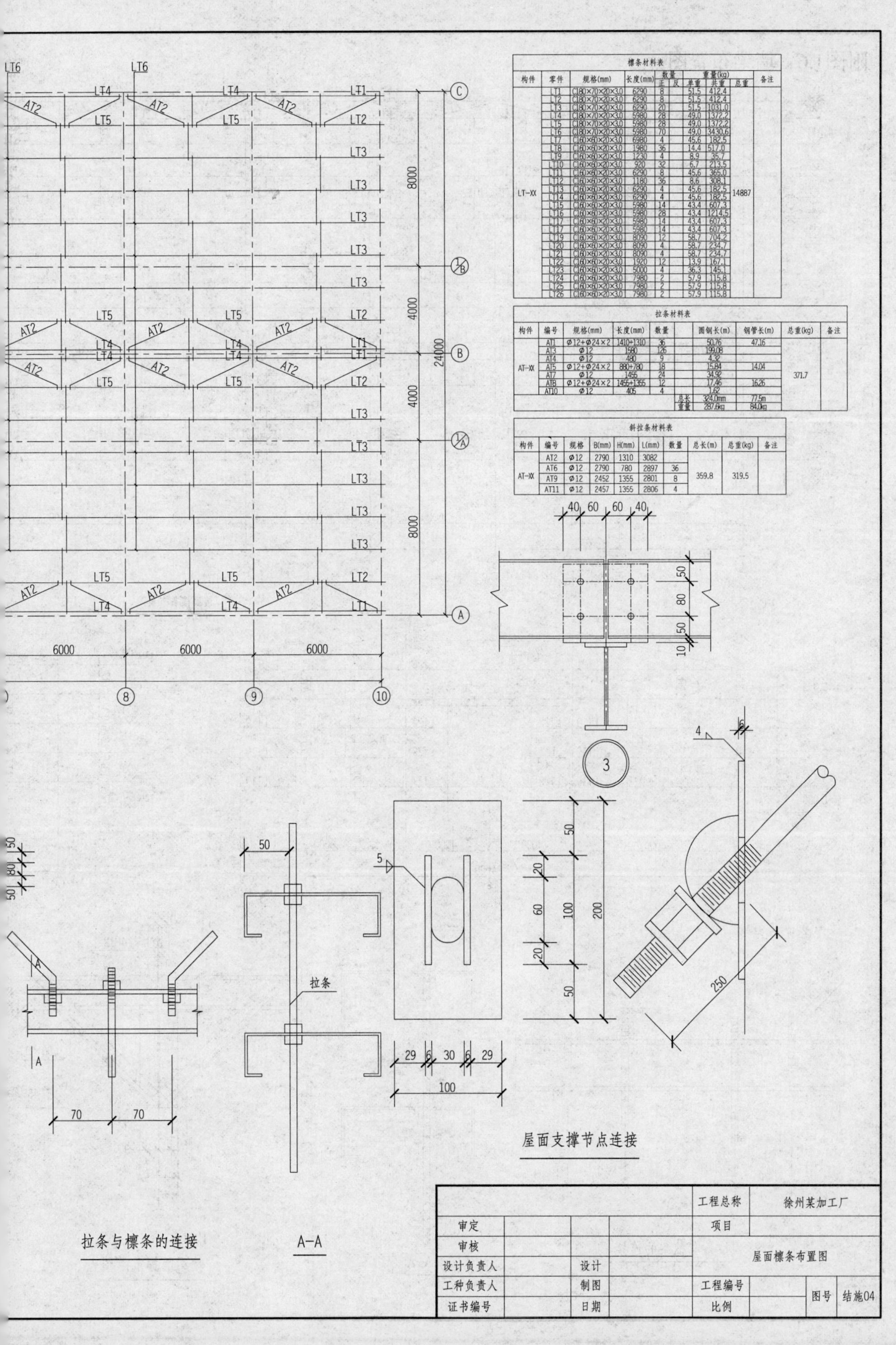

檩条材料表

构件	零件	规格(mm)	长度(mm)	数量 正	数量 反	重量(kg) 单重	重量(kg) 共重	重量(kg) 总重	备注
LT-XX	LT1	C180×70×20×3.0	6290	8		51.5	412.4	14887	
	LT2	C180×70×20×3.0	6290	8		51.5	412.4		
	LT3	C180×70×20×3.0	6290	20		51.5	1031.0		
	LT4	C180×70×20×3.0	5980	28		49.0	1372.2		
	LT5	C180×70×20×3.0	5980	28		49.0	1372.2		
	LT6	C180×70×20×3.0	5980	70		49.0	3430.6		
	LT7	C160×60×20×3.0	6980	4		45.6	182.5		
	LT8	C160×60×20×3.0	1980	36		14.4	517.0		
	LT9	C160×60×20×3.0	1230	4		8.9	35.7		
	LT10	C160×60×20×3.0	920	32		6.7	213.5		
	LT11	C160×60×20×3.0	6290	8		45.6	365.0		
	LT12	C160×60×20×3.0	1180	36		8.6	308.1		
	LT13	C160×60×20×3.0	6290	4		45.6	182.5		
	LT14	C160×60×20×3.0	6290	4		45.6	182.5		
	LT15	C160×60×20×3.0	5980	14		43.4	607.3		
	LT16	C160×60×20×3.0	5980	28		43.4	1214.5		
	LT17	C160×60×20×3.0	5980	14		43.4	607.3		
	LT17	C160×60×20×3.0	5980	14		43.4	607.3		
	LT19	C160×60×20×3.0	8090	12		58.7	704.2		
	LT20	C160×60×20×3.0	8090	4		58.7	234.7		
	LT21	C160×60×20×3.0	8090	4		58.7	234.7		
	LT22	C160×60×20×3.0	1920	12		13.9	167.1		
	LT23	C160×60×20×3.0	5000	4		36.3	145.1		
	LT24	C160×60×20×3.0	7980	2		57.9	115.8		
	LT25	C160×60×20×3.0	7980	2		57.9	115.8		
	LT26	C160×60×20×3.0	7980	2		57.9	115.8		

拉条材料表

构件	编号	规格(mm)	长度(mm)	数量		圆钢长(m)	钢管长(m)	总重(kg)	备注
AT-XX	AT1	Ø12+Ø24×2	1410+1310	36		50.76	47.16	371.7	
	AT3	Ø12	1580	126		199.08			
	AT4	Ø12	480	9		4.32			
	AT5	Ø12+Ø24×2	880+780	18		15.84	14.04		
	AT7	Ø12	1455	24		34.92			
	AT8	Ø12+Ø24×2	1455+1355	12		17.46	16.26		
	AT10	Ø12	405	4		1.62			
					总长	324.0mm	77.5m		
					重量	287.6kg	84.0kg		

斜拉条材料表

构件	编号	规格	B(mm)	H(mm)	L(mm)	数量	总长(m)	总重(kg)	备注
AT-XX	AT2	Ø12	2790	1310	3082		359.8	319.5	
	AT6	Ø12	2790	780	2897	36			
	AT9	Ø12	2452	1355	2801	8			
	AT11	Ø12	2457	1355	2806	4			

附图1.6 墙梁布置图

6.700
5.900
4.700
3.200
2.200
1.200
0.000
6000
54000
墙面檩条布置图 1:100
5.325
3.950
2.575
8000
4000
24000
拉条
4M12
L56×5
45°
70
拉条与檩条的连接
A-A
墙梁隅撑节点图

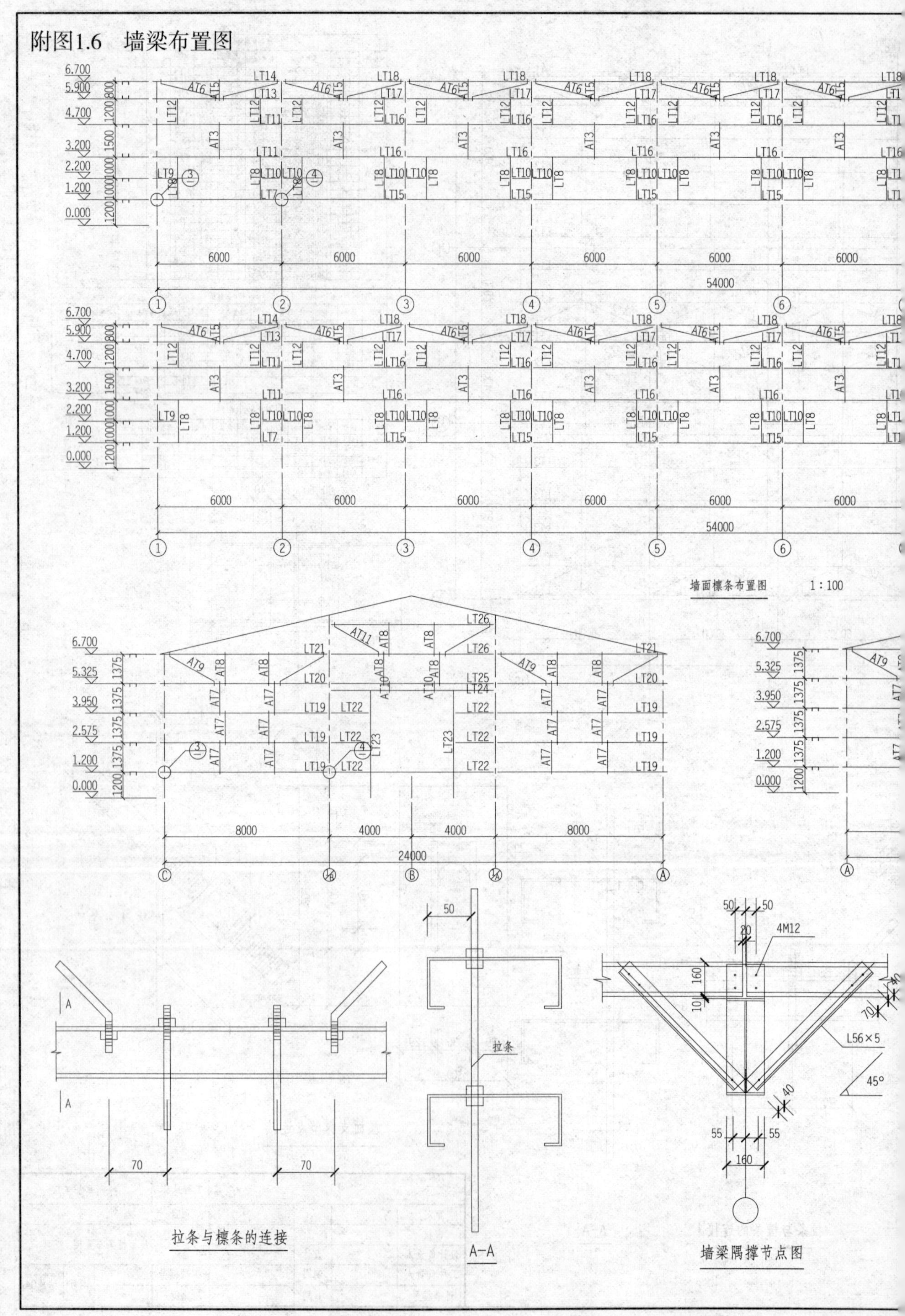

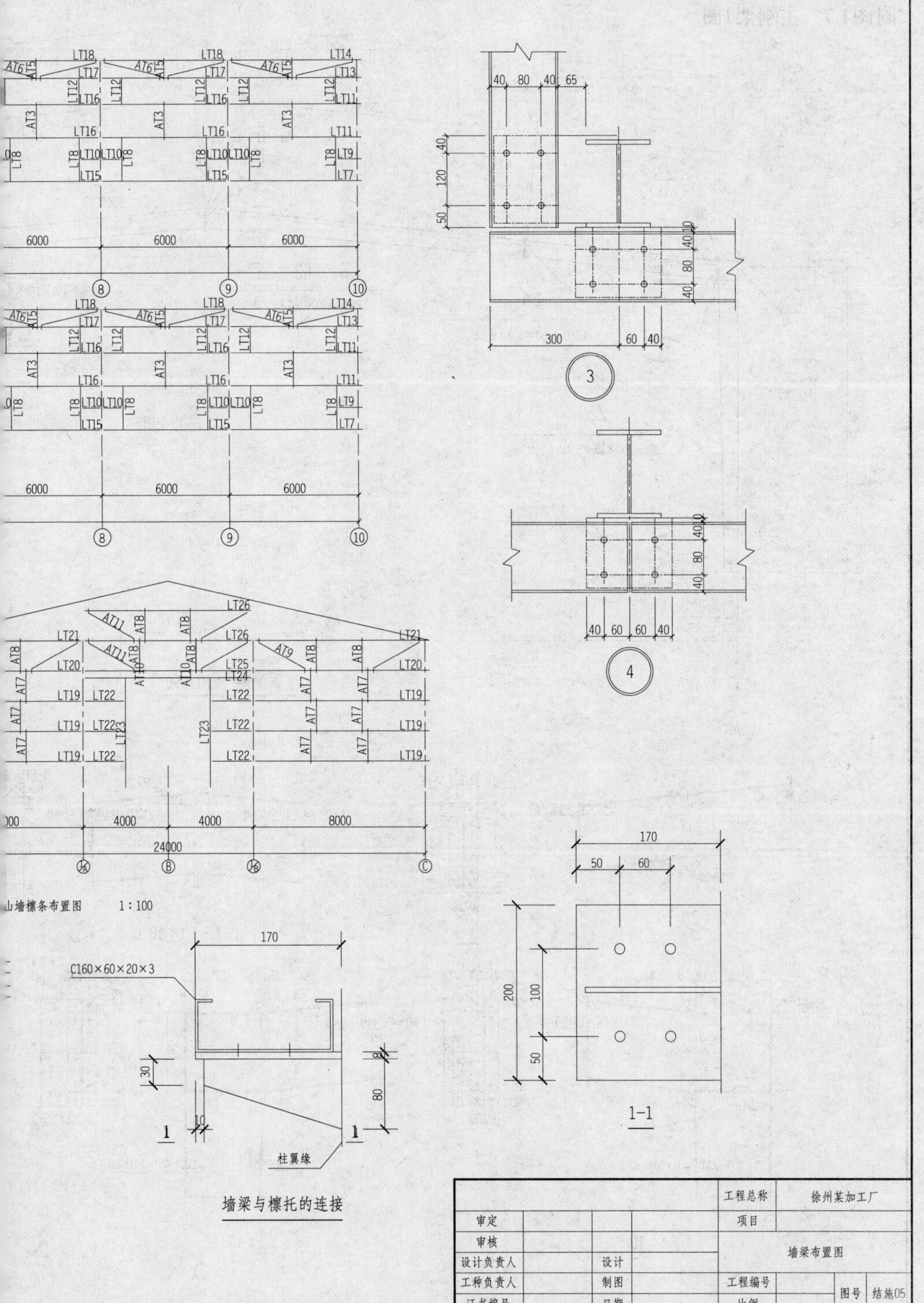

6000
6000
6000
8
9
10
山墙檩条布置图 1:100
4000
4000
8000
24000
C160×60×20×3
170
柱翼缘
墙梁与檩托的连接
3
4
1-1
工程总称
徐州某加工厂
项目
审定
审核
设计负责人
设计
墙梁布置图
工种负责人
制图
工程编号
图号
结施05
证书编号
日期
比例

附图1.7 主刚架1图

10.00
10.00
10.00
4824
7236
7236
6.844
7.999
6700
±0.000
300
24000
L4
L2
Z2
L350×450×160×6×8
Z300~450×160×6×8
主钢架图 1:50
8-M16
H.S.B
2 1:10
2-2
3 1:10
4 1:10
4-4
5 1:10
5-5

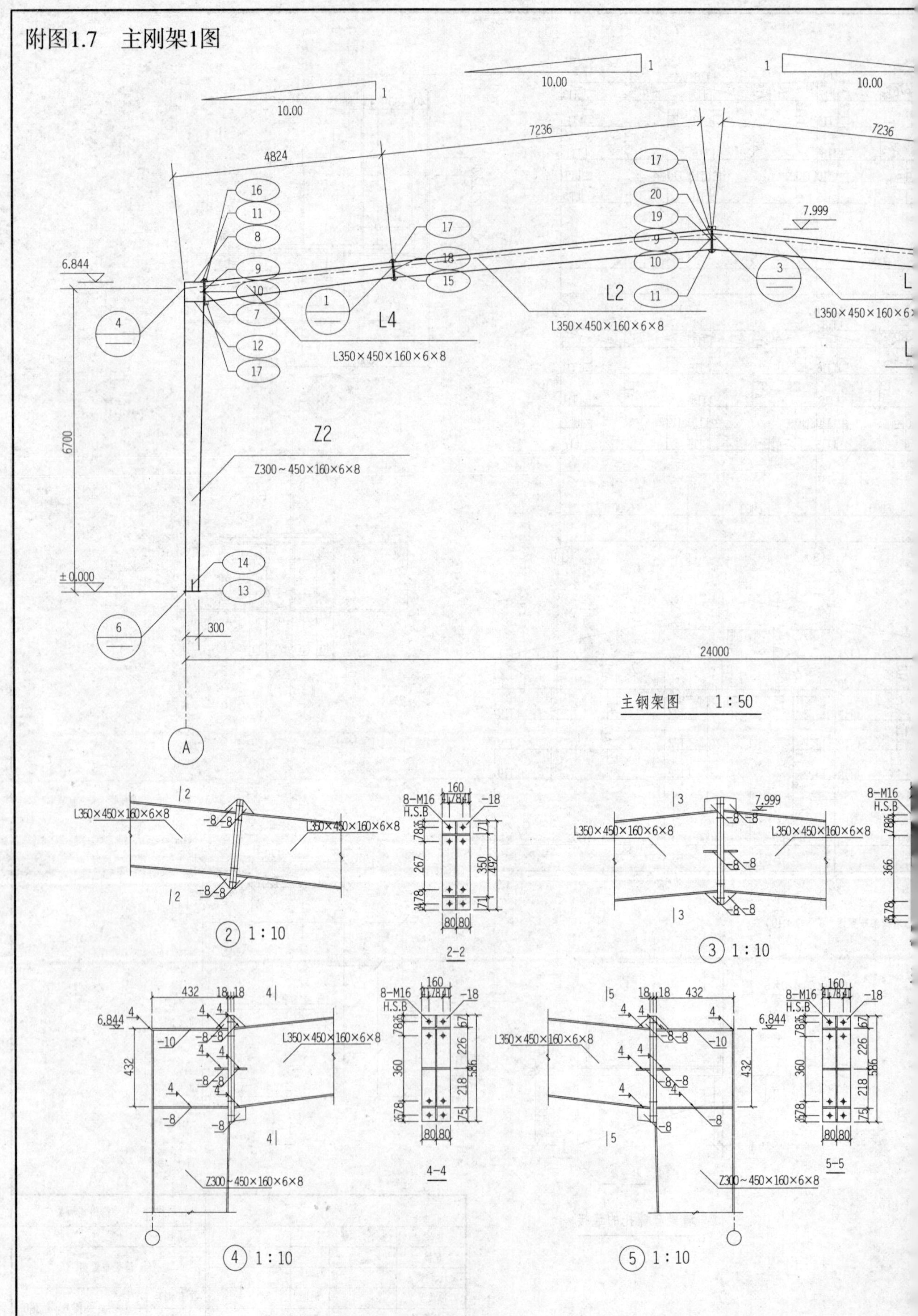

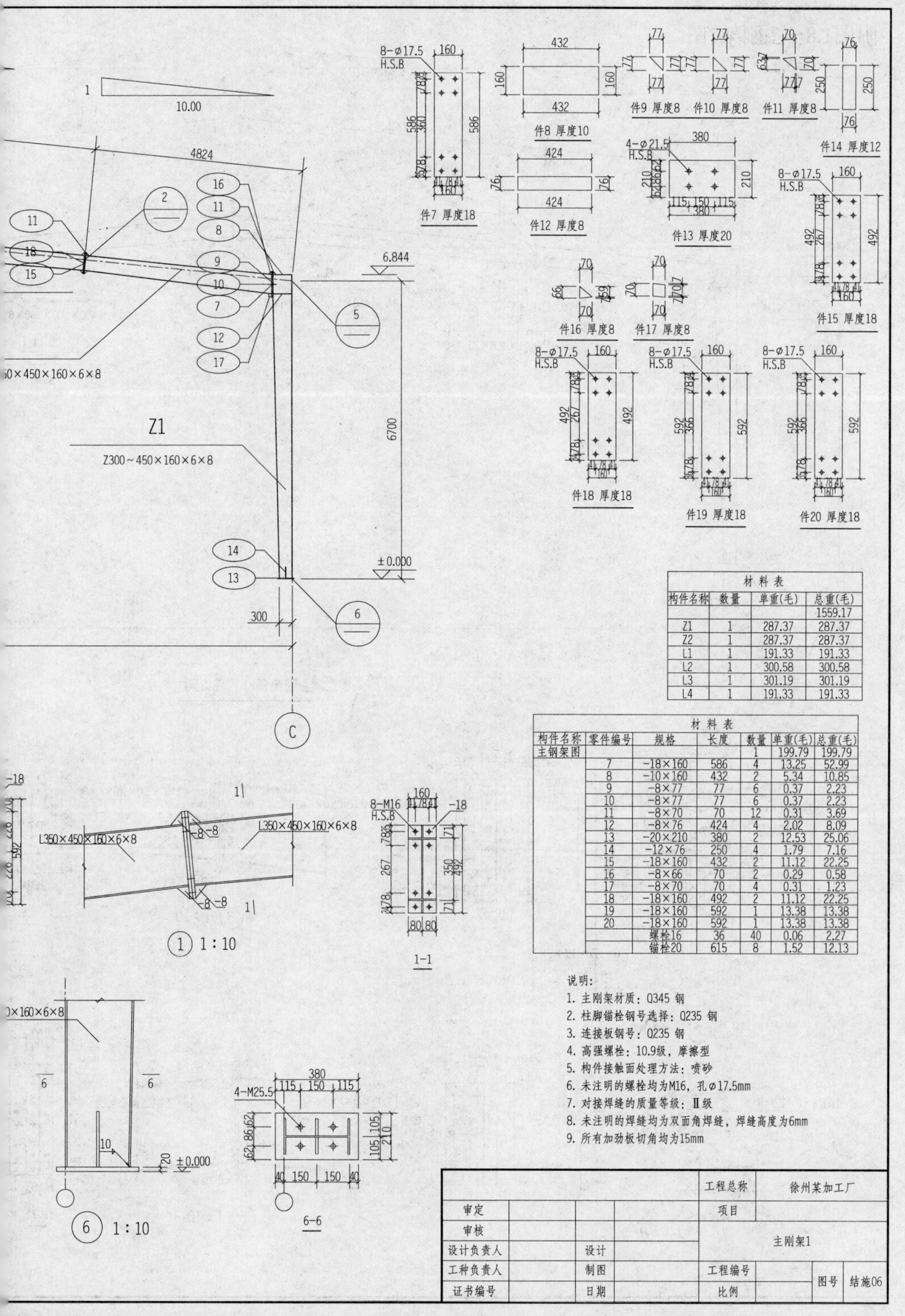

材料表			
构件名称	数量	单重(毛)	总重(毛)
			1559.17
Z1	1	287.37	287.37
Z2	1	287.37	287.37
L1	1	191.33	191.33
L2	1	300.58	300.58
L3	1	301.19	301.19
L4	1	191.33	191.33

材料表						
构件名称	零件编号	规格	长度	数量	单重(毛)	总重(毛)
主钢架图				1	199.79	199.79
	7	−18×160	586	4	13.25	52.99
	8	−10×160	432	2	5.34	10.85
	9	−8×77	77	6	0.37	2.23
	10	−8×77	77	6	0.37	2.23
	11	−8×70	70	12	0.31	3.69
	12	−8×76	424	4	2.02	8.09
	13	−20×210	380	2	12.53	25.06
	14	−12×76	250	4	1.79	7.16
	15	−18×160	432	2	11.12	22.25
	16	−8×66	70	2	0.29	0.58
	17	−8×70	70	4	0.31	1.23
	18	−18×160	492	2	11.12	22.25
	19	−18×160	592	1	13.38	13.38
	20	−18×160	592	1	13.38	13.38
		螺栓16	36	40	0.06	2.27
		锚栓20	615	8	1.52	12.13

说明:

1. 主刚架材质: Q345 钢
2. 柱脚锚栓钢号选择: Q235 钢
3. 连接板钢号: Q235 钢
4. 高强螺栓: 10.9级, 摩擦型
5. 构件接触面处理方法: 喷砂
6. 未注明的螺栓均为M16, 孔ø17.5mm
7. 对接焊缝的质量等级: Ⅱ级
8. 未注明的焊缝均为双面角焊缝, 焊缝高度为6mm
9. 所有加劲板切角均为15mm

				工程总称	徐州某加工厂
审定				项目	
审核				主刚架1	
设计负责人		设计			
工种负责人		制图		工程编号	图号 结施06
证书编号		日期		比例	

附图1.8　主刚架2图

10.00
4824
7236
6.979
8.124
L4
L450×550×160×6×10
L2
L450×500×160×6×8
L3
L1
Z2
Z300～550×160×6×10
6700
±0.000
301
24000
A
主刚架图　1∶50
2　1∶10
2-2
12-M20
H.S.B
3　1∶10
3-3
8-M16
H.S.B
4　1∶10
4-4
5　1∶10
5-5
12-M16

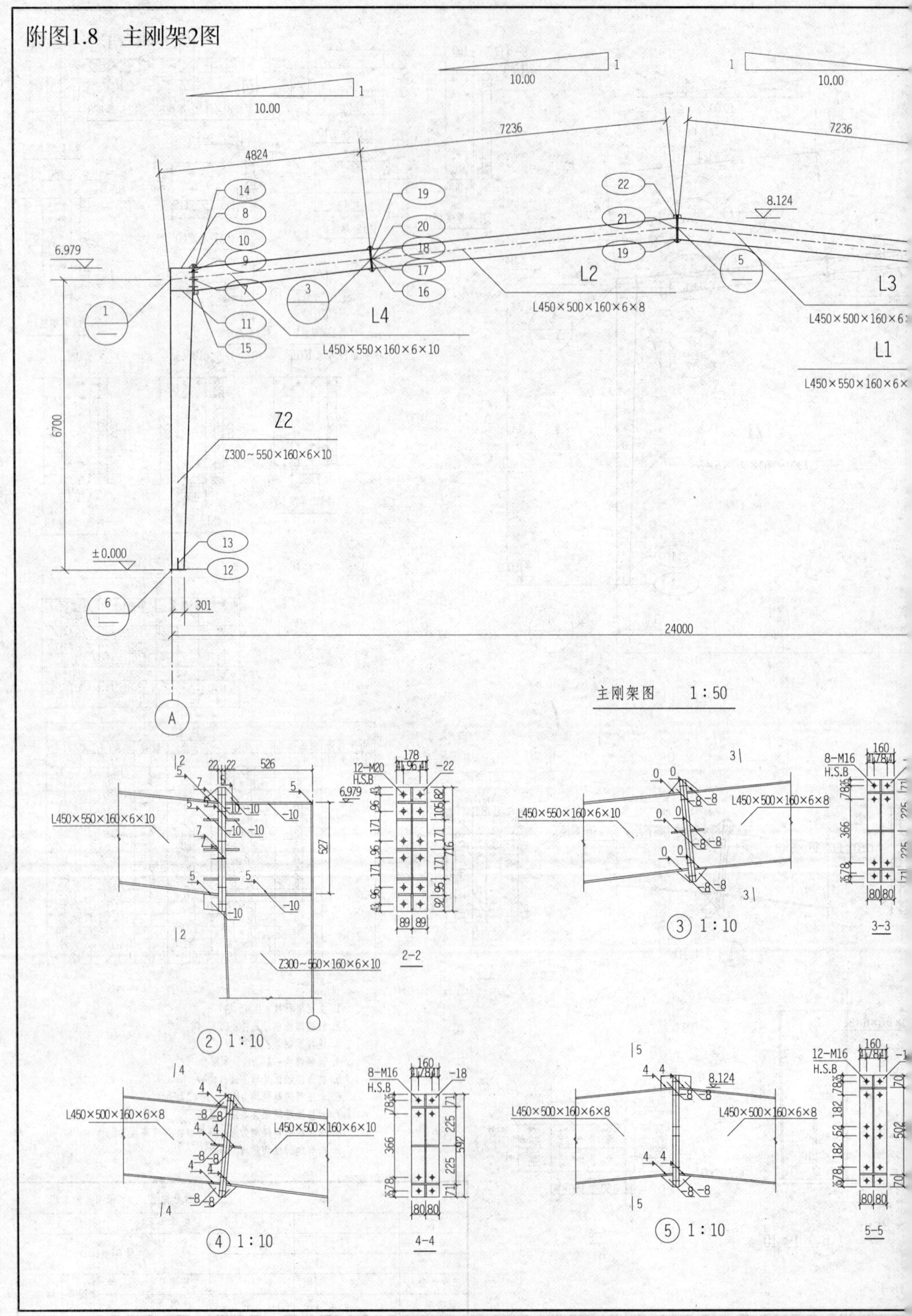

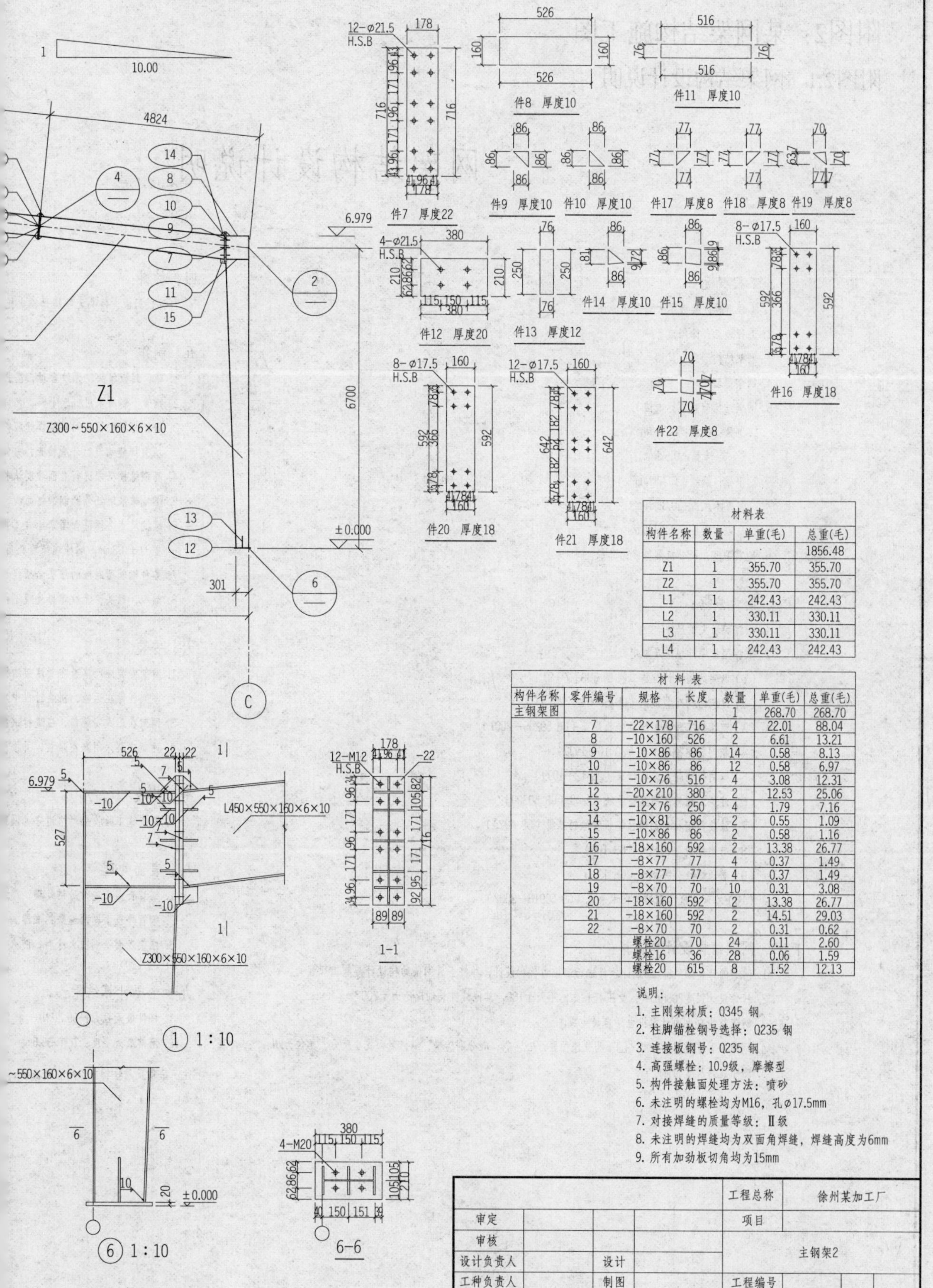

材料表			
构件名称	数量	单重(毛)	总重(毛)
			1856.48
Z1	1	355.70	355.70
Z2	1	355.70	355.70
L1	1	242.43	242.43
L2	1	330.11	330.11
L3	1	330.11	330.11
L4	1	242.43	242.43

材料表						
构件名称	零件编号	规格	长度	数量	单重(毛)	总重(毛)
主钢架图				1	268.70	268.70
	7	−22×178	716	4	22.01	88.04
	8	−10×160	526	2	6.61	13.21
	9	−10×86	86	14	0.58	8.13
	10	−10×86	86	12	0.58	6.97
	11	−10×76	516	4	3.08	12.31
	12	−20×210	380	2	12.53	25.06
	13	−12×76	250	4	1.79	7.16
	14	−10×81	86	2	0.55	1.09
	15	−10×86	86	2	0.58	1.16
	16	−18×160	592	2	13.38	26.77
	17	−8×77	77	4	0.37	1.49
	18	−8×77	77	4	0.37	1.49
	19	−8×70	70	10	0.31	3.08
	20	−18×160	592	2	13.38	26.77
	21	−18×160	592	2	14.51	29.03
	22	−8×70	70	2	0.31	0.62
		螺栓20	70	24	0.11	2.60
		螺栓16	36	28	0.06	1.59
		螺栓20	615	8	1.52	12.13

说明：

1. 主刚架材质：Q345 钢
2. 柱脚锚栓钢号选择：Q235 钢
3. 连接板钢号：Q235 钢
4. 高强螺栓：10.9级，摩擦型
5. 构件接触面处理方法：喷砂
6. 未注明的螺栓均为M16，孔φ17.5mm
7. 对接焊缝的质量等级：Ⅱ级
8. 未注明的焊缝均为双面角焊缝，焊缝高度为6mm
9. 所有加劲板切角均为15mm

				工程总称	徐州某加工厂	
审定				项目		
审核				主钢架2		
设计负责人		设计				
工种负责人		制图		工程编号		图号 结施07
证书编号		日期		比例		

附图2：某网架结构施工图

附图2.1　网架结构设计说明

网架结构设计说明

一、工程概况：

1. 工程名称：某教学大楼多功能厅
2. 工程地点：徐州市
3. 网架结构形式：见图
4. 网架平面尺寸：见图纸。
5. 网架结构荷载（标准值）

　上弦：静载：0.30kN/m²

　　　　活载：0.5kN/m²

　下弦：静载：0.30kN/m²

　基本风压：0.35kN/m²

　基本雪压：0.35kN/m²

6. 地震裂度：7°　抗震等级：二级

二、设计依据：

1. 根据现场丈量尺寸。
2. 依据国家现行规范及规定：

（1）网架结构设计与施工规程（JGJ 7—91）

（2）建筑结构荷载规范（GB 50009—2001）

（3）钢结构工程施工质量验收规范（GB 50205—2001）

（4）钢网架螺栓球节点（JG 10—1999）

（5）钢网架检验及验收标准（JG 12—1999）

（6）建筑工程施工质量验收统一标准（GB 50300）

（7）涂装前钢材表面锈蚀等级和除锈等级（GB 8923）

（8）普通螺纹基本尺寸（GB 196）

（9）普通螺纹公差配合（GB 197）

（10）冷弯薄壁型钢结构技术规范（GB 50018—2002）

三、网架结构设计和计算：

1. 网架的计算采用SFCAD设计软件进行满应力优化设计，并符合《网架结构设计与施工规程》。
2. 杆件设计强度200N/mm²，受压杆长细比不大于180，其他杆件长细比不大于200。
3. 网架结构自重由计算机程序自动生成。
4. 网架平面布置图中标有“□”为支座位置，Rx，Ry，Rz分别为横，纵，竖向支座反力，单位为kN。
5. 图中几何尺寸为mm。

四、材料：

杆件，封板，锥头无纹螺母，支托

五、制作

1. 球，封板锥头，无纹螺母，高强
2. 钢管下料应采用机床下料，允许
3. 钢管与封板锥头间对接焊缝应符

　所有焊缝均进行外观检查，并
4. 高强螺栓必须进行表面硬度试验
5. 螺栓球采用45号圆钢锻打而成，
6. 螺纹尺寸必须符合国家标准《普

　差为±0.2mm，螺栓球螺栓孔角
7. 各种钢管所对应的锥头必须经过
8. 封板，锥头，无纹螺母外观不得

六、安装

1. 网架安装应严格遵守《网架结构
2. 网架杆件在运输，拼装过程中
3. 网架在正式安装前，应进行试拼
4. 网架安装采用高空散装，并按

七、验收

1. 网架施工验收应严格遵守《网

八、表面处理

1. 钢管表面应进行防锈处理，等
2. 钢管外表面刷两遍防锈底漆。
3. 网架表面涂刷防火涂料，防火

九、主要计算结果

1. 杆件最大拉力：65.2(kN)　杆件
2. 网架最大挠度：D_z=−35.6mm

注：吊顶及悬挂物应作用在节点上，

235AF钢材；球为45号钢，高强螺栓，顶丝40Cr。

作均应符合《网架结构工程质量检验评定标准》（JGJ 78—91）的规定。

1mm。

构工程验收规范》（GBJ 205）规定的二级质量检验标准的要求，以保证封板，锥头与钢管的等强焊接，其余焊缝按三级质量检验标准的要求，

高强螺栓其硬度为HRC3236，严禁有裂纹或损伤。

禁有过烧，裂纹，砂眼或其它缺陷。

本尺寸》（GBJ 196—81）粗牙螺纹的规定，螺纹公差必须符合《普通螺纹与配合》（GB 197—81）中6H级精度规定，球中心至螺孔端面距离偏

差为±0.6。

检验，未经破坏强度检验前，不得批量生产。

过烧及氧化皮。

检验评定标准》（JGJ 78—91）的规定，并编制施工方案。

，在网架安装前应修正。

，当确有把握方可进行正式施工。

构工程质量检验评定标准》安装验收。

设计与施工规程》（JGJ 7—91）中的第5.10.1条，第5.10.2条，第5.10.3条，第5.10.4条的规定。

J 205—83）中表3.5.2的二级标准。

。

-76.0（kN）

用在杆件上。

目录表

序号	图纸名称	图号	规格	备注
1	网架结构设计说明～图纸目录	结施1	A3	
2	网架平面布置图	结施2	A3	
3	网架安装图	结施3	A3	
4	球加工图1	结施4	A3	
5	球加工图2	结施5	A3	
6	支座详图	结施6	A3	
7	支托详图	结施7	A3	
8	材料表	结施8	A3	

设计		标准		网架结构设计说明 图纸目录	某教学大楼多功能厅
制图		审定			图样标记 重量 比例
审核		批准			共 张 第 张
工艺		日期			结施1

附图2.2　网架平面布置图

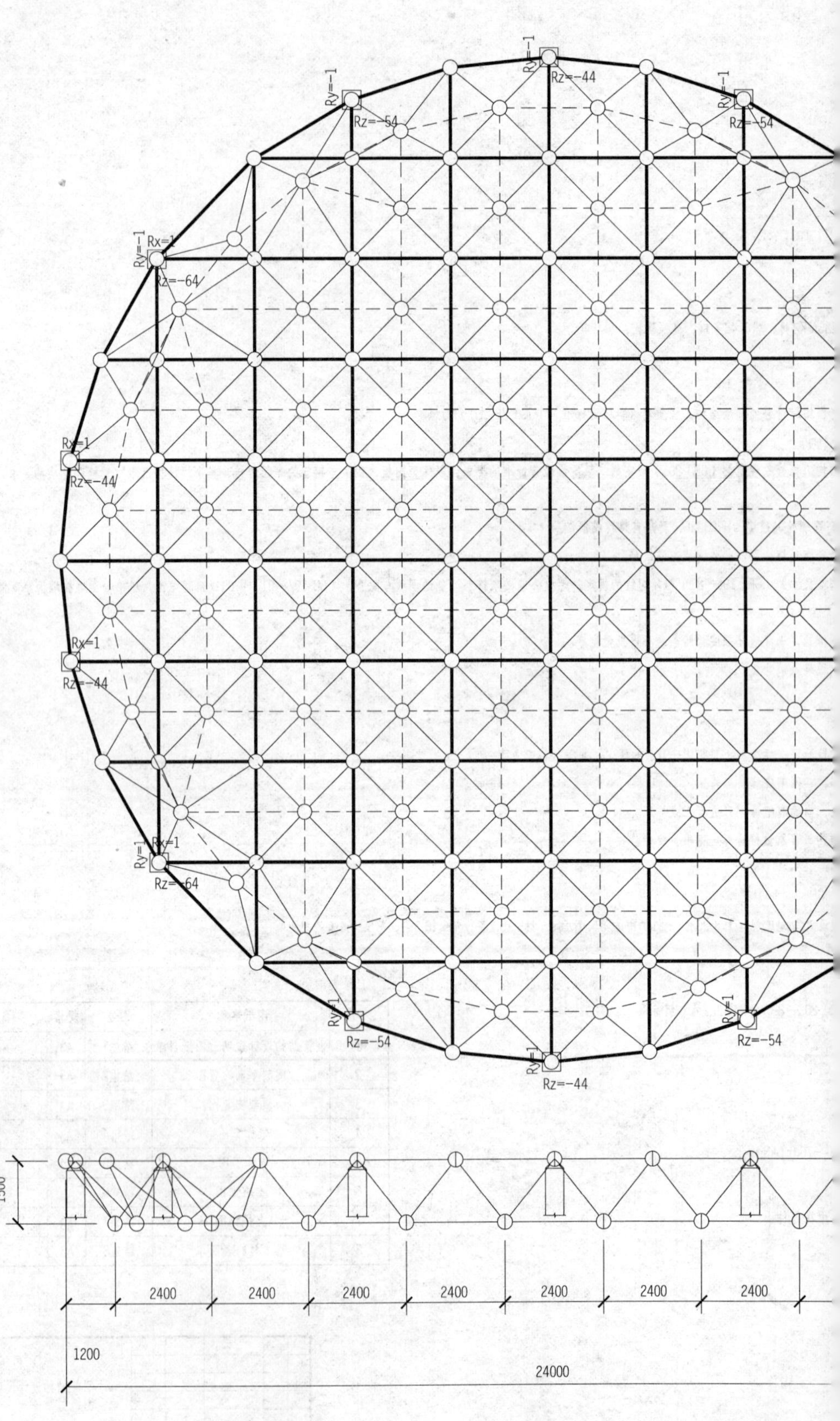

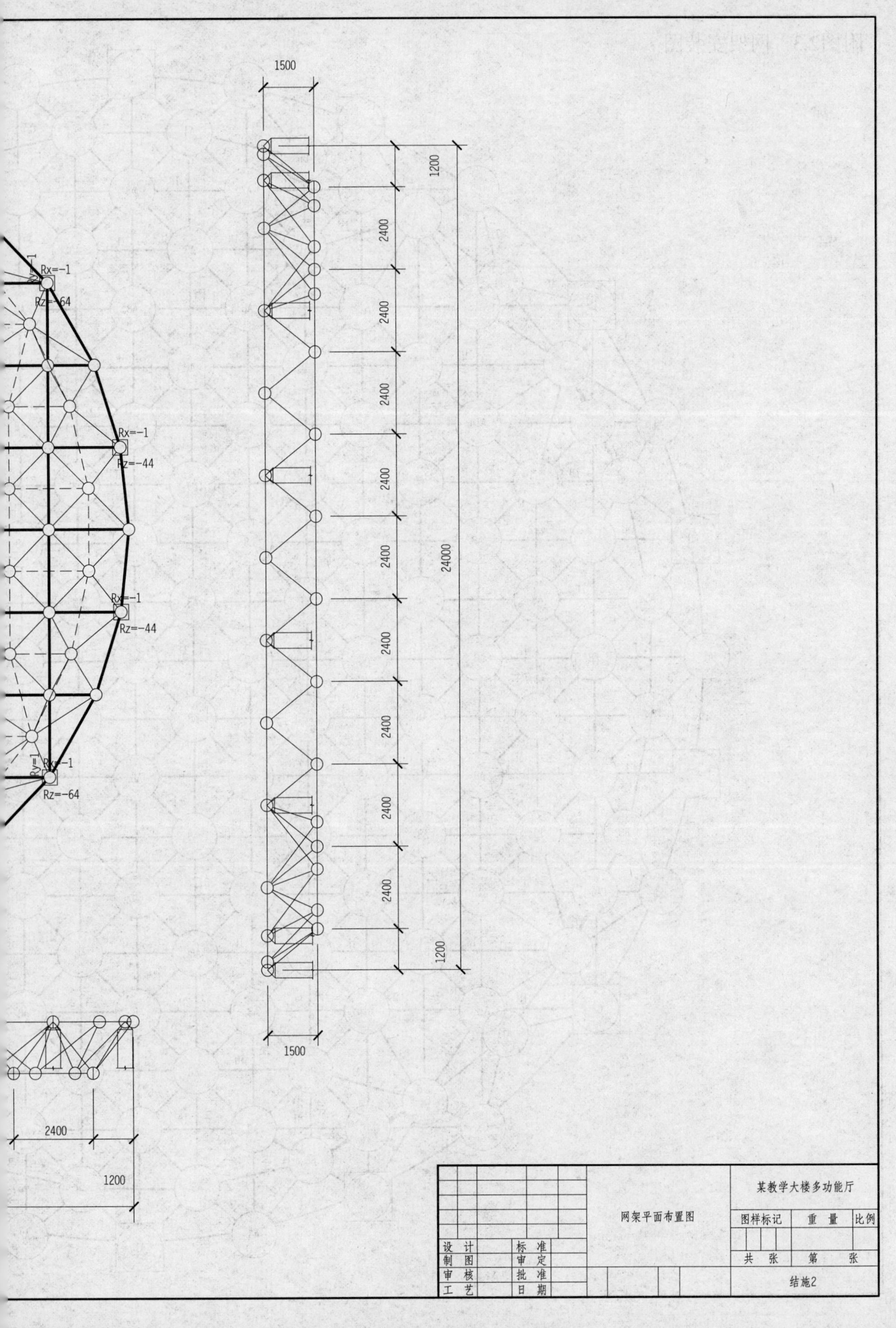
1500
1200
2400
2400
2400
2400
2400
2400
2400
2400
1200
24000
1500
Rx=-1
Rz=-64
Rx=-1
Rz=-44
Rx=-1
Rz=-44
Ry=1
Rx=-1
Rz=-64
2400
1200
网架平面布置图
某教学大楼多功能厅
图样标记
重 量
比例
共 张
第 张
结施2
设 计
制 图
审 核
工 艺
标 准
审 定
批 准
日 期

附图2.3　网架安装图

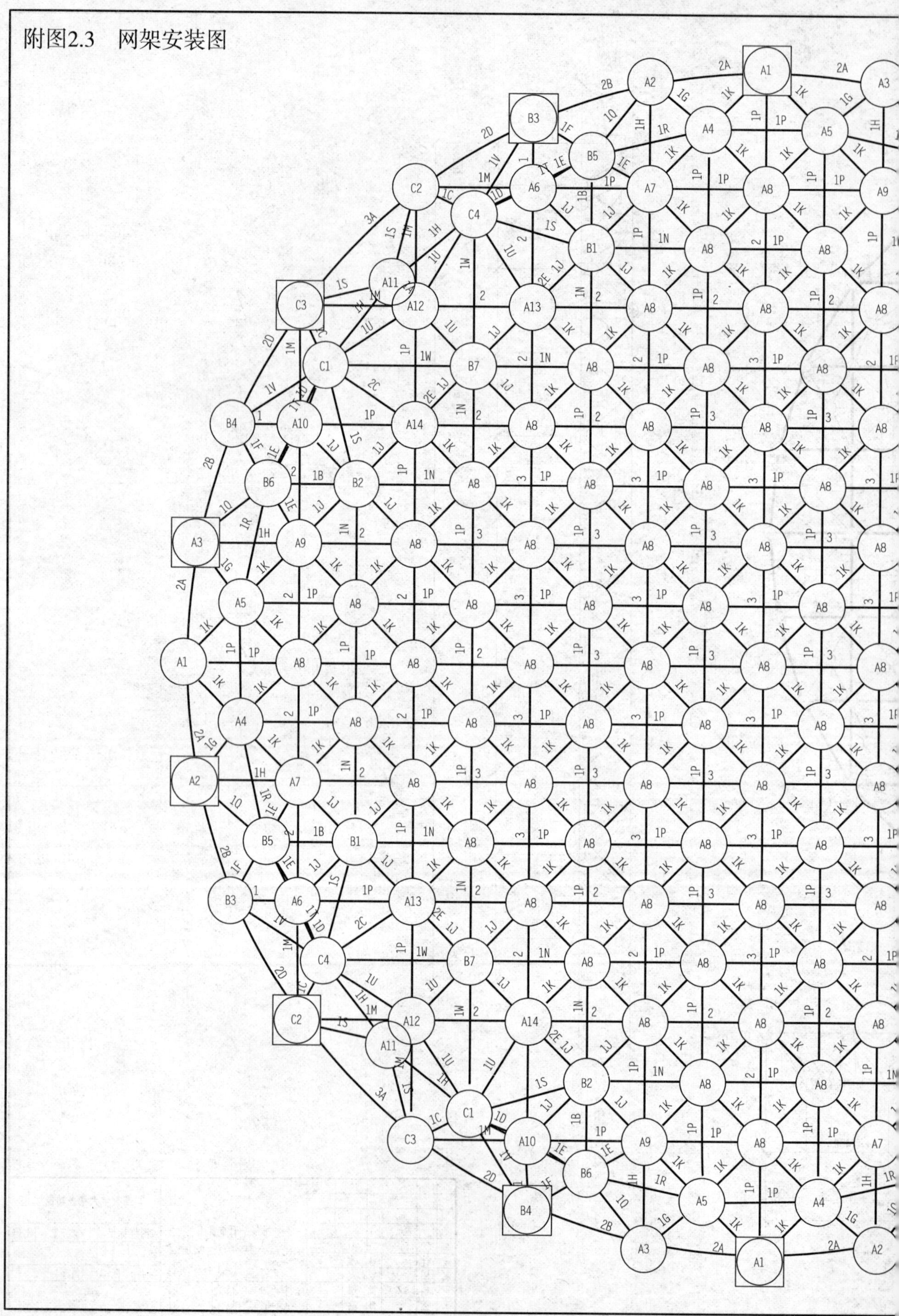

某教学大楼多功能厅
网架安装图
图样标记
重 量
比例
设 计
制 图
审 核
工 艺
标 准
审 定
批 准
日 期
共 张
第 张
结施3

附图2.4　球加工图1

39° 14′
41° 28′
M16
191° 32′
39° 14′
41° 28′
A1（6　孔）
ø100（4　件）
A8（9　孔）
ø100（81　件）
44° 22′
44° 20′
51° 25′
191° 47′
38° 34′
35° 52′
37° 56′
A3（6　孔）
ø100（4　件）
47° 41′
28° 33′
61° 27′
A7（9　孔）
ø100（4　件）
33° 52′
37° 56′
38° 34′
51° 25′
44° 22′
44° 20′
A2（6　孔）
ø100（4　件）
A9（9　孔）
ø100（4　件）
37° 12′
36° 34′
84° 16′
118° 20′
65° 29′
A11（7　孔）
ø100（4　件）
32° 50′
34° 8′
57° 10′
A12（9　孔）
ø100（4　件）
B1（10　孔）
ø120（4　件）

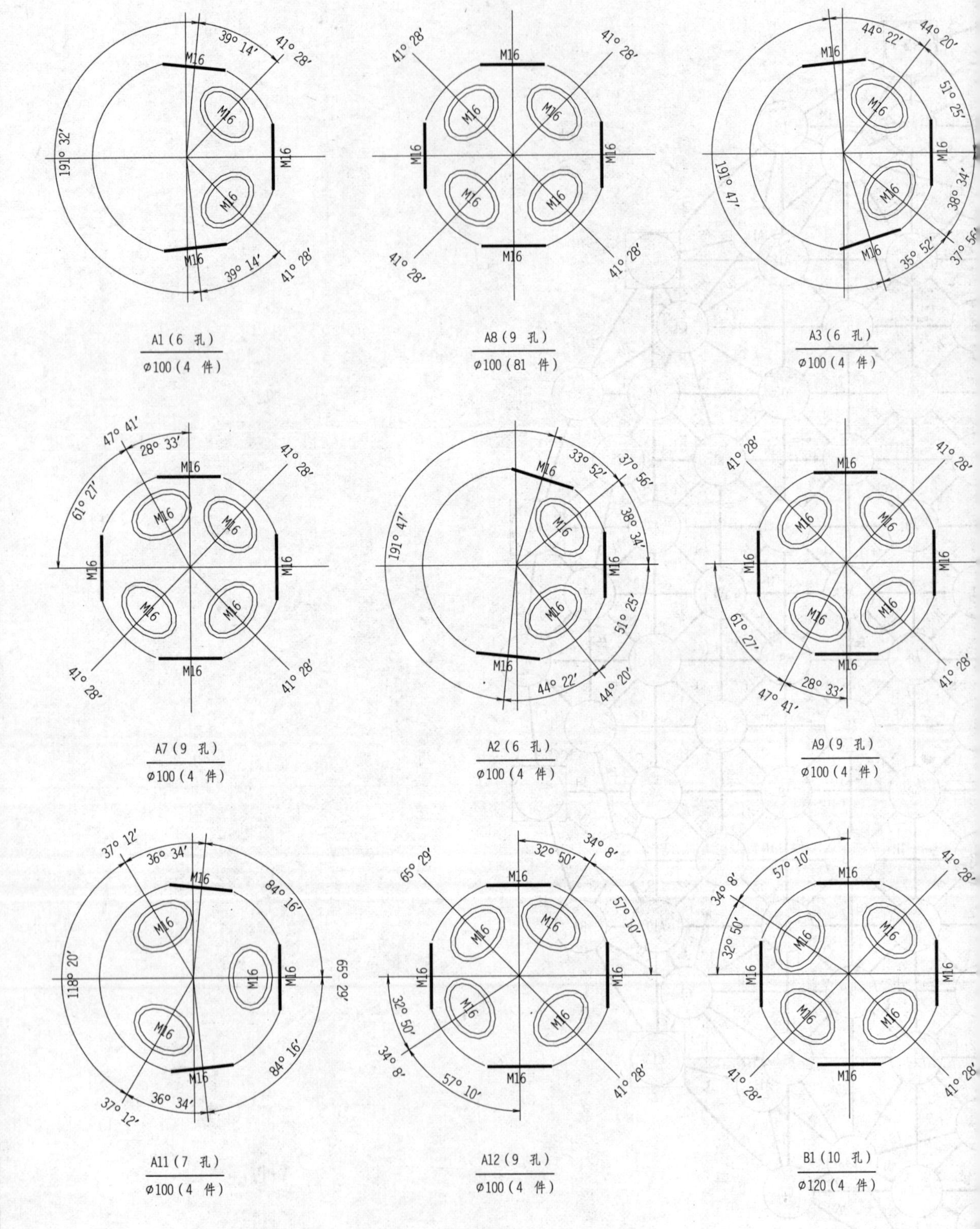

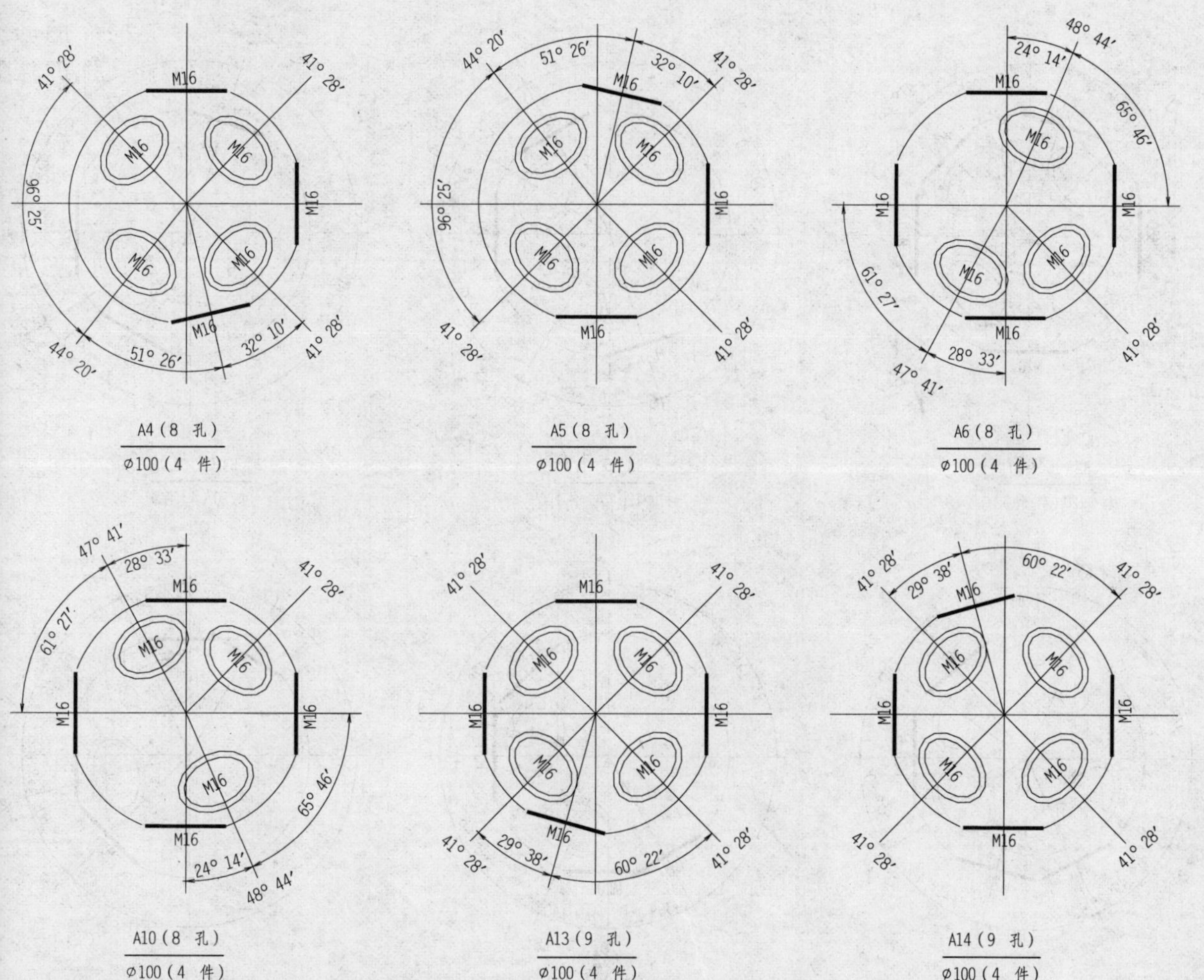

				球加工图1	某教学大楼多功能厅		
设计		标准			图样标记	重量	比例
制图		审定			共 张		第 张
审核		批准			结施4		
工艺		日期					

附图2.5　球加工图2

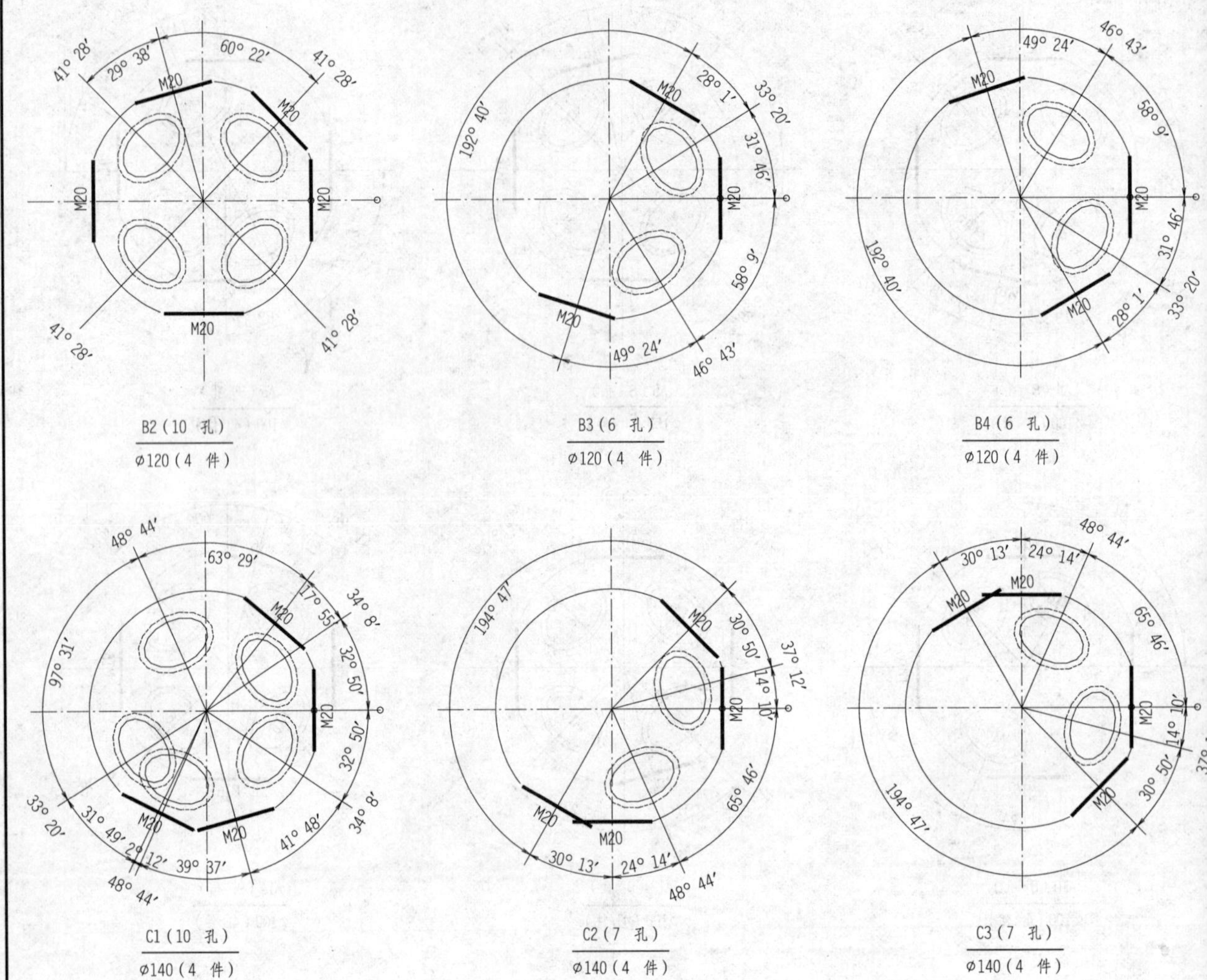

41° 28′
29° 38′
60° 22′
41° 28′
M20
M20
M20
M20
M20
41° 28′
41° 28′
B2（10 孔）
Φ120（4 件）
192° 40′
28° 1′
33° 20′
31° 46′
58° 9′
49° 24′
46° 43′
M20
M20
M20
B3（6 孔）
Φ120（4 件）
49° 24′
46° 43′
58° 9′
192° 40′
31° 46′
33° 20′
28° 1′
M20
M20
M20
B4（6 孔）
Φ120（4 件）
48° 44′
63° 29′
17° 55′
34° 8′
97° 31′
32° 50′
32° 50′
34° 8′
33° 20′
31° 49′
29° 12′
39° 37′
41° 48′
48° 44′
M20
M20
M20
M20
C1（10 孔）
Φ140（4 件）
C球所有孔均切削7mm
194° 47′
30° 50′
37° 12′
14° 10′
65° 46′
30° 13′
24° 14′
48° 44′
M20
M20
M20
M20
C2（7 孔）
Φ140（4 件）
30° 13′
24° 14′
48° 44′
65° 46′
14° 10′
30° 50′
194° 47′
M20
M20
M20
M20
C3（7 孔）
Φ140（4 件）

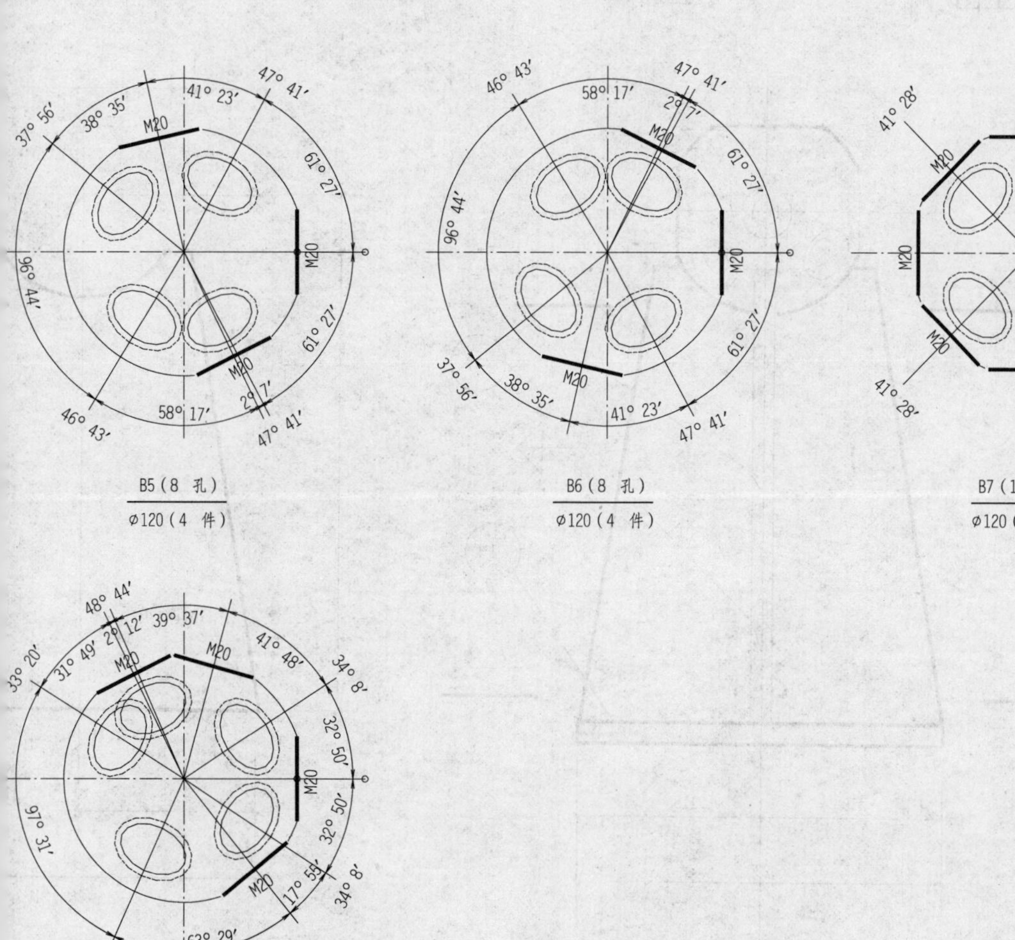

B5（8 孔）
⌀120（4 件）

B6（8 孔）
⌀120（4 件）

B7（12 孔）
⌀120（4 件）

C4（10 孔）
⌀140（4 件）

设 计		标 准		球加工图1	某教学大楼多功能厅
制 图		审 定			图样标记　重 量　比例
审 核		批 准			共 张　第 张
工 艺		日 期			结施5

附图2.6　支座加工图

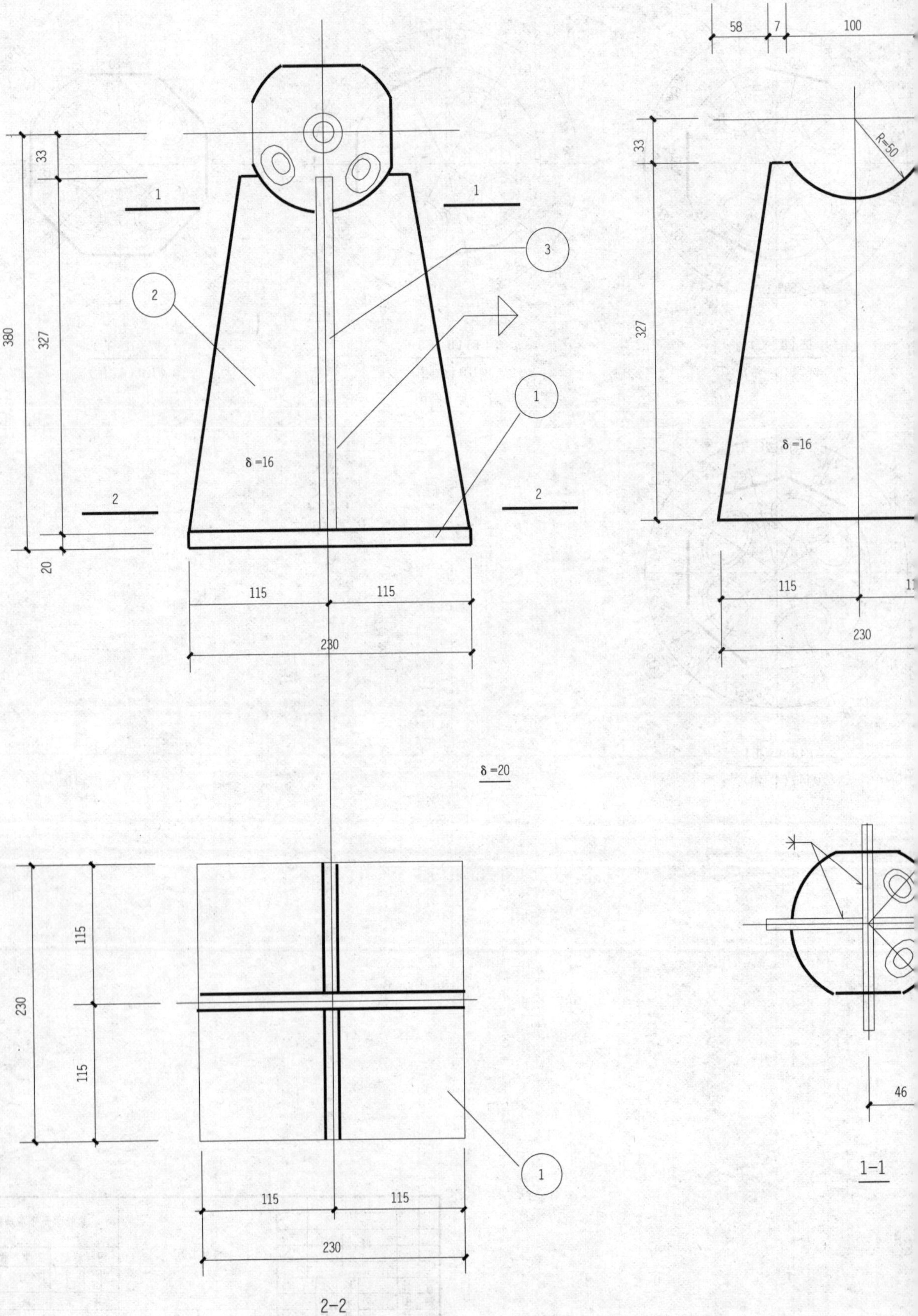

1
1
2
2
3
2
1
δ=16
380
33
327
20
115
115
230
58
7
100
R=50
33
327
δ=16
115
230
δ=20
230
115
115
1
115
115
230
2-2
46
1-1

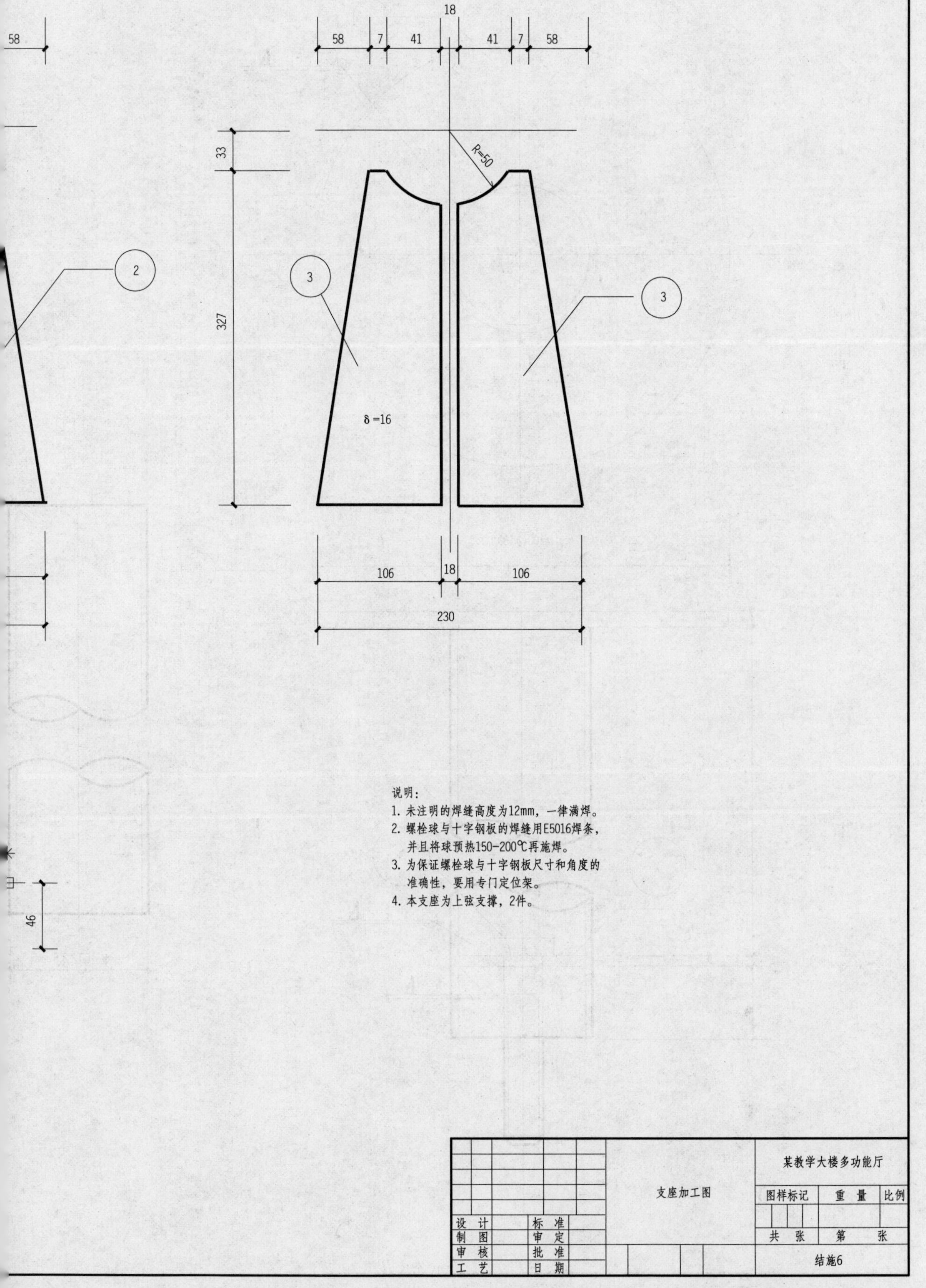

说明：
1. 未注明的焊缝高度为12mm，一律满焊。
2. 螺栓球与十字钢板的焊缝用E5016焊条，并且将球预热150-200℃再施焊。
3. 为保证螺栓球与十字钢板尺寸和角度的准确性，要用专门定位架。
4. 本支座为上弦支撑，2件。

设计		标准		支座加工图	某教学大楼多功能厅		
制图		审定			图样标记	重量	比例
审核		批准			共 张	第 张	
工艺		日期			结施6		

附图2.7　支托加工图

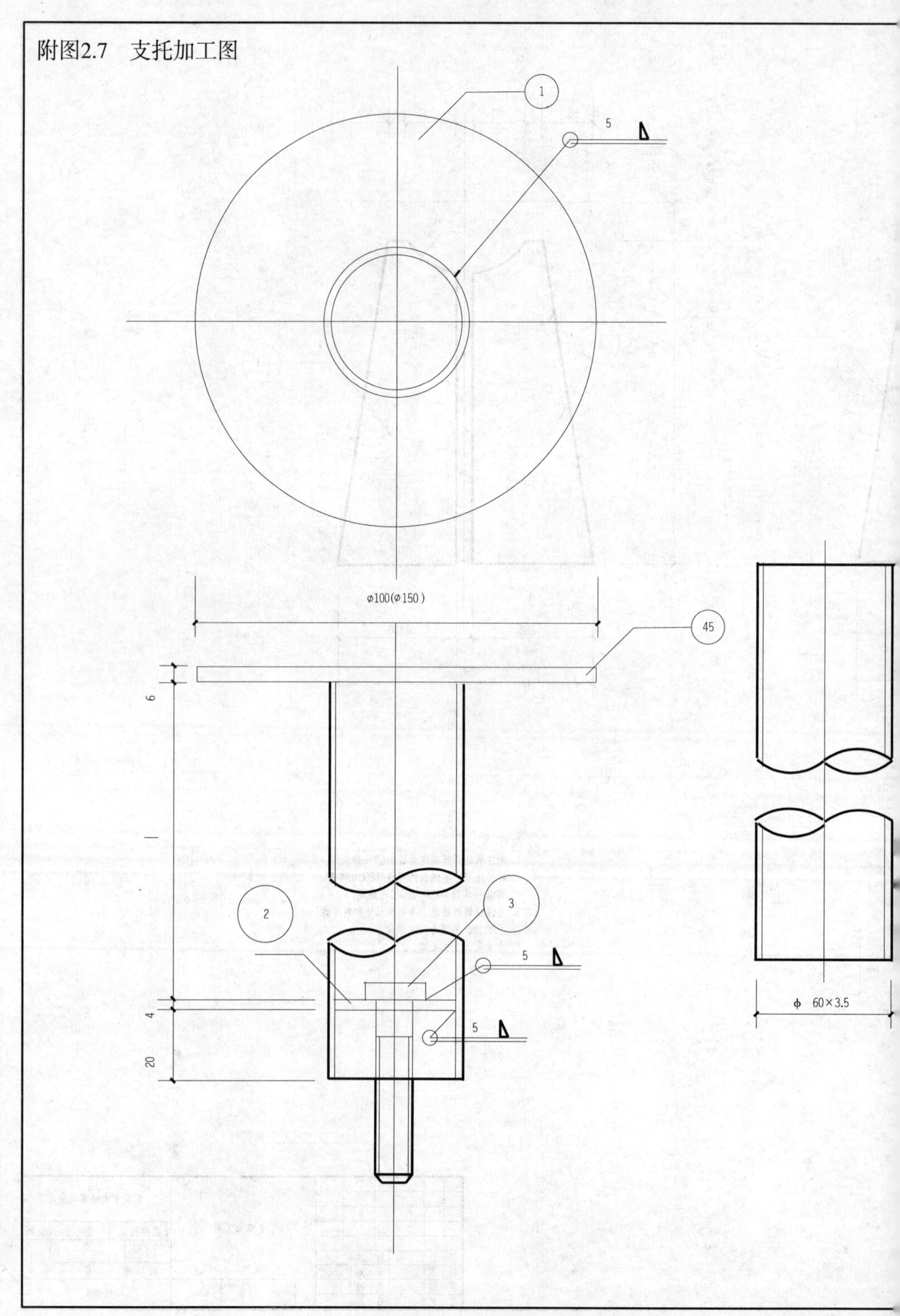

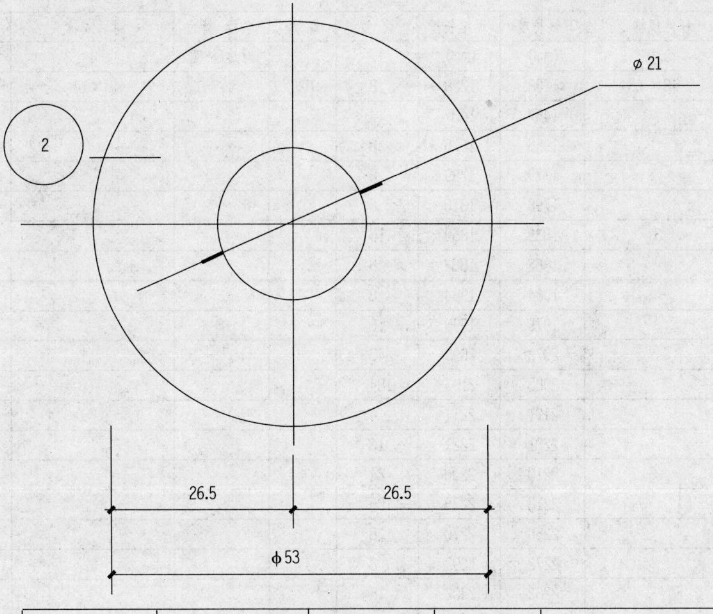

零件号	断面尺寸	长 度	数量	重 量		
				单重	共计	合计
1	ø100(ø150)		1	0.4		0.77
2	ϕ53×4		1	0.17		
3	螺栓M20	45	1	0.20		

长度见材料表

说明：
材料
支托圆盘要平整　立管与圆盘垂直度为ø2　　中心偏移≤2mm
连接螺栓的焊接要用专用靠模保证垂直度　螺栓对立管的中心偏移≤1.5mm
支托数量见材料表；其中P-A5底盘为ø150，其余均为ø100

				支托加工图	某教学大楼多功能厅		
					图样标记	重 量	比例
设 计		标 准			共 张	第 张	
制 图		审 定					
审 核		批 准			结施7		
工 艺		日 期					

附图2.8　材料表

一、杆件

序号	杆件编号	杆件规格	下料长度	焊接长度	数量	螺栓	螺母	封板或锥头	单重	合重
			(mm)	(mm)			对边/长度		(kg)	(kg)
1	1	ϕ48×3.5	1208	1228	8	M20	32/35	48×14	4.64	37.1
2	1A		1467	1487	4				5.63	22.5
3	1B		1655	1675	8				6.36	50.9
4	1C		1779	1799	8				6.83	54.7
5	1D		1796	1816	8				6.90	55.2
6	1E		1839	1859	16				7.06	113.0
7	1F		1862	1882	8				7.15	57.2
8	1G		1964	1984	8				7.54	60.4
9	1H		1975	1995	16				7.59	121.4
10	1J		2075	2095	48				7.97	382.6
11	1K		2083	2103	184				8.00	1472.2
12	1L		2191	2211	4				8.42	33.7
13	1M		2201	2221	16				8.45	135.3
14	1N		2210	2230	24				8.49	203.7
15	1P		2218	2238	106				8.52	903.1
16	1Q		2250	2270	8				8.64	69.1
17	1R		2272	2292	8				8.73	69.8
18	1S		2282	2302	16				8.77	140.2
19	1T		2473	2493	8				9.50	76.0
20	1U		2475	2495	12				9.51	114.1
21	1V		2522	2542	8				9.69	77.5
22	1W		2853	2873	8				10.96	87.7
23	2	ϕ60×3.5	2218	2238	52	M20	32/35	60×14	10.82	562.5
24	2A		2230	2250	8				10.88	87.0
25	2B		2327	2347	8				11.35	90.8
26	2C		2475	2495	4				12.07	48.3
27	2D		2571	2591	8				12.54	100.3
28	2E		3196	3216	8				15.59	124.7
29	3	ϕ75.5×3.75	2126	2238	42	M20	32/35	70×60/14	14.11	592.5
30	3A		3086	3198	4				20.48	81.9
					668					6025

二、螺栓 螺母 顶丝

序号	螺栓	数量	单重	合重	螺母	长度	数量	单重	合重	顶丝	数量	单重
			(kg)	(kg)	对边/孔径	(mm)		(kg)	(kg)			(kg)
1	M20	1336	0.25	334.0	32/21	35	1336	0.24	325.6	M6×13	1336	0.0024
		1336		334.			1336		326		1336	

三、垫板

	数量	单重	合重	
过度板	14	6.07	85.0	
M24 螺母	28	0.21	5.9	
小方垫	28	0.31	8.7	
	70		100.00	

四、支托

编号	P-1	P-1A	P-1B	P-2	P-3A	P-4A	P-6A	P-7A	P-7B	P-10B	P-12	
长度	55	59	63	85	103	133	151	187	199	247	295	
数量	2	4	4	4	10	4	14	4	18	22	11	
单重	4.39	4.42	4.44	4.58	4.70	4.89	5.00	5.23	5.31	5.61	5.92	
合重	8.8	17.7	17.8	18.3	47.0	19.5	70.0	20.9	95.5	123.5	65.1	5

五、螺栓球

编号	规格	数量	孔别	M20		单重	合重
	(mm)			每件	合计		
A1	100	4	6	6	24	4.11	16.4
A2		4	6	6	24		16.4
A3		4	6	6	24		16.4
A4		4	8	8	32		16.4
A5		4	8	8	32		16.4
A6		4	8	8	32		16.4
A7		4	9	9	36		16.4
A8		81	9	9	729		332.9
A9		4	9	9	36		16.4
A10		4	8	8	32		16.4
A11		4	7	7	28		16.4
A12		4	9	9	36		16.4
A13		4	9	9	36		16.4
A14		4	9	9	36		16.4
B1	120	4	10	10	40	7.10	28.4
B2		4	10	10	40		28.4
B3		4	6	6	24		28.4
B4		4	6	6	24		28.4
B5		4	8	8	32		28.4
B6		4	8	8	32		28.4
B7		4	12	12	48		28.4
C1	140	4	10	10	40	11.28	45.1
C2		4	7	7	28		45.1
C3		4	7	7	28		45.1
C4		4	10	10	40		45.1
		177			1513		926

六、封板 锥头

封板	外径×厚度	内孔	数量	单重	合重	锥头	外径×长度/底厚	内孔	数量	单重	合重
序号				(kg)	(kg)	序号				(kg)	(kg)
1	48×14	21	1068	0.25	267.0	1	76×60/14	21	92	1.50	138.0
2	60×14	21	176	0.36	63.4						
			1244		330				92		138

七、支座

编号	焊螺栓球	数量	板厚	单重	合重
			(mm)	(kg)	(kg)
J-A2	A2	2	8	15.00	30.0
J-A3	A3	2	8	15.00	30.0
J-A1	A1	2	8	15.00	30.0
J-B4	B4	2	8	15.00	30.0
J-B3	B3	2	8	15.00	30.0
J-C2	C2	2	8	15.00	30.0
J-C3	C3	2	8	15.00	30.0
		14			210

设计	标准	材料表	徐州某教学大楼多功能厅
制图	审定		图样标记 重量 比例
审核	批准		共 张 第 张
工艺	日期		结施8

附图3：某钢框架结构施工图

附图3.1　钢结构设计总说明

钢 结 构 设

一、设计依据

1. 建筑结构荷载规范（GB 50009—2001）；
2. 钢结构设计规范（GB 50017—2003）；
3. 冷弯薄壁型钢结构技术规范（GB 50018—2002）；
4. 建筑钢结构焊接规程（JGJ 81—2002）。
5. 钢—混凝土结合楼盖设计与施工规程（YB 9238—92）。
6. 建筑抗震设计规范（GB 50011—2001）。

二、设计荷载：

1. a，恒载标准值：

楼面：C型轻钢龙骨隔墙0.27kN/m^2、V型轻钢龙骨吊顶0.11kN/m^2。

压型钢板0.14kN/m^2，木地板+OSB为0.36kN/m^2。

墙体混凝土空心砌块按4.0kN/m^2。

其他及结构层按实际重量计算。

屋面：水泥平瓦屋面，0.55kN/m^2。结构自重按实际计算。

b，活载标准值：

楼面：房间1.5kN/m^2，楼梯、厨房、卫生间按2.0kN/m^2。

屋面：0.3KN/m^2

2. 基本风压按0.5kN/m^{2}取值，考虑临水，修正为0.55kN/m^2。
3. 建筑物抗震设防烈度为6度。

三、材料：

1. 结构主体构件为Q235钢；材质符合规范（GB 700—88）中结构钢有关规定；
2. 所有螺栓采用8.8级承压型高强螺栓；预紧力70kN。
3. 焊条采用E43xx，工厂焊接焊缝检验等级为二级，现场焊接焊缝质量检验等级为三级。

四、构件制作，运输，安装要求：

1. 构件长度偏差：当构件的长度小于或等于5m，允许偏差为±2mm，构件的长度大于5m，允许偏差为±3mm；
2. 构件制作完成后，整体弯曲程度不大于长度的1/1000，
3. 安装误差：构件现场安装完成后，与轴线的偏差不超过长度的1/1500；
4. 构件制成后应检查零件是否齐全，构件表面应光滑无毛刺；
5. 构件表面出厂前镀锌，镀锌厚度要求不小于15微米，构件安装完成后，被破坏的面层补刷防锈漆，并刷酚醛瓷漆面漆二度。
   钢结构构件在高强螺栓连接接触面处理方式为：红丹醇酸防锈漆二度，现场螺栓安装后，补刷防锈漆，并刷酚醛瓷漆面漆二度。
6. 未注明焊缝长度均满焊，焊缝不应有裂纹，过烧现象，外露处应磨平；
7. 柱脚预埋件须定位准确、固定牢靠。
8. 工厂制作完成后，钢结构部分应进行预拼装，经设计确认无误后方可运输。

9 所有梁柱连接节点板均必须在工厂焊接完成。

10. 严格遵守国家现行制作安装及施工验收规范。图中未尽事宜，需征设计同意后方可施工。

五、验收规范：

1. 钢结构工程施工及验收规范（GBJ 50205—95）
2. 钢结构工程质量检验评定标准（GBJ 50221—95）
3. 其他相关的验收标准。

十总说明

六、图例：

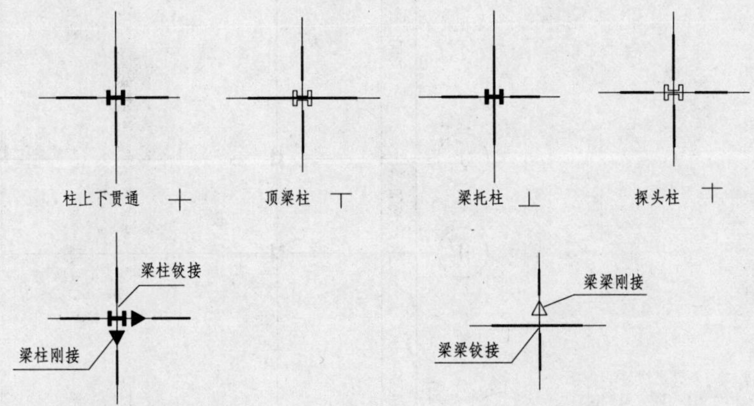

主要材料表			
材料表编号	规格	材质	备注
C1	H100×100×6×8	Q235	大通高频焊截面
C2	2H100×100×4.5×6	↓	↓
C3	H100×100×4.5×6		
B1	H100×50×3.2×4.5		
B2	H150×100×3.2×4.5		
B3	H150×100×4.5×6		
B4	H200×100×4.5×6		
B5	H250×150×4.5×6		
檩条	C100×50×20×2.5		檩条间距600mm，檐口1.2m范围内间距300mm。 檩条均与屋面泄水方向垂直布置，跨度超过3.0m檩条，设一道拉条。
压型钢板	波高75mm$t$=1.2mm		板跨≤2.4m，用于干楼面。
	波高50mm$t$=1.2mm		用于湿楼面。

注：柱C2采用2H100×100×4.5×6拼接，方式如下：

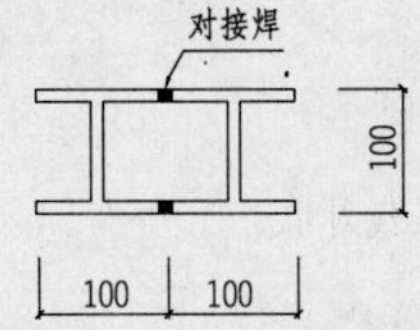

附图3.2　底层柱网布置图

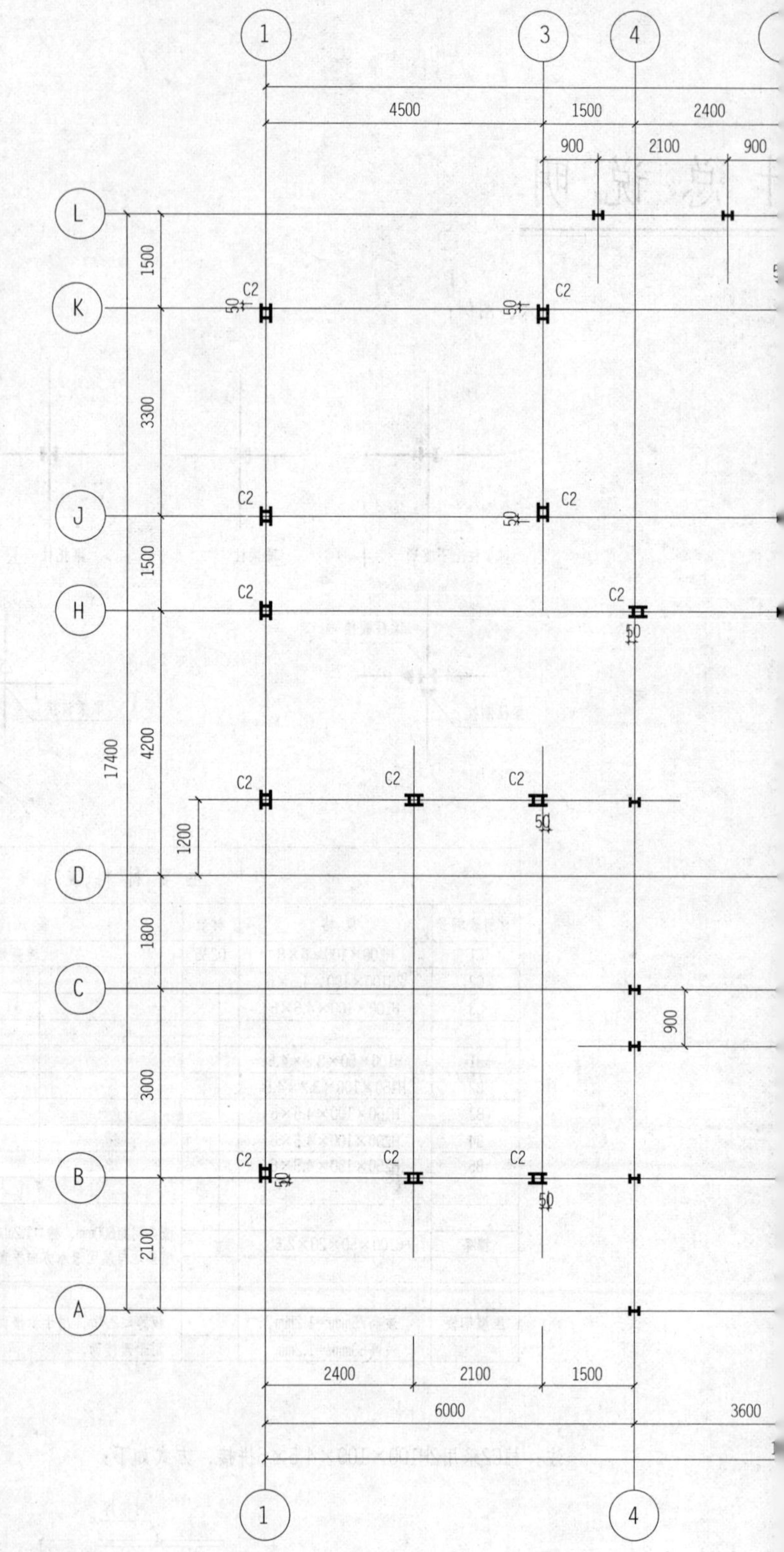

说明：

1. 未注明柱为C1.
2. 除注明外，梁柱轴线均为轴线对中。

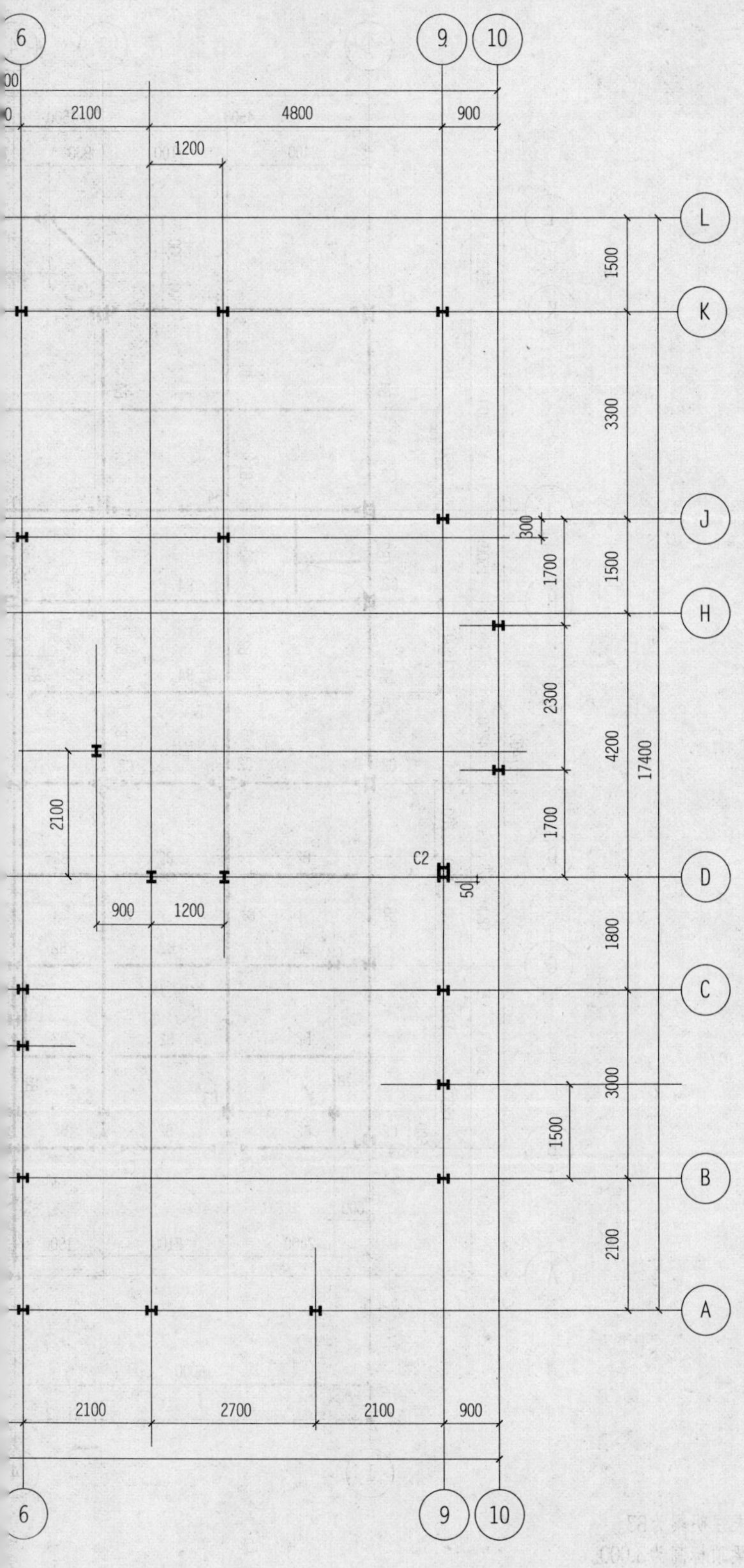

层柱网布置图

附图3.3　二层结构平面图

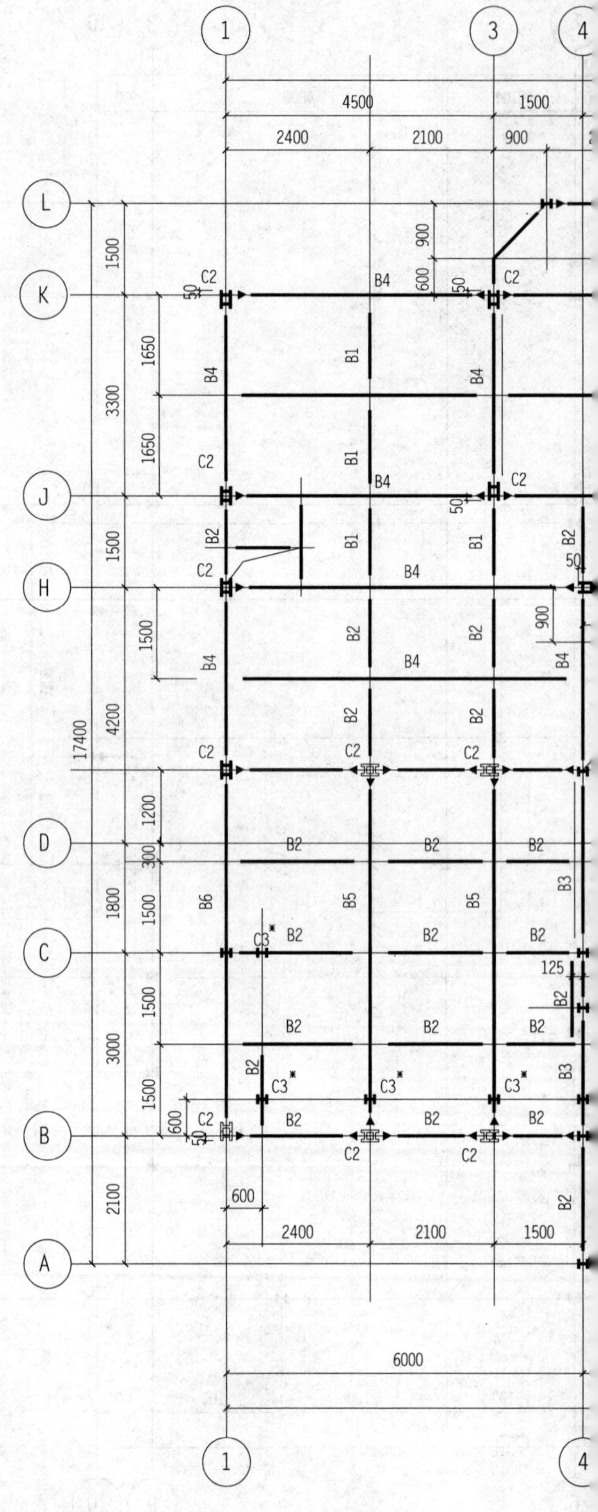

说明：

1. 未注明柱为C1，未注明梁为B3。
2. 除注明外，本层梁顶标高为3.000。
3. 除注明外，梁柱轴线均为轴线对中。
4. C3柱顶标高为3.380。

5
6
9
10
17400
1200
2100
4800
900
1800
L
K
J
H
D
C
B
A
C2
B4
B5
B2
B3
125
300
800
900
1500
1650
3300
2300
4200
17400
1800
3000
2100
压型钢板铺设方向
楼梯另详
3600
2700

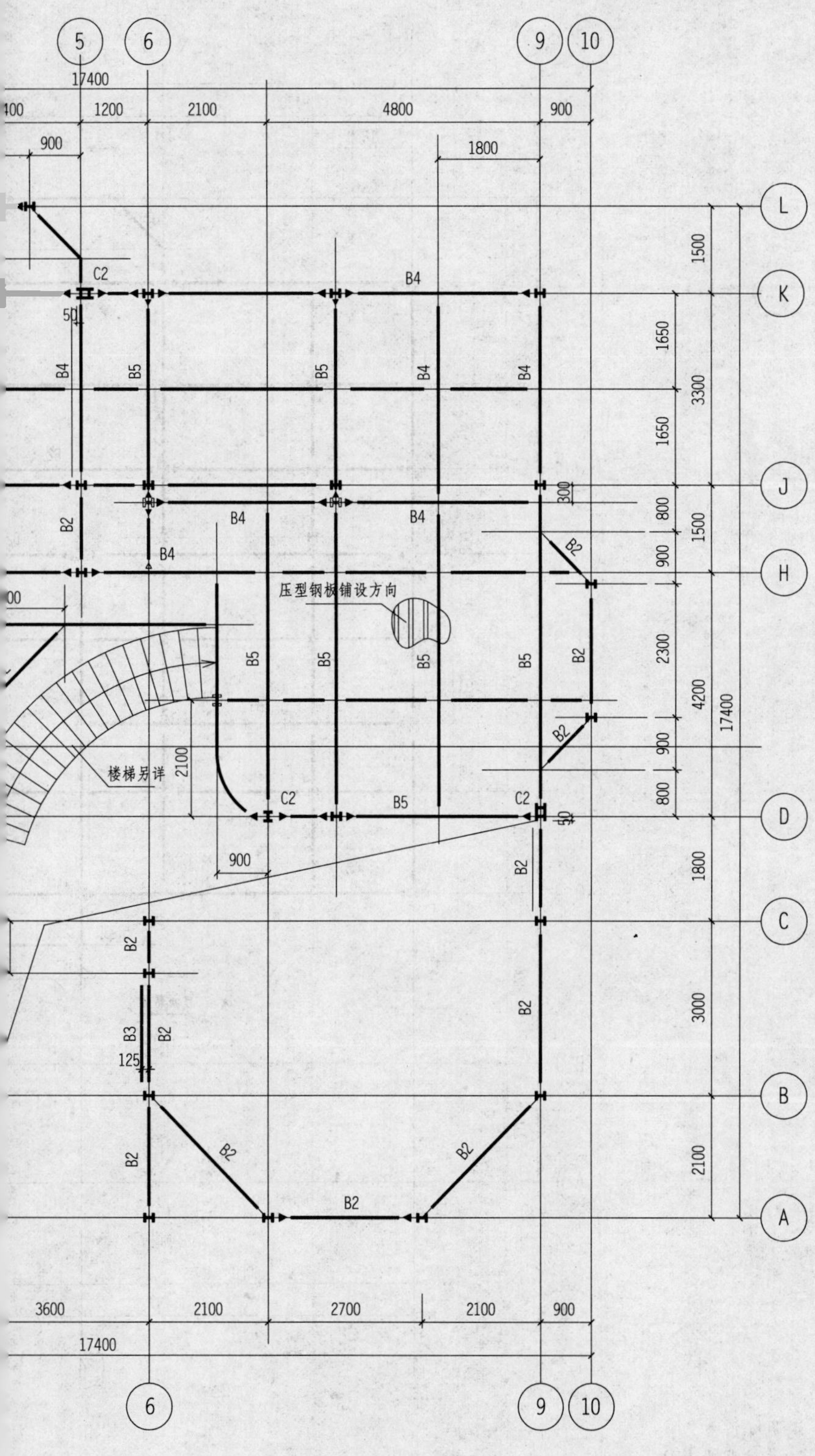

二层结构平面图

附图3.4 三层结构平面图

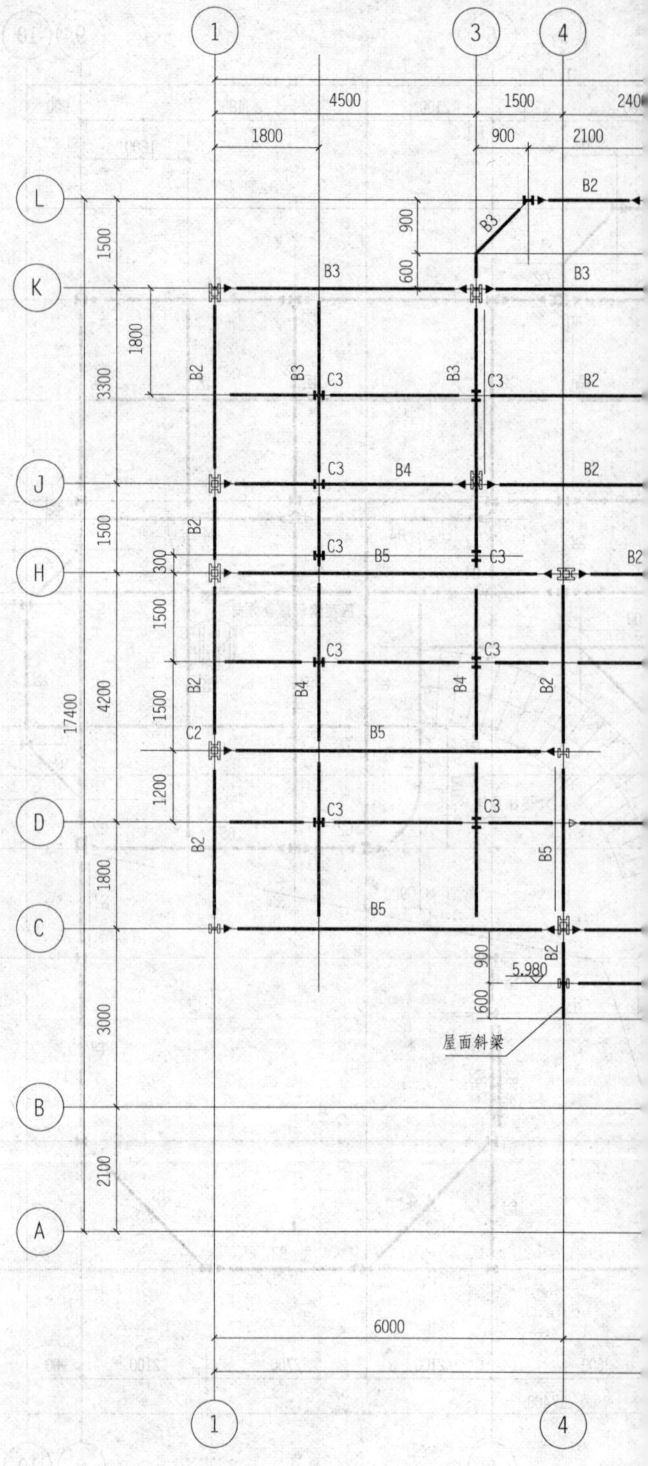

说明：

1. 未注明梁为B1。
2. 除注明外，本层梁顶标高为6.000。
3. 除注明外，梁柱轴线均为轴线对中。
4. 本层无楼板。

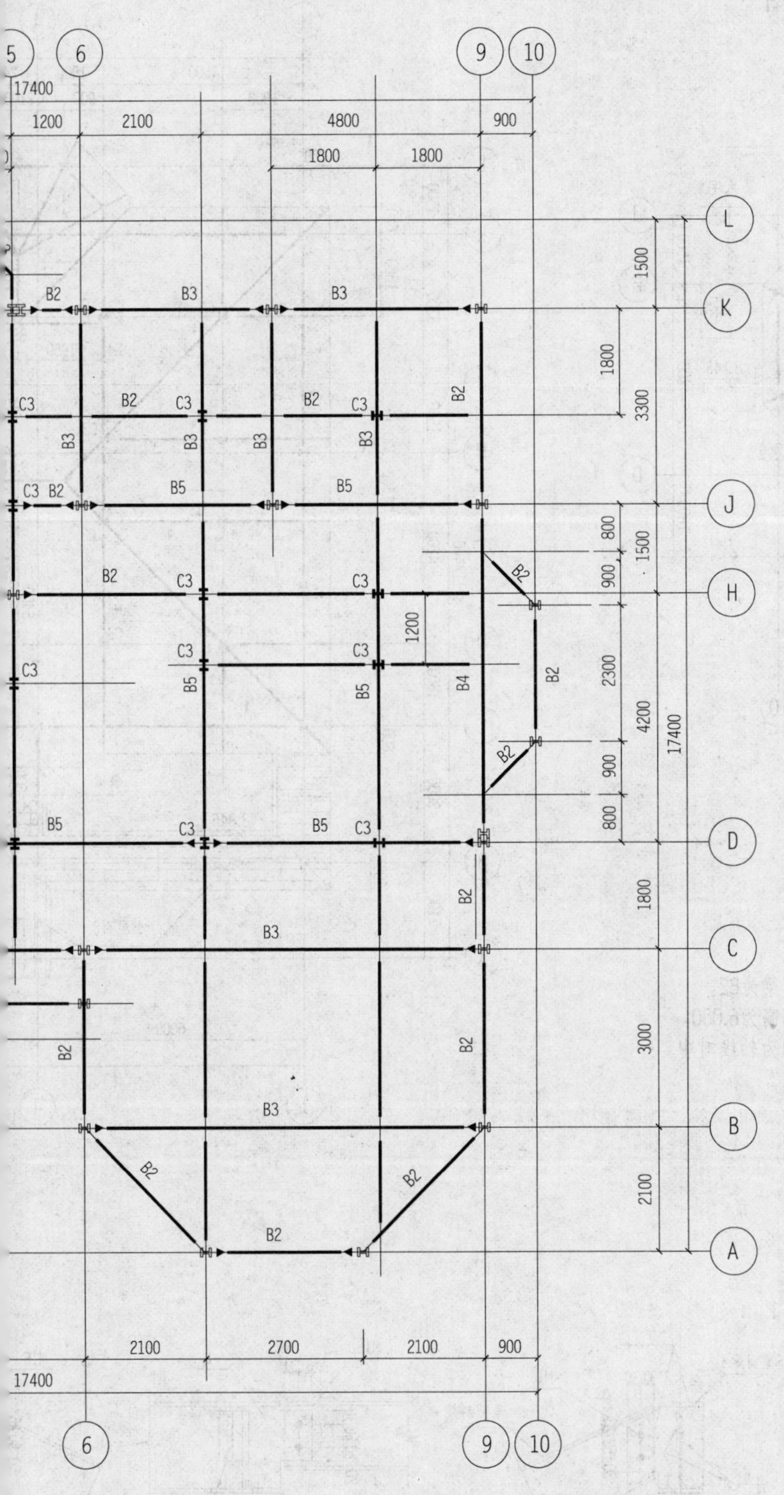

层结构平面图

附图3.5 屋面结构平面图及其详图

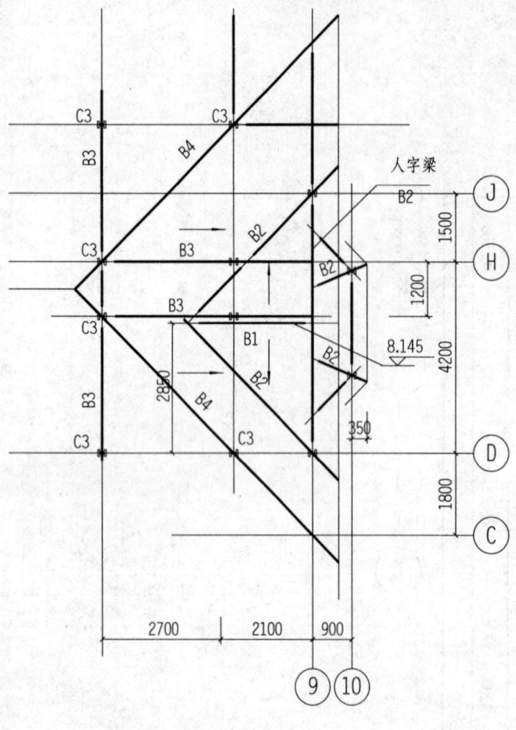

小屋面1

（坡度均为30°）

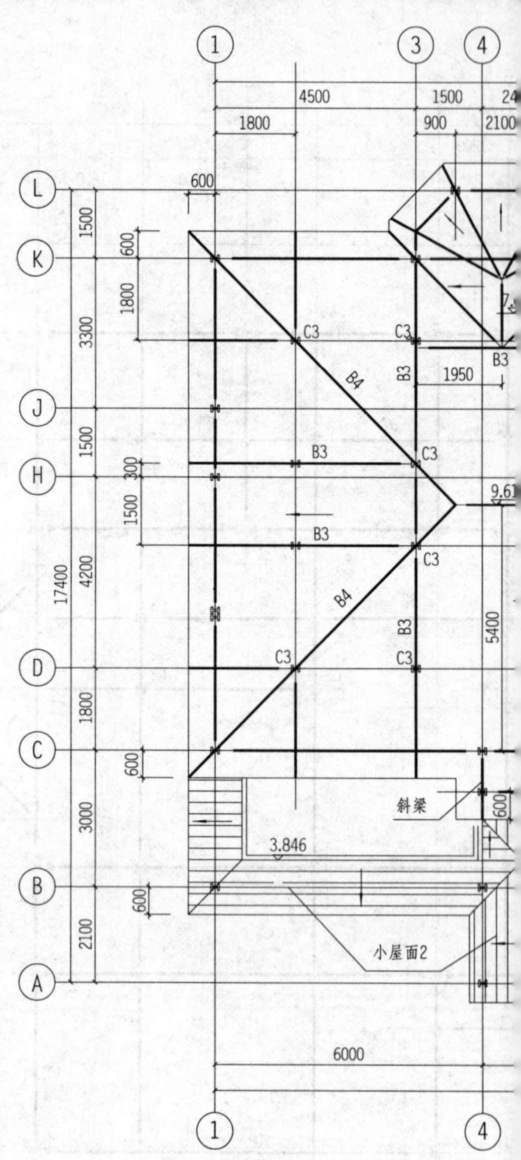

说明：

1. 未注明柱为C1，未注明梁为B2。
2. 除注明外，本层梁顶标高为6.000。
3. 除注明外，梁柱轴线均为轴线对中。

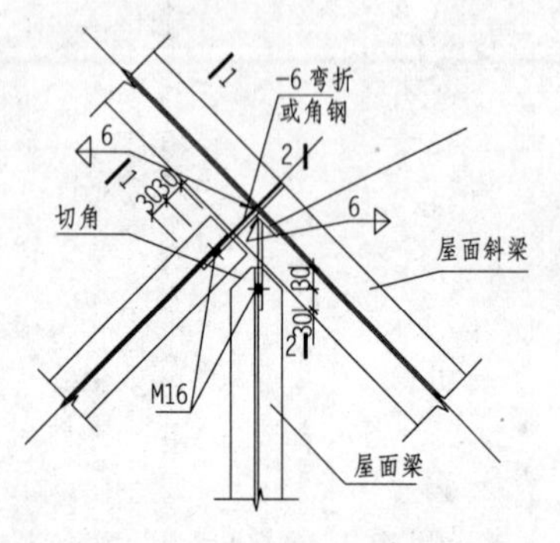

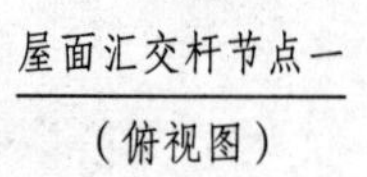

屋面汇交杆节点一

（俯视图）

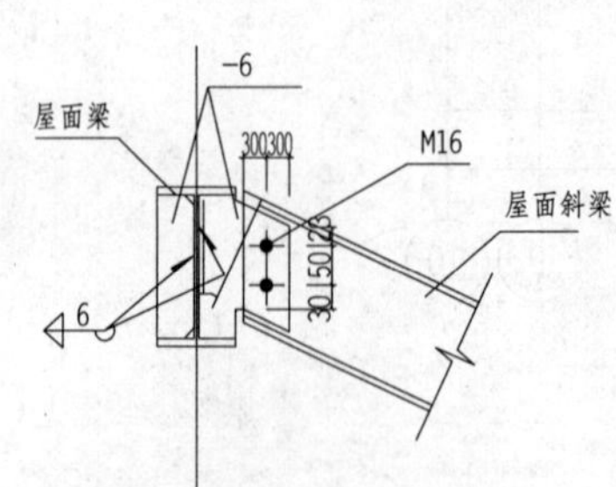

1-1

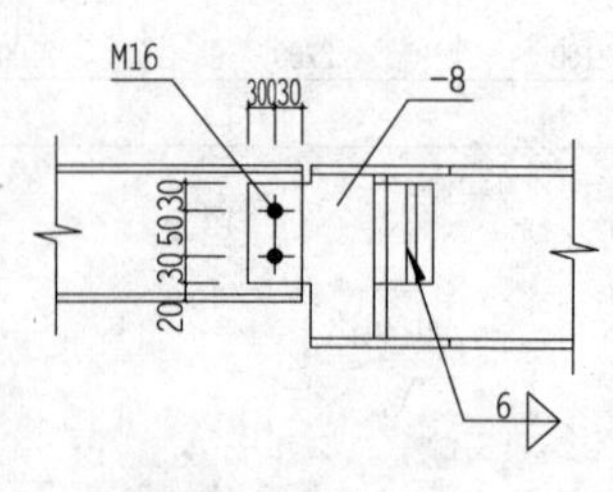

2-2

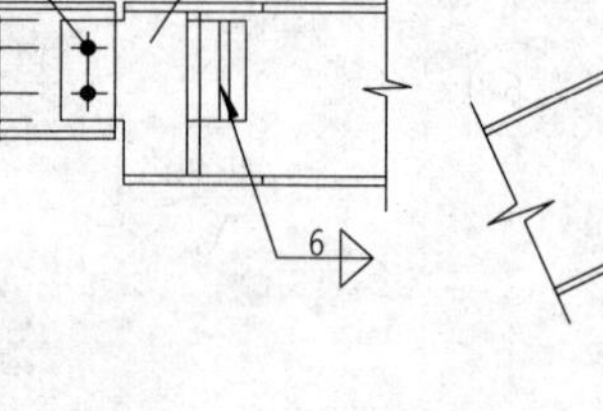

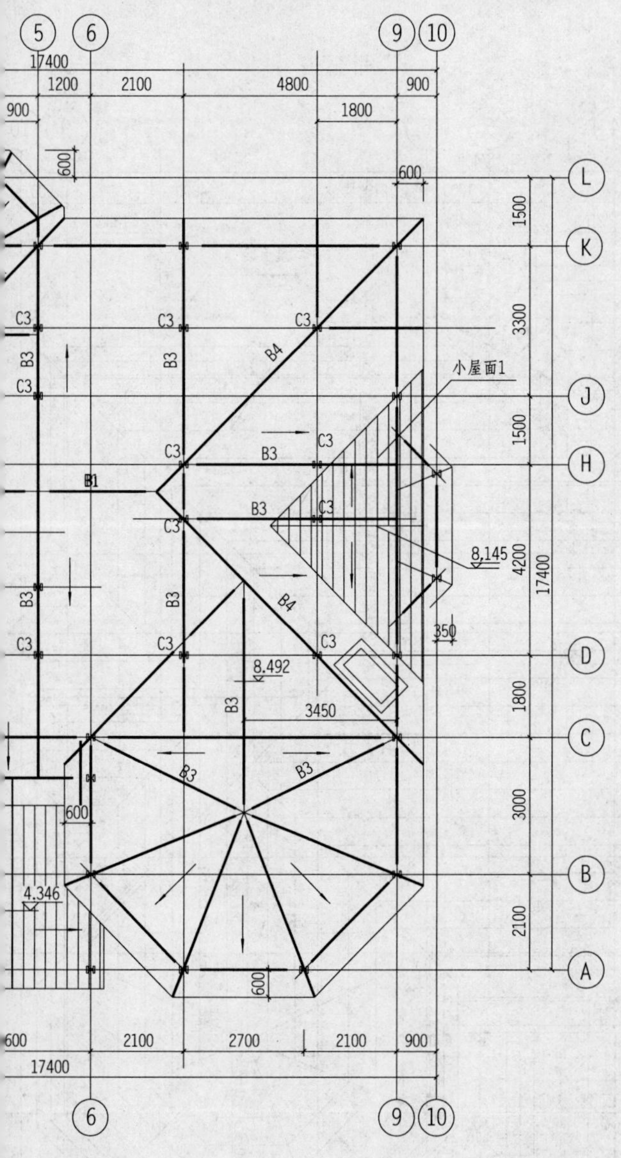

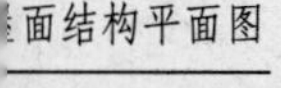

面结构平面图

坡度均为30°）

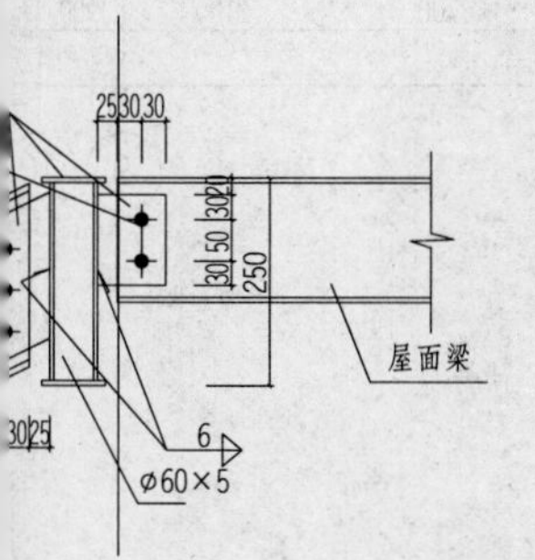

3-3

屋面汇交杆节点二

（俯视图）

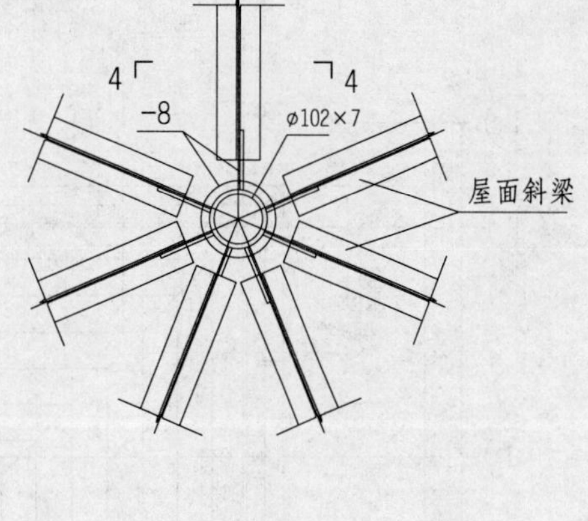

屋面汇交杆节点三

（俯视图）

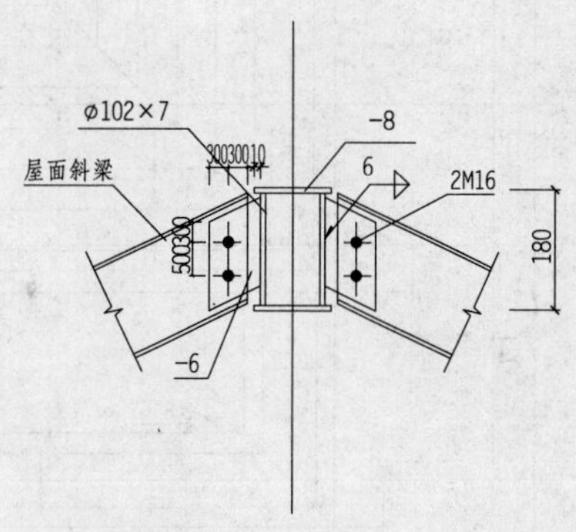

4-4

螺栓数量表

梁高	螺栓数	螺栓规格
H300x	4	M16
H250x	3	M16
H200x	3	M16
H150x	2	M16
H100x	2	M16

说明：

未注明螺栓均为高强螺栓，有关说明见总说明。

附图3.6　屋面檩条布置图

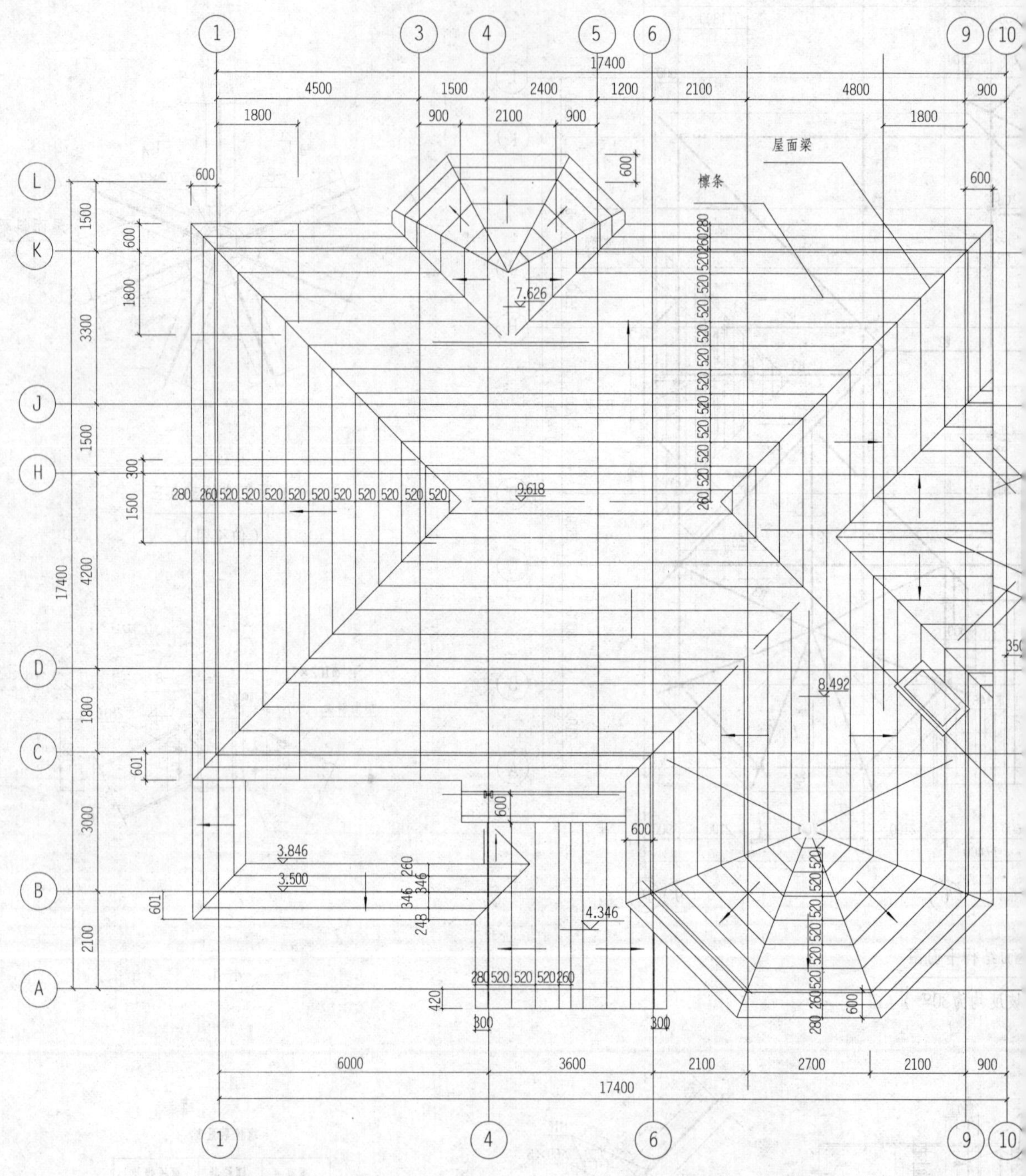

屋面檩条布置图

（坡度均为30°）

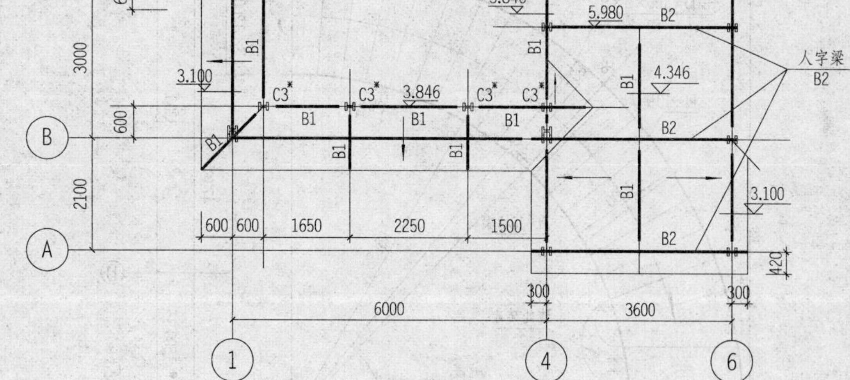

小屋面2

（坡度均为30°）

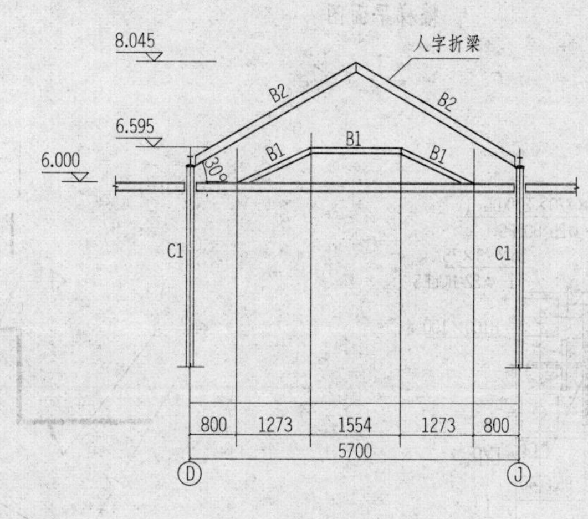

A-A

说明：

1. 未注明柱为C1，未注明梁为B2。
2. 除注明外，本层梁顶标高为6.100。
3. 除注明外，梁柱轴线均为轴线对中。

附图3.7 楼梯施工图

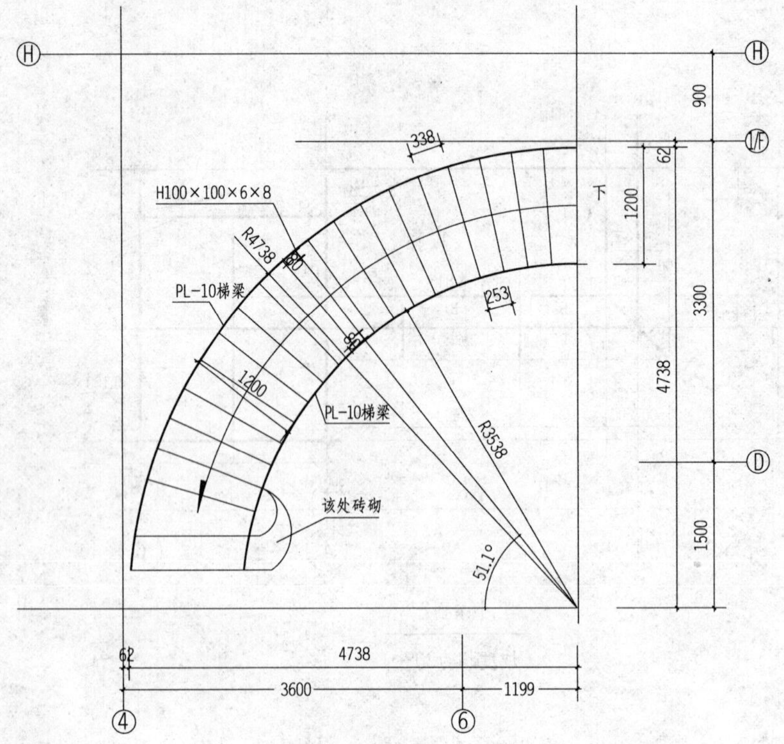

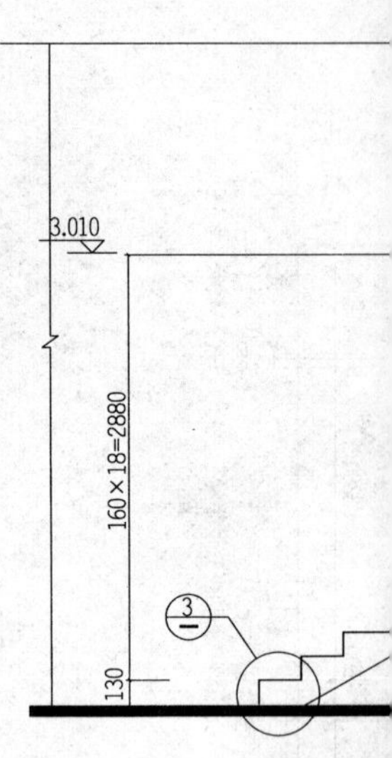

楼梯平面图

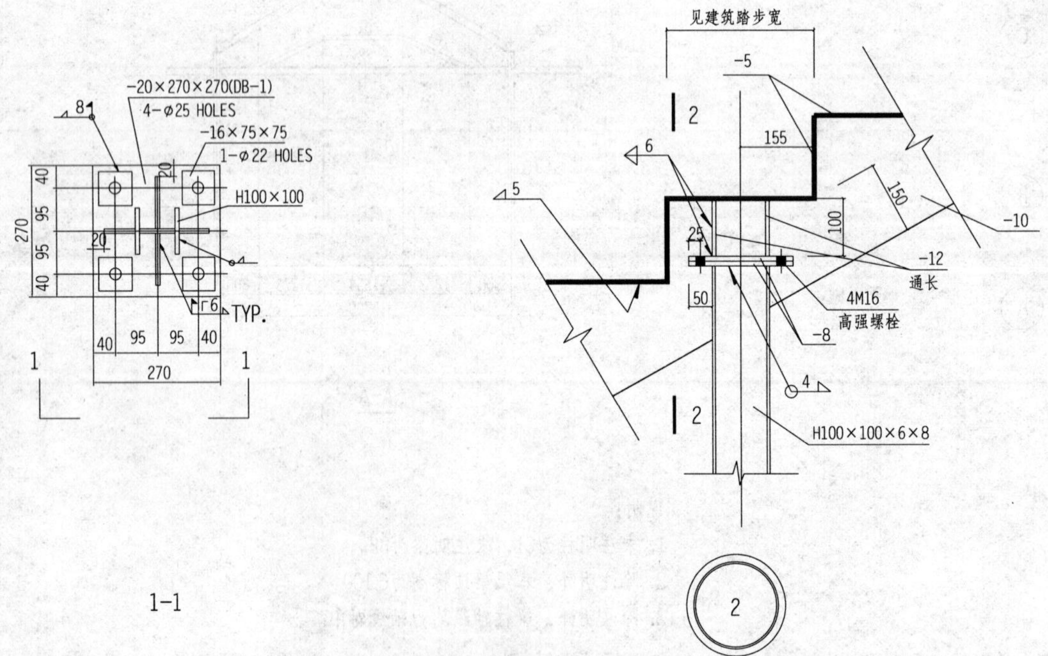

1-1

2

说明：

楼梯放样前应与建筑图仔细对照，确保安装尺寸正确。

①
②
3.200
50
.000

A-A

-8×70×70加劲肋
对称设置
-6
-5
-10
(3.170)
(3.100)
(3.010)
160
659.500
500500500
3-M16 H.S.B
3-ø17.0 HOLES
-6
8
30 30 10
-10
1

5
-5踏步板
-10梯梁
6
100
35 80
-5踢脚板
4M16
20
15
6
4
-8
-12
通长
H100×100×6×8
80

2-2

150
-5
5
5
8
6
-10
-0.030
15
-12
通长
-8×110×96
仅内侧
500500
-8×110×200
膨胀螺栓
4-M16
-8×200×150
对称设置

3

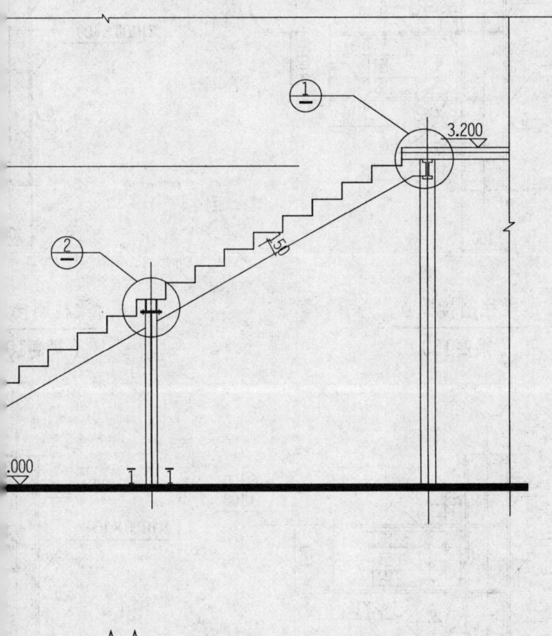

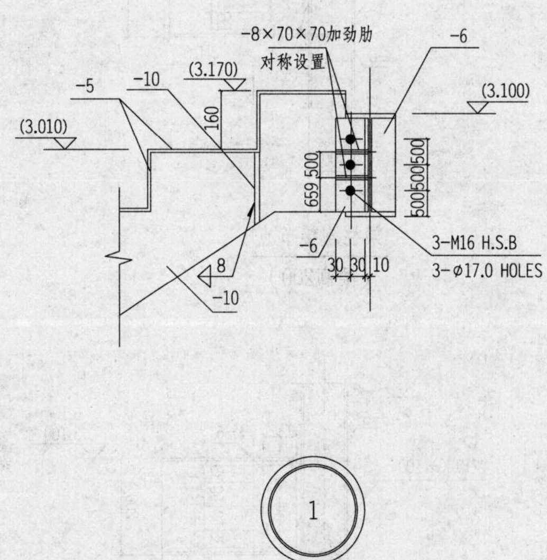

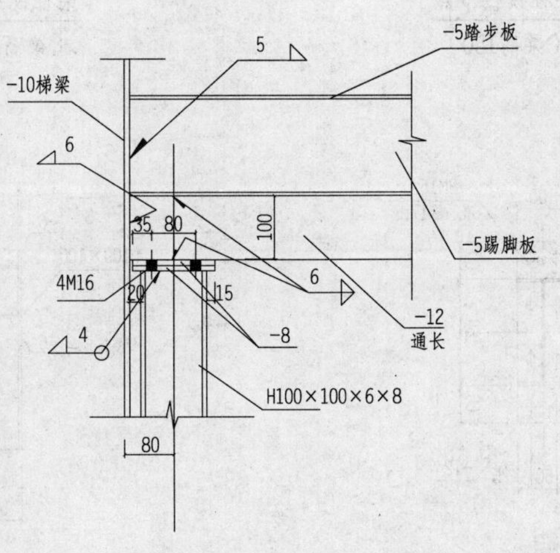

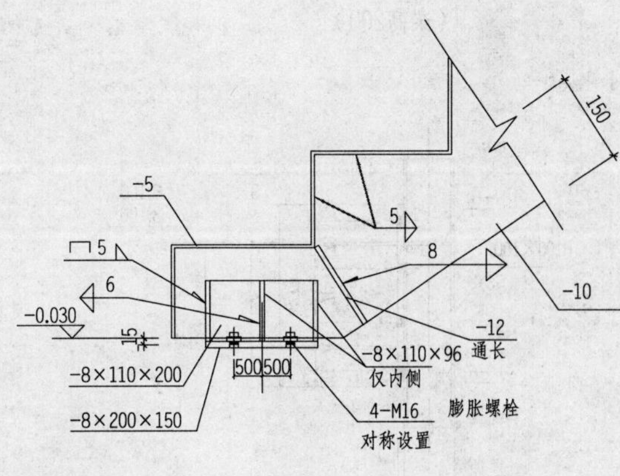

附图3.8　节点详图1

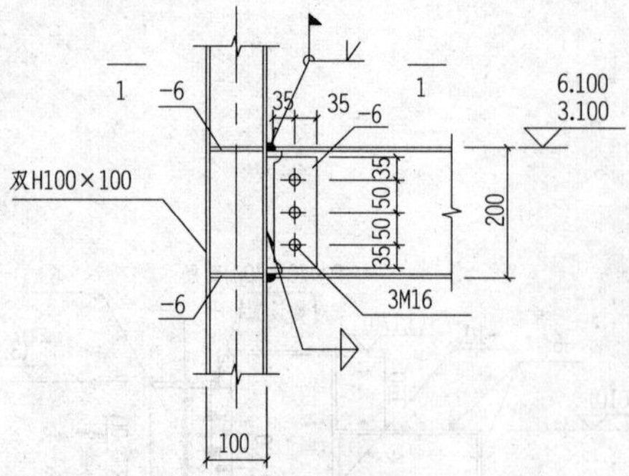

梁柱刚接节点
（梁高200）

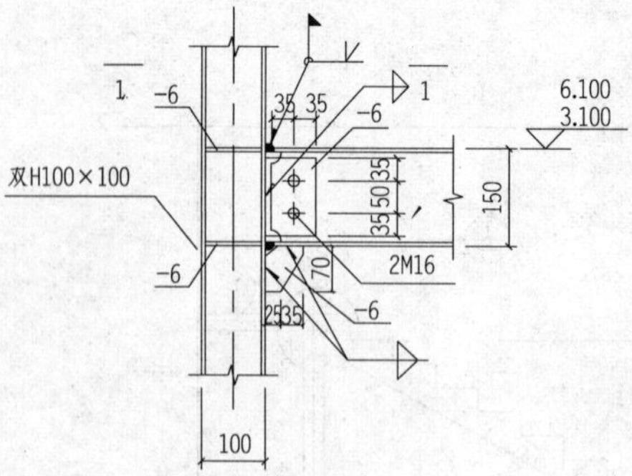

梁柱刚接节点
（梁高150）

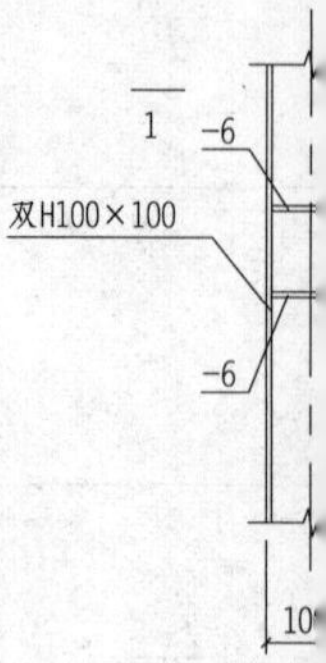

梁柱刚接
（梁高10

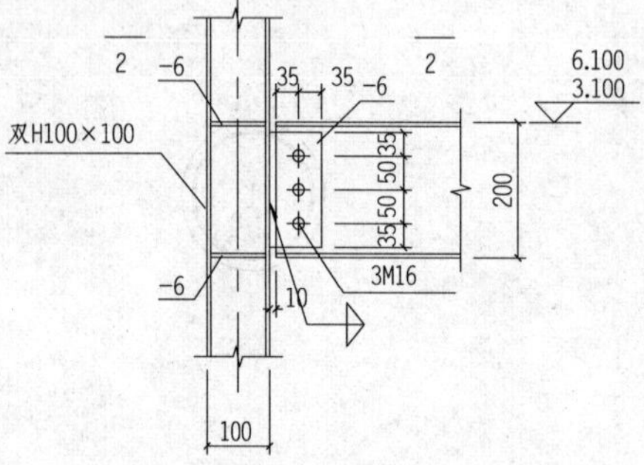

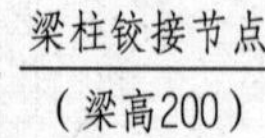

梁柱铰接节点
（梁高200）

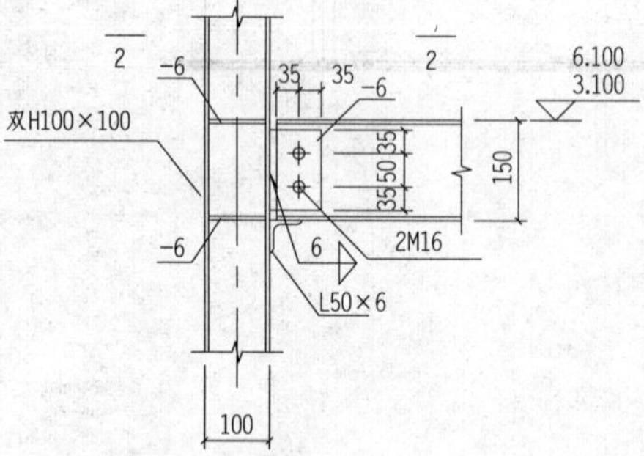

梁柱铰接节点
（梁高150）

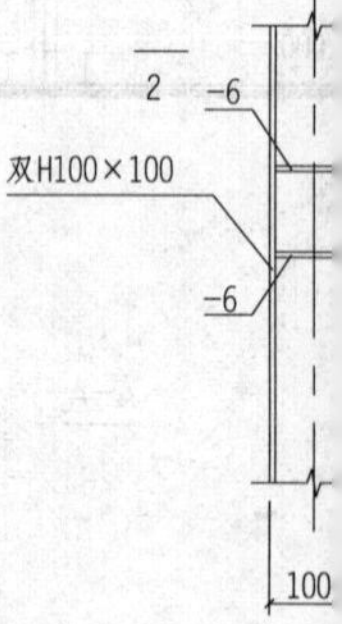

梁柱铰接
（梁高10

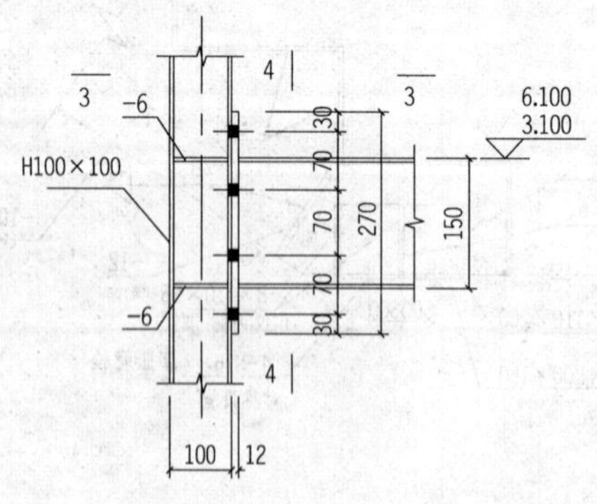

梁柱刚接节点
（梁高150）

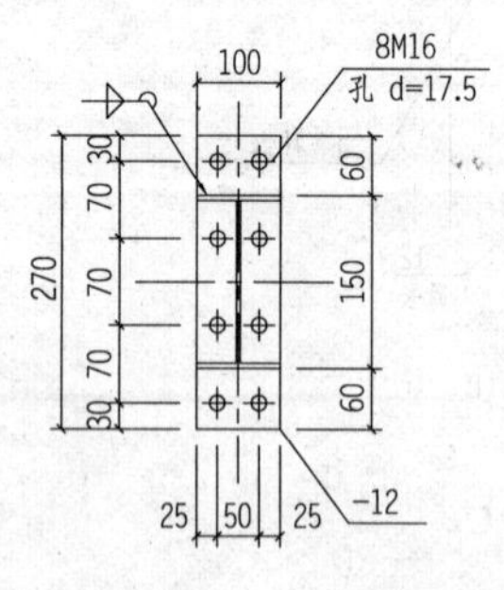

4-4

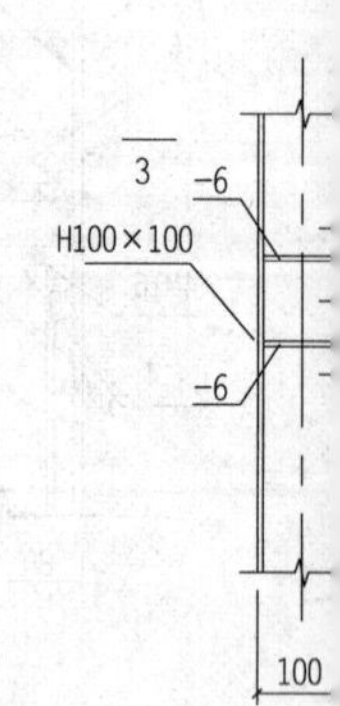

梁柱刚接
（梁高10

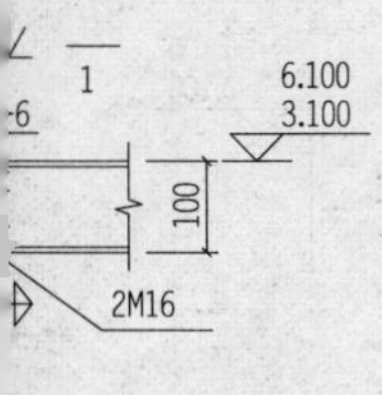

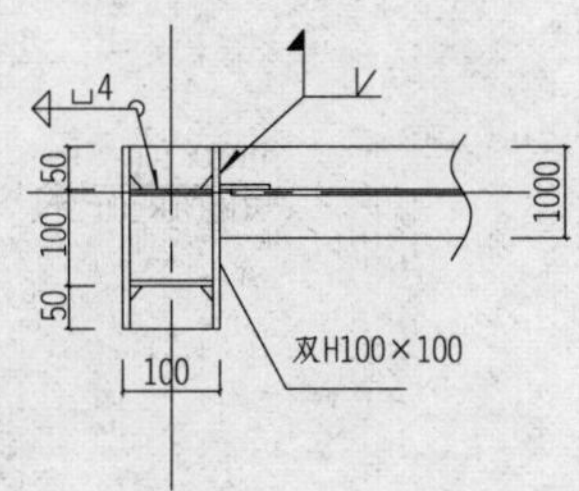

1-1

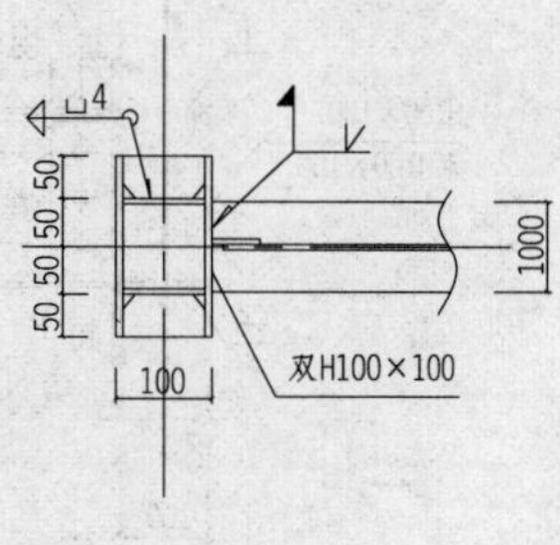

1-1

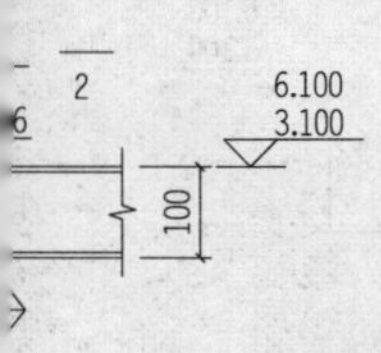

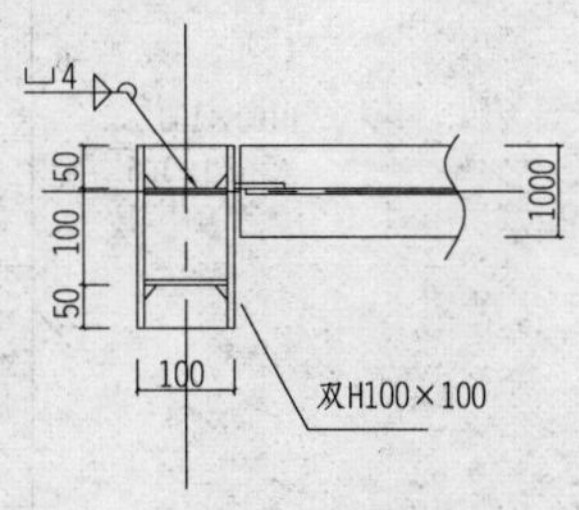

2-2

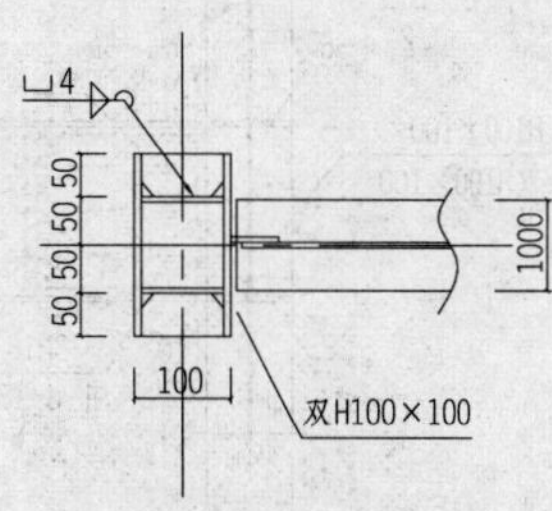

2-2

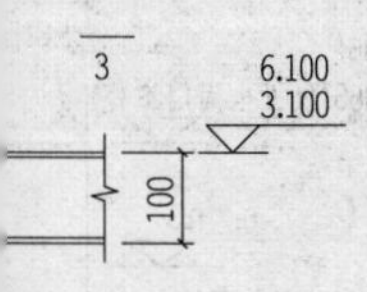

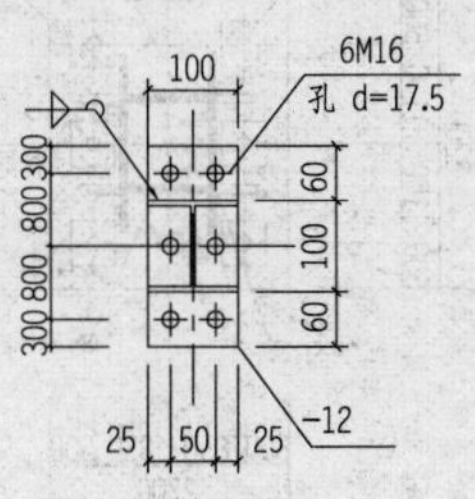

5-5

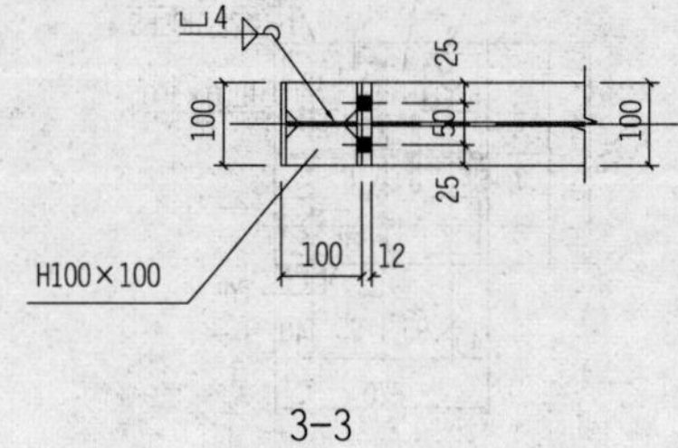

3-3

说明：

1. 未注明焊缝高度，焊件厚度≥6mm时为6mm，
   焊件厚度＜6mm时，与较薄板厚相同。
2. 未注明螺栓均为高强螺栓。
3. 本图与标准节点图配套使用。

附图3.9　节点详图2

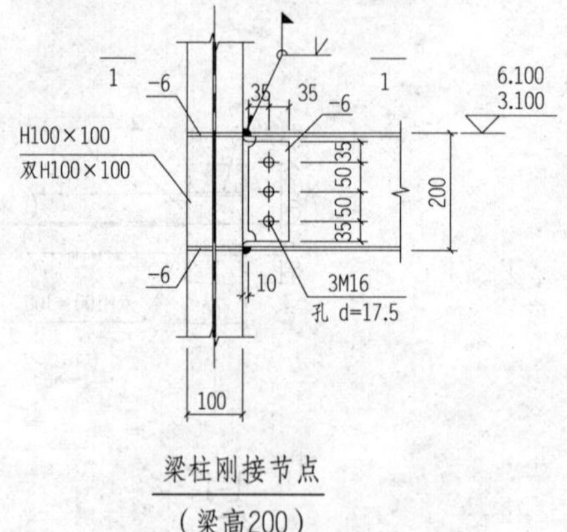

梁柱刚接节点

（梁高200）

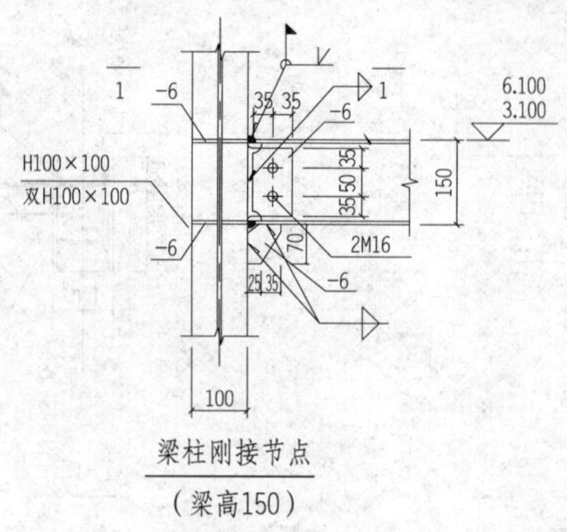

梁柱刚接节点

（梁高150）

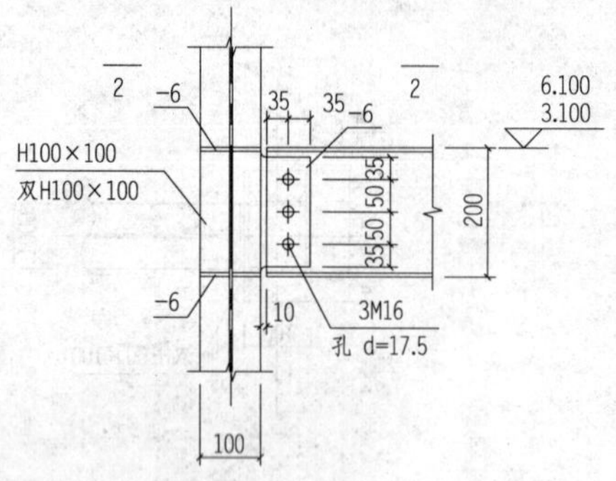

梁柱铰接节点

（梁高200）

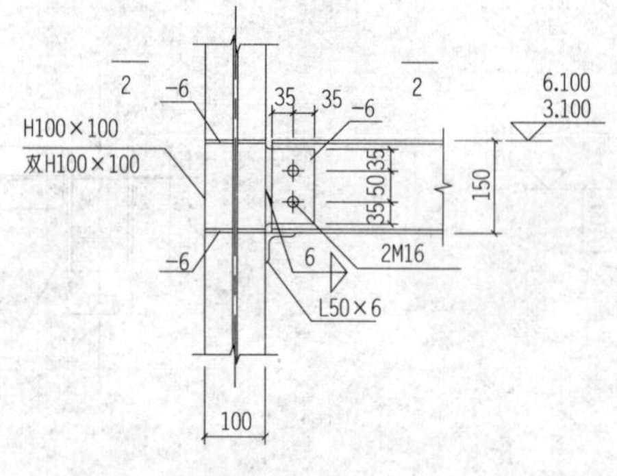

梁柱铰接节点

（梁高150）

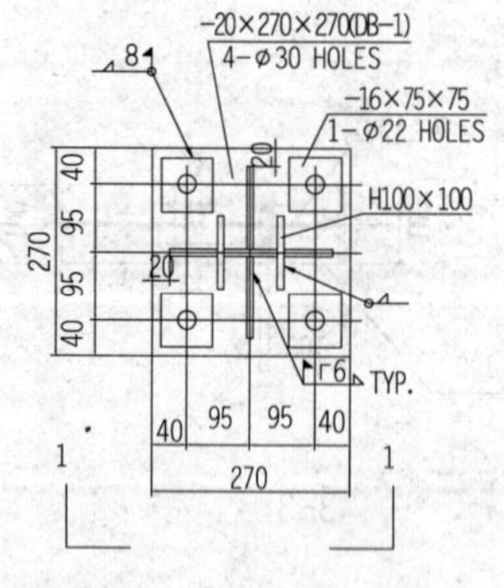

柱脚详图一

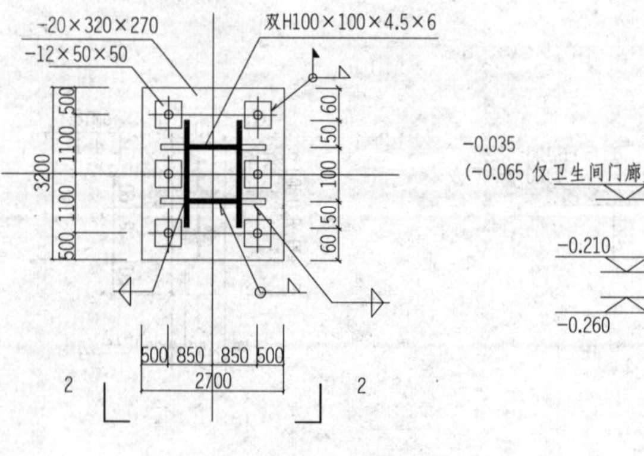

柱脚详图二

柱安装
浇C15
-0.035
（-0.065 仅卫生间门廊处）
-0.210
-0.260

说明：

1. 未注明焊缝高度，焊件厚度≥6mm时为6mm，
   焊件厚度＜6mm时，与较薄板厚相同。
2. 未注明螺栓均为高强螺栓。
3. 本图与标准节点图配套使用。

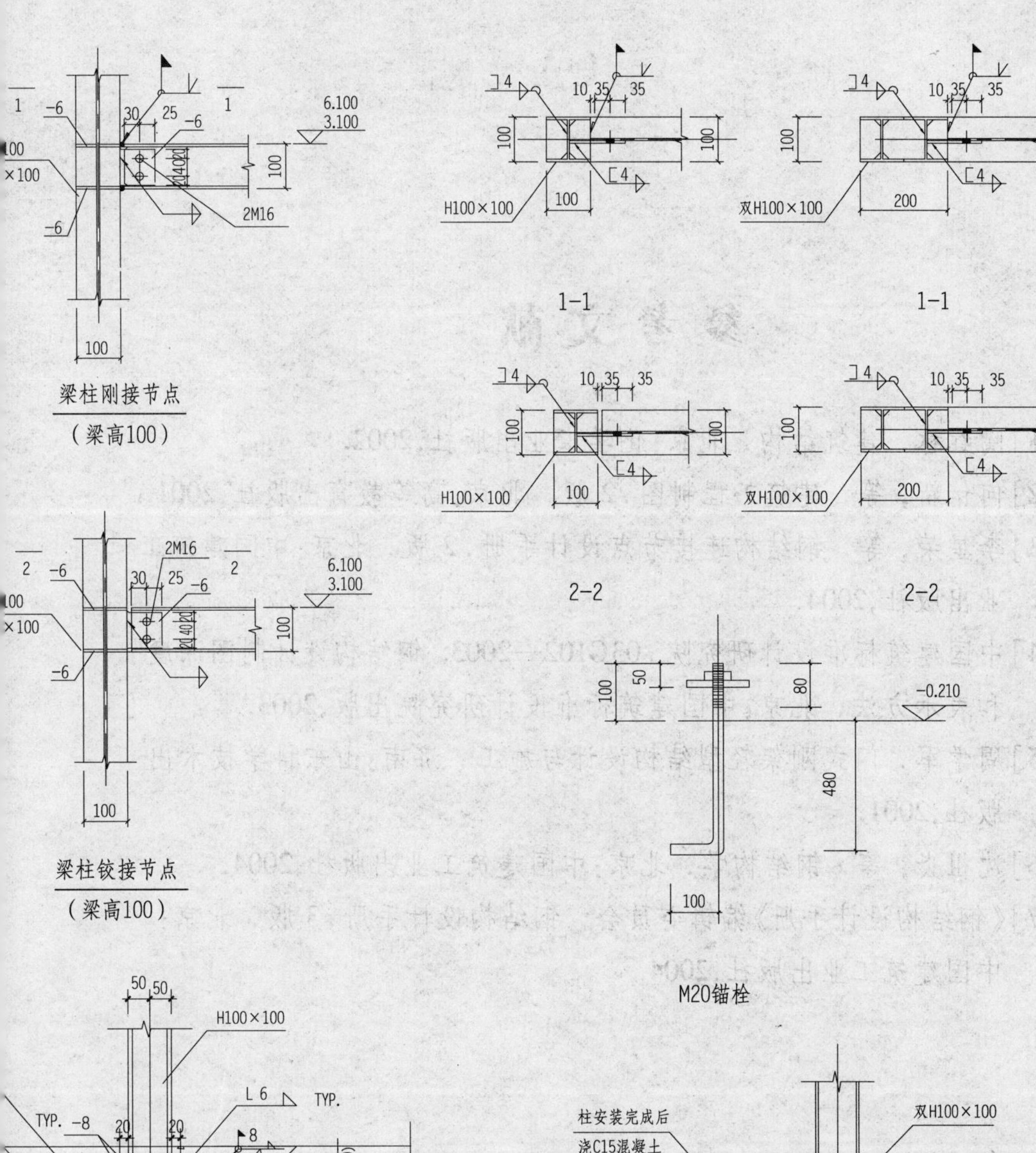
梁柱刚接节点
（梁高100）
梁柱铰接节点
（梁高100）
2M16
6.100
3.100
H100×100
双H100×100
1-1
2-2
M20锚栓
-0.210
480
H100×100
TYP.
-8
M20锚栓
1-1
柱安装完成后
浇C15混凝土
-0.035
（-0.065 仅卫生间门廊处）
-0.210
-0.260
双H100×100
-6×100×70
柱安装前先浇干硬
细石混凝土，面层整平
M20锚栓
2-2

参考文献

[1]陶红林．建筑结构．北京:化学工业出版社,2002.

[2]何铭新，等．建筑工程制图．2版．北京:高等教育出版社,2001.

[3]李星荣，等．钢结构连接节点设计手册．2版．北京:中国建筑工业出版社,2004.

[4]中国建筑标准设计研究院．03G102—2003. 钢结构设计制图深度和表示方法．北京:中国建筑标准设计研究院出版,2003.

[5]周学军．门式刚架轻型结构设计与施工．济南:山东科学技术出版社,2001.

[6]沈祖炎，等．钢结构学．北京:中国建筑工业出版社,2004.

[7]《钢结构设计手册》编辑委员会．钢结构设计手册．3版．北京:中国建筑工业出版社,2004.

图书在版编目(CIP)数据

帮你识读钢结构施工图/孙韬主编.—北京:人民交通出版社,2008.9

ISBN 978-7-114-07310-6

Ⅰ.帮… Ⅱ.孙… Ⅲ.钢结构-工程施工-识图法 Ⅳ.TU391

中国版本图书馆 CIP 数据核字(2008)第 117081 号

bang ni shi du gang jie gou shi gong tu

书　　名: 帮你识读钢结构施工图
著 作 者: 孙　韬
责任编辑: 高　培
出版发行: 人民交通出版社
地　　址: (100011)北京市朝阳区安定门外外馆斜街3号
网　　址: http://www.ccpress.com.cn
销售电话: (010)59757969,59757973
总 经 销: 人民交通出版社发行部
经　　销: 各地新华书店
印　　刷: 北京市密东印刷有限公司
开　　本: 787×1092　1/16
印　　张: 13.5
字　　数: 338千
版　　次: 2009年1月　第1版
印　　次: 2011年8月　第2次印刷
书　　号: ISBN 978-7-114-07310-6
定　　价: 27.00元